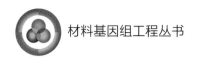

材料基因组工程丛书

水合反应动力学

——电荷注入理论

□ 孙长庆 黄勇力 王 彪 著

中国教育出版传媒集团

高等教育出版社·北京

图书在版编目(C I P)数据

水合反应动力学:电荷注入理论/孙长庆,黄勇力,
王彪著. --北京:高等教育出版社,2023.12
ISBN 978-7-04-061430-5

Ⅰ.①水… Ⅱ.①孙… ②黄… ③王… Ⅲ.①水合-
化学反应工程-化学动力学 Ⅳ.①TQ031.5

中国国家版本馆 CIP 数据核字(2023)第 229260 号

SHUIHE FANYING DONGLIXUE——DIANHE ZHURU LILUN

策划编辑	柴连静	责任编辑	张 冉	封面设计	王 琰	版式设计	徐艳妮
插图绘制	黄云燕	责任校对	高 歌	责任印制	赵 振		

出版发行	高等教育出版社		咨询电话	400-810-0598
社 址	北京市西城区德外大街 4 号		网 址	http://www.hep.edu.cn
邮政编码	100120			http://www.hep.com.cn
印 刷	北京利丰雅高长城印刷有限公司		网上订购	http://www.hepmall.com.cn
开 本	787mm×1092mm 1/16			http://www.hepmall.com
印 张	19			http://www.hepmall.cn
字 数	420 千字		版 次	2023 年 12 月第 1 版
插 页	28		印 次	2023 年 12 月第 1 次印刷
购书热线	010-58581118		定 价	129.00 元

物 料 号 61430-00

献给我们的至爱

水合反应以电子、质子、离子、偶极子、孤对电子等方式注入电荷形成水合胞子晶格,并通过界面耦合氢键、反氢键、超氢键、屏蔽极化、溶质键收缩以及长程溶质−溶质排斥调制溶液的氢键网络和性能。

控制成键与非键的形成与弛豫以及相应的电子转移、极化、局域化、致密化动力学,是调制物质结构和性能的唯一途径。

——孙长庆 黄勇力 王艳
《化学键的弛豫》,材料基因组工程丛书卷 I ,高等教育出版社,2017

O∶H—O氢键非对称耦合振子对的受激极化与分段协同弛豫主导冰水的单晶结构和超常自适应、自愈合、强记忆、高敏感等特性。

——孙长庆 黄勇力 张希
《氢键规则六十条》,材料基因组工程丛书卷 II ,高等教育出版社,2019

电子和声子能级的受激偏移和劈裂直接映像外场对哈密顿量的微扰以及配位键、电子、分子在时-空-频域的弛豫行为,从而揭示物质与生命微观过程的奥秘和规律。

——孙长庆 杨学弦 黄勇力
《电子声子计量谱学》,科学出版社,2021

作者简介

孙长庆,辽宁葫芦岛人。澳大利亚默多克大学 1997 年理学博士。现任职于东莞理工学院。曾任职于南洋理工大学和天津大学。主攻超常配位键工程和非键电子学,发展了配位键受激弛豫、氢键耦合振子对以及水合反应电荷注入等理论并拥有多项计量谱学专利。2012 年获夸瑞兹密国际科学一等奖。

黄勇力,湖南常德人。湘潭大学 2013 年工学博士。现任职于湘潭大学。主要研究方向为物理力学、氢键受激弛豫振动力学、水合反应动力学,解析拉格朗日氢键力学并建立了氢键耦合振子对作用势等。合著《化学键的弛豫》《氢键规则六十条》《电子声子计量谱学》以及 *Micro- and Macromechanical Properties of Materials*。

王彪,辽宁凌源人。哈尔滨工业大学 1988 年工学博士。先后任职于哈尔滨工业大学和中山大学。长期从事核材料力学、特种激光晶体与器件、微纳米材料和氢键物理力学等方面的研究工作。著有《复合材料细观力学》、*Mechanics of Advanced Functional Materials* 等。获发明专利授权 50 余项。国家杰出青年基金获得者(1997)。曾获广东省科学技术奖一等奖和 ISI"经典引文奖"。

序

　　水合反应和溶液在生物、化工、环境、能源、食品、药物等领域极其普遍且至关重要。例如,盐的水合可以改变溶液的黏度、热稳定性、相变温度、反应活性、电导率、表面张力及对蛋白质的溶解能力。离子水合胞对蛋白质的溶解能力与溶质的种类和浓度相关。盐溶液也可以作为液态润滑剂降低接触界面的摩擦阻力。阳离子可以在相邻氧化石墨烯的点缺陷之间形成柱状刚性水合胞,将石墨烯的层间距由 0.34 nm 扩展到 1.5 nm。盐、酒精和糖溶液的低冰点可用于生物活样本的低温保存。

　　自从 19 世纪 80 年代霍夫迈斯特(Hofmeister)发现盐溶液序列和 20 世纪 20 年代路易斯(Lewis)提出酸、碱、盐定义后,许多先贤和先哲为理解水合反应做出了不懈努力。对水合反应的认知,目前主要集中于经典连续介质论和分子运动论。经典连续介质论是由单质固体或理想气体的统计热力学衍生而来。这种类气态处理方法将外界的激励作为自变量直接作用于分子的集合,弱化了分子间的相互作用,并从焓、熵、自由能等角度有效地处理了许多宏观物理量如介电性、表面应力、黏性、扩散系数、结晶、液/气相变和相边界的受激演变等。分子动力学理论把溶质或水分子作为独立的个体,关注它们的时空输运方式和速率,弱化了分子间与分子内作用的耦合。分子运动论与超快声子谱结合可获得分子在某一位置的滞留时间、振动能量耗散、扩散系数、溶液黏度等信息。

　　对于溶液属性的认知一直众说纷纭。譬如,盐溶液对蛋白质的作用机理可以解释为以 O：H 非键长度变化为特征的溶质对溶剂水分子结构的破坏和加固、量子色散、界面诱导、离子选择性、水合作用程差异等。独立于溶液的属性,质子和孤对电子的运动方式与迁移率一直是酸碱水合研究的焦点。普遍认为,质子与孤对电子的差异仅在于 H_3O^+ 和 HO^- 的极性瞬态反转。早在 1903 年,格罗特胡斯(Grotthuss)就提出了质子"空间扩散"或"随机跃迁"机制,认为质子具有远高于水分子的迁移率,且在水分子间随机跳跃并短暂驻留形成瞬态 H_3O^+ 或 HO^-。后续发展引入了质子热跃迁、结构涨落和量子隧穿效应等。艾根(Eigen)在 1964 年提出二维 $H_9O_4^+$($H_3O^+：3H_2O$)复合结构模型:一个水合氢离子 H_3O^+ 通过它的质子与三个近邻水分子经由 O：H 非键结合而其孤对电子呈自由状态。1967 年,曾德尔(Zundel)提出一维 $[H_5O_2]^+$($H^+：2H_2O$ 或 H^+—$2H_2O$)复合结构以取代艾根的假说。曾德尔和格罗特胡斯的模型等同于贝尔纳(Bernal)、富勒(Fowler)和鲍林(Pauling)在 1932—1935 年间提出的液态水中质子在两个氧原子间随机隧穿的假说。

但是,质子和孤对电子在酸碱溶液中的输运机理及它们的功能与实验事实相悖。水溶剂的 H—O 键具有至少 4.0 eV 的结合能,只有在 121.6 nm 或更短波长的激光辐照条件下才能裂解。在水合过程中,极性水分子溶剂将溶质分解成不同形状、电量、尺寸的电荷载体,包括电子、孤对电子、质子、离子和偶极子等,弥散注入溶剂中。电荷载体以不同的方式与近邻的溶剂分子发生作用,形成以水合胞为个体的子晶格,并与溶剂的氢键网络套构,从而调制溶液的宏观性质。典型的溶质包括酸、碱、盐、电解质和可溶性有机分子。所以,目前所面临的挑战依然是如何理解和分辨不同溶质间以及溶质与溶剂分子间的作用方式。主导溶液属性的是亚分子尺度界面处的键合能量和电子的时空行为,而不仅仅是质子、孤对电子、溶质或水分子等物质的时空输运行为和方式以及它们在空间某一位点停留的时间或寿命。

本书的主旨是从电荷注入与氢键受激极化与协同弛豫的角度出发,探讨水合反应氢键和电子动力学、分子间的非键作用以及各种溶质的特殊功用,将传统的分子动力学思维拓展到耦合氢键弛豫和电子极化动力学,将氢键协同弛豫理论和低配位键收缩理论与声子积分差谱技术结合,进行系统的理论与实验研究,并澄清了下列事实:

(1) 水合反应以电子、质子、离子、偶极子、孤对电子等方式注入电荷,并通过氢键、反氢键、超氢键、静电极化、水合层屏蔽、溶质键收缩以及溶质–溶质作用调制溶液的氢键网络与性能。

(2) 与化学吸附和水解反应的键置换截然不同,水合反应是一个以键弛豫、非键形成和电子极化为主的物理过程。溶质间和溶质与溶剂间既不形成常规的离子键或共价键,也不存在电子交换或电子轨道交叠,取而代之的是相对较弱的或具有排斥特性的非键。极性可溶物质被水解成最小的电荷载体单元并各自形成水合胞。水合胞构成与溶剂氢键网络套构的子晶格,其晶格间距与溶质浓度相关。

(3) 离子偏心填隙式占据水的四面体空位并极化近邻水分子形成三维 $\pm \cdot 4H_2O : 6H_2O$ 超固态水合胞,并非自由穿行于氢键网络之中。作为点电荷源的离子或电子,可以通过它的电场拉伸和极化近邻氢键形成超固态水合胞。由于其水合氢键的全屏蔽效果,半径较小的阳离子免受其他离子影响而保持其局域电场和水合胞体积恒定。但水合胞中高度有序的偶极水分子的数目不足以完全屏蔽半径较大的阴离子,因此,阴离子间的排斥随溶质间距缩小而弱化局域电场,导致阴离子水合胞的体积随溶质浓度的增加而逐渐减小。超固态水合胞可提升溶液的黏度、表面张力、电导率、声子寿命、准固态相边界等。

（4）在一价和二价盐溶液中，阳离子被偶极水合分子完全屏蔽，呈现短程效应，导致阳离子呈现与浓度相关的线性极化系数 $f(C) \propto C$；而阴离子由于非全屏蔽效应呈现非线性极化行为，$f(C) \propto C^{1/2}$。阳离子的线性极化行为主导盐溶液黏度和表面应力的 Jones-Dole 表述的线性项，而阴离子的非线性极化主导表述的 $C^{1/2}$ 项。在二价和络合盐溶液中，由于高浓度或大体积阴离子间的排斥作用，溶液黏滞系数偏离 Jones-Dole 表述。

（5）在液态和固态水之间存在具有负热胀系数特征的温致准固态；分子低配位和电致极化可导致极化超固态。类胶状的超固态具有低密度、高热扩散率、高反光率、高稳定性、长电子声子寿命等若干特征。

（6）质子和孤对电子注入打破水的质子和孤对电子的配对数目守恒而分别以 H_3O^+ 和 HO^- 形式生成替位式 $(H_3O^+; HO^-) \cdot 4H_2O : 6H_2O$ 稳定结构单元，并将一条 $O:H-O$ 键转变为 $H \leftrightarrow H$ 反氢键或 $O:\Leftrightarrow:O$ 超氢键。$H \leftrightarrow H$ 反氢键的点致脆效应破坏酸和醛等富质子溶液的氢键网络，降低表面张力。在碱和 H_2O_2 等富孤对电子溶液中，$O:\Leftrightarrow:O$ 超氢键的强排斥将压致其近邻 $O:H$ 非键收缩并通过 $O-O$ 的排斥耦合拉伸和弱化 $H-O$ 键；而溶质的键序降低则会缩短和刚化 H_2O_2 和 HO^- 溶质的 $H-O$ 键。

（7）溶剂的 $H-O$ 键受压伸长将释放能量，溶质的 $H-O$ 键自发收缩则吸收能量，综合结果导致溶质溶解过程中溶液温度发生变化。分子由于运动或蒸发所耗散的能量仅限于 $O:H$ 的结合能，为 $0.1 \sim 0.2$ eV。

（8）水合电子与一价阳离子的区别仅在于电荷的极性反转。前者不仅可以便于探针测量空间位置，还可以应用于液滴尺度分辨的氢键极化和水合电子的超快电子光谱并以此预测寿命。

（9）醇、醛、糖、有机酸、络合盐等的水合偶极子产物通过界面反氢键和超氢键以及自身偶极子与溶剂作用，从而改变溶质-溶剂界面的局域结构和电场。

（10）温度、压强、电场、分子低配位及其耦合作用改变溶液相变的临界条件和各种性能。

（11）氢键 $X:H-Y$ 的拉伸和 $X:\Leftrightarrow:Y$ 或 $H \leftrightarrow H$ 的排斥主导可控爆炸分子晶体的感度、能量密度以及爆轰速率。$X:H-Y$ 的缺失可促成熔融碱卤盐（YX）及碱金属（Y）的不可控水合爆炸。$X:H-Y$ 的受激协同弛豫取决于 $X-Y$ 排斥的耦合强度。

（12）声子积分差谱可以直接测量溶质改变常规水的氢键刚度以及转变至水合态的相对数目的能力，并且与表面张力、黏度、扩散系数、声子寿命、电导率等直接关联。根据傅里叶变换原理可实现水合单胞分辨氢键协同弛豫、力学和热学稳定性以及能量变化等测量。

引入电荷注入理论、耦合氢键受激极化与协同弛豫、低配位键收缩、超氢键以及反氢键等概念和相应的处理方法,确实提高了对水合反应动力学、各种溶质的功能以及溶剂–溶质间和溶质–溶质间相互作用的系统认知,意义深远。

非常荣幸,能与业界同仁分享我们就水合反应认知的所思、所为和所获。希望本书所展示的进展能够激发更多的研究兴趣和新的思考维度与方法。拓展准固态、超固态、反氢键、超氢键和耦合氢键协同弛豫等概念到分子晶体、软物质、食品医药、催化超导、生命健康、能源环境等领域无疑更令人兴奋和充满挑战。不过书中许多观点和表述尚属一己之见,有待继续精细和完善。我们诚挚地欢迎大家批评指正。

我们由衷地感谢业界同仁和朋友的鼓励与支持,以及合作者的帮助和贡献,感谢团队成员的付出与关注。感谢我们的家人和亲人。

作者

2023 年 10 月

目　　录

第 1 章
引　言

要点提示

- ✅ 水合反应无处不在且对诸多领域包括生命和健康以及软物质至关重要
- ✅ 对水合反应动力学、溶质功能及分子间与分子内耦合作用的认知是关键
- ✅ 耦合氢键的引入和声子计量谱学技术的发展共同促进相应的研究进展
- ✅ 从分子动力学到氢键动力学的思维方式拓展是突破瓶颈的必然和关键

内容摘要

　　两个世纪以来,人们在水合反应动力学、溶质-溶质间和溶质-溶剂间分子相互作用以及溶液性质方面进行了大量研究。然而,对溶剂水分子结构和氢键($O:H—O$ 或 HB)协同弛豫规律系统认知的局限性阻碍了水合反应研究的实质性进展。拓展分子动力学至氢键弛豫与电子极化动力学,采用声子计量谱学解析水合反应动力学,探索溶剂氢键网络中耦合氢键的协同弛豫、溶质-溶剂间的非键相互作用以及分子内和分子间的耦合作用等或为必然。

1.1　水合反应的研究意义

分子的极性使水成为一种优良的溶剂。酸、碱、盐和其他无机或有机物质在水中分解成最小的电荷载体后经过水合形成各种官能胞。水解属于化学断键和电子在构成溶质的组分间转移的过程，而水合属于键弛豫、非键形成和电子极化或能级深移自陷的过程。水合胞在液体中形成子晶格与溶剂的氢键网络套构。水合溶液在人体保健、生物医药、化学化工等领域起到重要作用。例如，人体血液和体液需要保持酸碱平衡，否则身体将会发出各种非健康信号。再者，摄入过多食盐会引起高血压，而缺盐则会导致在激烈运动时容易出现电解质失衡、大汗淋漓、精疲力竭，甚至危害生命。水合反应在调节细胞功能和溶解蛋白中起到关键作用，对实现生物信息调节、传递、传感、应激演变等过程至关重要[1-7]。

霍夫迈斯特[8,9]根据离子半径和元素电负性对各系列盐溶液溶解蛋白质的能力进行了排序，建立了宏观规则。然而，精细辨析溶质–溶剂间和溶质–溶质间的分子相互作用及其与溶液物性的关联是一个巨大的挑战。人们在研究溶液物性时，对于水溶剂本身的属性关注甚少。水合反应发生时溶剂中氢键（O：H—O 或 HB）由常规纯水转变至水合状态的相对数目和键的刚度的变化更是鲜为人知。水合反应动力学与溶液氢键网络及诸如表面（称表皮更为确切）应力、溶液温度、溶液黏度、临界压力和相变温度等物性之间的相关性仍有待澄清。

水合反应的相关研究可追溯到 20 世纪初。阿伦尼乌斯（Arrhenius）提出了等氢离子理论、分子活化理论和盐的水解理论[10]，并于 1903 年获得诺贝尔化学奖。随后，布朗斯特（Brönsted）和劳里（Lowry）[11,12]以及路易斯（Lewis）[13]提出了酸碱质子理论。自此，人们开展了大量相关研究，发展了众多理论，主要探讨溶质的迁移运动、质子和孤对电子的输运机制、水合层的尺度、界面介电性质、声子寿命等问题，后逐渐发展成为现代水合反应分子动力学（或称液态科学）[14]。

中子衍射光谱、核磁共振、拉曼散射和红外吸收光谱等测试技术的发展促进了水合反应的研究进展。这些谱学技术可以探测溶液中化学键的长度变化和振动信息，诸如氢键的拉伸振动和弯曲振动频谱，以此探究其中涉及的超快电子/声子/光子动力学行为[15-17]。

作为参考标准，4 ℃水具有质量密度极大值 1 g/cm^3，其 O：H—O 氢键的分段特征参量值分别为[18]：O：H 非键的长度 $d_L = 1.7$ Å、结合能 $E_L \approx 0.095$ eV、特征振动频率 $\omega_L \approx 200$ cm^{-1}、德拜温度 $\Theta_L \approx 192$ K；H—O 共价键的 $d_H = 1.0$ Å、$E_H \geqslant 4.0$ eV、$\omega_H \approx 3\ 200$ cm^{-1}、$\Theta_H = \Theta_L \times \omega_H / \omega_L \approx 3\ 072$ K。基于傅里叶变换原理，氢键的弯曲振动和分子的扭转振动具有各自独立的频率与惯量，它们独立于

O：H—O 的拉伸振动。O：H 的拉伸振动处于 THz 频段。为方便起见，$\omega = 2\pi c/\lambda$ 用波数 $1/\lambda$ 表示，1 THz 对应的波数为 33 cm^{-1}。

　　图 1.1 为液态水的全频段变温拉曼光谱和 H—O 键高频段的配位分辨分峰结果[19]。液态升温导致 H—O 键收缩和声子频率蓝移以及 O：H 膨胀和振动频率红移。纯水溶剂的 H—O 共价键拉伸振动谱峰可分解为块体（3 200 cm^{-1}）、表皮相（3 450 cm^{-1}）和表面 H—O 悬键（3 610 cm^{-1}）三个组分，其中 H—O 悬键指向表面外侧[20]。块体 O：H 非键的拉伸振动谱的中心在 200 cm^{-1}，而表皮相的在 75 cm^{-1}，因为表皮分子的低配位诱使表皮 O：H 非键膨胀和极化[21,22]。这里采用表皮而非表面是因为表皮具有一定厚度，这对讨论局域能量密度很重要。由于氧原子的非键孤对电子作用，可以将 O：H 称为分子间非键（或范德瓦耳斯键），而 H—O 则称为分子内的极性共价键。O：H 非键与 H—O 共价键共同构成 O：H—O 耦合氢键，因为 O—O 间的库仑排斥耦合是关键，不可忽略。O：H—O 键的分段长度、能量、比热容在外场作用下呈现协同弛豫，即其中一段伸长弱化，另一段缩短刚化，反之亦然[20]。

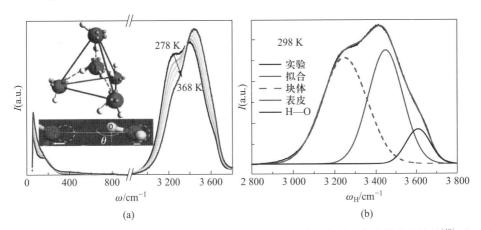

图 1.1　液态水的（a）全频段变温拉曼光谱和（b）H—O 键高频段的配位分辨分峰结果[19]（参见书后彩图）

（a）中插图为水的单胞结构和 O：H—O 耦合氢键示意图。温致 H—O 键声子频率蓝移而 O：H 频率红移源于 H—O 收缩和 O：H 非键膨胀。H—O 键的拉曼谱按配位环境分解为块体（3 200 cm^{-1}）、表皮相（3 450 cm^{-1}）和表面 H—O 悬键（3 610 cm^{-1}）分量

　　图 1.2 为不同浓度的 NaI[23]、HI[24]、NaOH[25] 和 H$_2$O$_2$[26] 水合溶液的全频拉曼光谱[27]。插图分别对应相应溶质的（±；H$_3$O$^+$；HO$^-$）：4H$_2$O 水合单胞结构。溶质的介入除导致固有 O：H—O 谱峰变形和溶质内固有振动外，在溶质-溶剂界面并没有新的化学键产生。振动频率为 400 cm^{-1} 和 1 600 cm^{-1} 的谱峰分别对应 ∠O：H—O 和 ∠H—O—H 弯曲振动模，后者对外界激励不敏感。

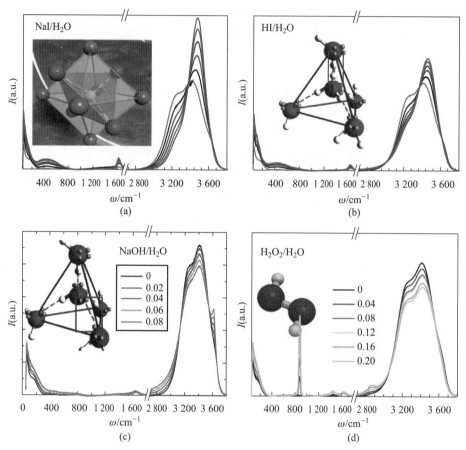

图 1.2 （a）NaI/H₂O 盐[23]、（b）HI/H₂O 酸[24]、（c）NaOH/H₂O 碱[25] 和（d）H₂O₂/H₂O 双氧水[26] 水合溶液的全频拉曼光谱（参见书后彩图）

（a~c）中的插图分别对应（±；H₃O⁺；HO⁻）：4H₂O 水合单胞的构型。（c）中 3 610 cm⁻¹ 处锐峰对应碱溶液中 HO⁻ 的振动。（d）中 880 cm⁻¹ 谱峰对应双氧水的 O—O 键振动，3 550 cm⁻¹ 谱峰对应溶质的 H—O 振动。水合反应仅改变已知水的频谱特征峰的形状，并没有在溶质-溶剂间形成新的化学键[18,20,23,24,26]。溶质浓度采用摩尔分数表示，即 $C = N_{\text{solute}}/N_{\text{solution}}$，其比常用的摩尔浓度（mol/L）更为方便。例如，若溶质浓度为 X mol/L，则 $C = X/(1\,000/18 + X)$

由图 1.2 中典型溶液的拉曼光谱可知，水合反应过程对于 O：H 和 H—O 声子而言，仅引起两者刚度（ω，峰位）、丰度（A，差谱谱峰面积）、涨落序度（Γ，峰半高宽）的弛豫。与纯水的参考谱相比，在溶质-溶剂间没有出现新的化学键光谱特征，只是谱峰变形。所以水合反应是物理过程，只有键的弛豫和电子极化。碱溶液的 3 610 cm⁻¹ 谱峰和过氧化氢溶液（俗称双氧水）的 3 550 cm⁻¹ 谱峰对应溶质自身的键序缺失，导致键收缩[25]。谱峰 3 610 cm⁻¹ 位置处为水的悬键的振动频率。盐和酸的水合反应作用使 H—O 声子刚度自块体的 3 200 cm^{-1} 蓝移至 3 500 cm^{-1} 左右,水合层 H—O 键的振动频率与中心位于 3 450 cm^{-1} 的水表皮 H—O 键振动频率重合。因此,水合层的极化与表皮超固态的 H—O 键的长度和刚度相近。溶质诱导的谱峰半高宽变化顺序为 $\Gamma_{NaI} < \Gamma_{HI} < \Gamma_{NaOH} < \Gamma_{H_2O_2}$。$\Gamma$ 越小,表明水合胞内水分子的极化程度和分子结构序度越高,涨落幅度越低,分子运动越缓,声子寿命越长。

水合反应过程不仅对分子动力学(MD)行为产生扰动,而且会诱使一部分 O：H—O 氢键自块体转变为水合状态。因此,利用 O：H—O 氢键的受激协同弛豫描述水合溶剂和溶质-溶剂界面的分子间与分子内相互作用及其耦合是恰当且必要的。

鉴于 O：H 和 H—O 分段振动频率的受激协同弛豫特征[28],只需关注 O：H—O 键这两个分段的拉伸振动频移即已足够表征系统的其他几何与能量的协同演化。O：H—O 键的非键和共价键分段对于低配位[29]、均匀电场、溶质点电荷电场、加热或冷却、机械压缩或拉伸、电磁辐射[17,20]等外界扰动都非常敏感,其声子发生蓝移或红移,尽管有时物理起因有所不同。

傅里叶变换可将具有相同振动频率的化学键的信息形成特征峰,而无须考虑这些化学键在样本中的空间位置、取向和样本的状态。此外,波数在 200 cm^{-1} 的声子信号较弱,往往被人们忽略,主要关注分子内的 H—O 共价键拉伸振频。人们常常把 H—O 键振动频率的蓝移直接归于 O：H 非键的弱化。非键作用的受激弱化伸长称为水的网络结构破损(destructuring),而 H—O 声子频率红移则为水分子结构的加固(structuring)。

分子动力学模拟与二维超快红外吸收(t-2DFIR)光谱被用于研究溶质或水分子扩散过程中的声子寿命与溶液黏度的关系[30,31]。通常人们将水合反应过程视为分子过程,并把分子作为基本结构单元,因此主要考虑 O：H 非键作用,而忽略分子间和分子内相互作用的耦合[20]。从分子角度去研究溶质运动模式与动力学、水合层大小、界面介电、分子取向、声子弛豫时间等问题,可以获得关于水的结构弛豫、水分子旋转和平动动力学以及质子平动动力学的信息。同时,还可以通过振动弛豫和能量耗散计算得到溶液中和水合生物分子界面上的局部电场[32]。此外,和频振动光谱(SFG)可探测在空气-溶液界面处单分子尺度薄层上的偶极子取向和表面介电性质的信息[33-38]。

利用时间分辨 t-2DFIR 和 SFG 对块体与界面水的系统研究表明[31],块体与界面上声子寿命对各自的 H—O 拉伸振频有较强的依赖性。当 H—O 振频自 3 200 cm^{-1} 增至 3 700 cm^{-1} 时,H—O 声子的寿命从 250 fs 增至 550 fs。而界面水分子的声子寿命对其局域振动频率的依赖性更强。这表明,界面水与块体水之间具有结构的差异,因为前者具有由分子低配位引起的 H—O 收缩刚化和氢键强极化导致的超固态[20]。这些光谱结果将氢键弛豫与分子动力学联系起来。分子低配位引起的极化使得 H—O 刚度增大[22]，而 H—O 键的振动能量耗散时间与其刚度成正比。因此，H—O 振动频率增大将导致分子运动速度减慢、声子寿命延长。

离子的引入也会使 H—O 声子频率发生蓝移[23,39]。离子的静电极化和 O—O 库仑作用的结合弱化离子周围的 O：H 非键而强化 H—O 共价键。分子低配位与电场极化具有相同的产生局域超固态的效果。而在碱基溶液中，HO^- 会使溶剂的 O：H 非键压缩强化而 H—O 键协同软化，与离子极化效果相反[25]。

水与生物分子之间的相互作用可以显著改变界面水合层的结构、化学、动力学和热力学等性质。研究表明，生物分子直接影响与其相距 10 Å 以上的水分子的行为[40]。生物分子对其水合层分子的影响可归因于所涉及的氨基酸残基的化学性质和生物分子的空间排列以及其构象的灵活性，其起因也不外乎局域电场的不均匀性。分子动力学研究表明[40]，肽链周围 12~13 Å 范围内水分子的运动速度变缓，滞留时间 ≥ 100 ps，表明水分子被极化的可能。

此外，单凭全频红外光谱和拉曼光谱及泵浦-探测超快光谱很难获得直接和定量的溶液的溶质-溶剂和溶质分子间的相互作用、分子内和分子间的键弛豫以及介电性等信息。若考虑分子处于非晶态或高度涨落状态而不考虑统计意义上类晶体结构的均一性[18]，就更难分辨溶液的这些信息。关于溶质和溶液分子动力学行为依然存在如下问题[41-50]：

（1）过量的质子或孤对电子在水合反应中起怎样的作用以及如何运动？

（2）如何确定溶质和溶剂分子之间相互作用的势能？

（3）溶质如何改变溶液的相变温度？

（4）放热与吸热反应的起因和判据是什么？

（5）为什么酸性溶液具有腐蚀性并破坏表面应力？

（6）溶质离子、质子、孤对电子如何影响溶剂 O：H—O 键合电子的行为？

（7）氢键的刚度和数目在水合反应过程中发生怎样的变化？

在回答这些问题之前，我们必须对水的结构和 O：H—O 氢键在电荷注入或其他激励作用时的协同弛豫规律有清晰的认识[51]。

1.2　挑战与机遇

目前对水合反应的研究主要集中在溶质和溶剂分子的时空行为上，如分子动力学、输运方式和速率、水合层的大小和声子弛豫时间等。为了深入理解水合反应动力学，溶质对溶剂的氢键网络和性能的调制等物理化学行为，我们必须拓展已有的思维方式。电荷注入、屏蔽极化、非键作用，以及溶剂的耦合氢键的分段长度、能量、比热容的受激协同弛豫及其对溶液宏观物性的影响,是澄清水合反应过程中溶液性能的基础。最终目的是寻找并掌握影响溶液性质的因素。

额外质子(H^+)与孤对电子(：)的引入破坏了水中质子和孤对电子的数目配对守恒[52]。它们与溶剂分子形成基本的官能团簇而非自由隧穿。除了 H^+ 和"："与溶剂分子的相互作用外,溶质分子还会诱导形成各向异性、局域短程的偶极子,进一步影响溶液氢键网络性能。注入的离子和电子只能以填隙形式占据水分子的四面体偏心位置而形成超固态水合团簇,而且离子的作用程与它们的离子半径和电负性有关。这些假设将被一一验证。

从分子的时空行为、质子转移、质子的核量子作用、氢键及电子的协同性、声子寿命等角度出发,人们在理解溶剂动力学方面取得了一系列进展:

(1) 经典连续介质论[53-58]:这种方法将溶剂作为中性分子的类气态集合,将外界激励作为自变量。该方法的成功之处在于,它可解释介电性、扩散率、表面应力、黏度、潜热、熵、液/气转变等。

(2) 分子动力学[43,59-62]:该方法将溶剂分子视为单个柔性或刚性、极化或非极化的分子偶极子的集合,主要考察分子间的作用。利用分子动力学计算和时间分辨声子谱测量可研究水与溶质分子的时空特性以及质子、孤对电子的输运方式和速率。可获得声子弛豫、分子在溶质附近驻留、不同配位环境以及在外场扰动下的声子寿命。

(3) 核量子效应[63-65]:扫描隧道显微镜/谱(STM/S)和路径积分分子动力学(PIMD)模拟相结合可以量化零点振动能对水/固界面上单个氢键强度的影响。STM 的结果明确表明,sp^3 轨道杂化发生至少 5 K 温度。质子的核量子效应与电场极化效应一致[66],即拉伸 O：H—O 键中较长的一段,同时缩短较短的另一段。

(4) O：H—O 氢键受激极化与协同弛豫(HBCP)[20,21,67,68]:该方法着重于水分子内部和分子间的相互作用的耦合以及非键电子极化。综合拉格朗日力学、分子动力学和密度泛函理论(DFT)计算以及微扰声子谱学,探讨溶剂分子和注入的电荷载体的时、空、频域的行为。探求 O：H—O 氢键分段长度、能量、比热容的受激协同弛豫规则,在水合反应过程中氢键分段刚度和相对数目的转变以及电子的极化,由此可获得包括溶液黏度、表面应力、相边界色散、相变临界压力和温度的影响等信息。

研究结果证实[18,20,69,70],基于 O：H—O 氢键协同弛豫理论和水分子中心四面体配位构型,应用差分声子谱(DPS)[70,71]、超快电子/声子谱以及表面应力(接触角)检测方法研究水溶液氢键网络的水合反应动力学行为是切实可行并快捷有效的,相关信息见表 1.1。

表 1.1　氢键协同弛豫理论与常规检测方法相结合所获取的水合反应动力学信息

检测方法	拓展	信息内容
静态声子谱	DPS 谱	定性分析
动态电子/声子谱	电子/声子能量耗散	关于电子自陷/极化和声子的丰度–刚度–序度转化的定量信息
分子作用机制	水合动力学	分子间/内耦合作用及相关的键弛豫
动态涨落溶液	统计平均有序类晶结构	分子间非键和分子内键的协同弛豫以及相应声子刚度、丰度的演变和涨落
量子计算、经典热力学	氢键弛豫	键弛豫和极化导致的能量吸收与释放过程以及分子运动和结构涨落导致的能量耗散过程的分辨

1.3　本书内容概览

全书共 11 章。第 1 章简要概述水合反应的研究意义、研究现状和面临的挑战。

第 2 章介绍 DPS 的基本原理和应用举例。将接触角检测、静态 DPS 和超快电子/声子光谱相结合,可采集有关水合键弛豫和电子极化的定量证据。由此可以定量获得块体水分子向水合层转变的数量以及在水合反应过程中 $O:H—O$ 键长和键能的协同演变。

第 3 章讨论了冰水和溶液类晶体内分子间作用与 $O:H—O$ 作用。由于 $O:H$ 非键、$H \leftrightarrow H$ 反氢键致脆、$O:\Leftrightarrow:O$ 超氢键压缩和离子极化等作用的介入,水合胞内 $O:H—O$ 键发生协同弛豫。将耦合氢键受激极化与协同弛豫理论与 DPS 实验方法相结合,使获得所期待的因水合反应引起的 $O:H—O$ 键的数量以及分段键长与键能变化的量化信息成为可能。

第 4 章聚焦于 $H(Cl, Br, I)$ 酸的水合反应和反氢键形成动力学。差分声子谱、接触角检测以及 DFT 计算的结合证明了有关卤素离子极化和 $H \leftrightarrow H$ 反氢键致脆的理论预测。过剩的 H^+ 会与水分子形成稳定的 H_3O^+,使得两邻近氧原子间不存在质子的随机跃迁以及自由隧穿行为。H_3O^+ 与水分子间 $H \leftrightarrow H$ 反氢键的排斥作用破坏氢键网络,使其不再连续,也即致脆效应。离子水合层中心离子与第一壳层水分子间形成 $X \cdot H—O$ 作用以及有序的 $O:H—O$ 键构成次壳层,$X \cdot H$ 较 $O:H$ 分子间距更大,而相应的 $H—O$ 键就更短。离子极化缩短了

H—O 键并使得其声子频率从块体状态的 3 200 cm^{-1} 蓝移至水合状态的 3 450 cm^{-1},同时使 O：H 非键拉伸且声子频率发生红移。反氢键破坏氢键网络并降低溶液的黏滞系数和表面张力。酸的水合反应呈现出与热涨落相似的影响效果,它们以相同的方式使得氢键网络中的氢键弛豫并降低表面应力。

第 5 章解析了 (Li,Na,K)OH 和 H$_2$O$_2$ 的水合反应。过剩的孤对电子间形成 O：⇔：O 超氢键点压力源。O：⇔：O 的斥力作用具有类似于机械压强的作用,即缩短 O：H 非键,拉伸 H—O 键。键序缺失则导致溶质 HO$^-$ 和 H$_2$O$_2$ 的 H—O 键收缩[69,72]。溶剂 H—O 键的伸长弱化导致水合反应放热,每条 H—O 键释放至少 0.15 eV 的能量而加热溶液。由于 HO$^-$ 和 H$_2$O$_2$ 键序缺失程度的差异,H$_2$O$_2$ 引起 O：H—O 键弛豫、表面应力提高,但其溶液致热的能力小于 HO$^-$ 的。

第 6 章研究了卤族盐和二价盐溶液中离子极化对 O：H—O 的弛豫和表面应力的影响。本章展示的离子遵循 Na>K>Rb>Cs 序列。在一价盐溶液中,O：H—O 键弛豫和表面应力对卤素阴离子种类的变化都较为灵敏,遵循霍夫迈斯特序列 I>Br>Cl>F≈0。在反应过程中,原子的 sp^3 轨道杂化产生孤对电子,这决定了复杂盐溶液的溶质分子结构。较大的复杂阴离子水合层中的 O：H—O 键数目几乎保持不变,但当溶质浓度增加时,这些氢键对局部电场的变化较为敏感。而被孤对电子围绕屏蔽的一价复杂阴离子,其水合反应对水合层稳定性以及氢键弛豫的影响与大的卤素阴离子的差异较大。溶液的接触角或表面应力的变化有效地表征了离子的极化能力。DPS 积分可以将溶质的极化能力分类:质子 $f_H(C) \equiv 0$,阳离子 $f_Y(C) \propto C$,阴离子 $f_X(C) \propto C^{1/2}$。过剩 H$^+$ 既不能在水分子间自由跳跃,也不能使邻近分子发生极化,只能形成 H↔H 反氢键。对于较小的 Y$^+$ 阳离子、HO$^-$ 氢氧化物和分子偶极子,水合层中水分子偶极子可以完全屏蔽溶质相互作用而使 $f_Y(C)$ 呈线性,此时阳离子水合层体积或水合水分子数目恒定。而对于卤素离子,$f_X(C)$ 的浓度的 1/2 次幂关系表明阴离子存在较强的排斥作用。卤盐溶液中只存在阴离子间相互作用,而阳离子始终保持孤立个体。

第 7 章证明了极化超固态和温致准固态的存在。通过溶质诱使 O：H—O 键自块体状态向水合状态转变的极化系数 f 得出离子第一水合层内相对水合偶极分子的数目,并证明了一价阳离子的水合胞体积守恒和阴离子水合胞以浓度 $C^{-1/2}$ 方式递减,从而证明一价盐溶液中仅有阴离子间的排斥作用而没有异性离子间的吸引作用。由此澄清,阳离子的全屏蔽极化和阴离子的非全屏蔽效应分别主导溶液的黏度和表面应力的 Jones-Dole 表述中的线性与非线性项。二价和络合盐水合因异性高价离子的吸引使溶液的黏度偏离 Jones-Dole 表述。

第 8 章介绍了醇、糖、酸和醛等有机极性分子对其水溶液的声子谱形的调制规律[73,74],以及它们对 O：H—O 键转变和极化的能力。在这些有机溶液中,除

O：H—O 外,还存在 H↔H 反氢键和 O：⇔：O 超氢键。有机溶质分子的短程各向异性偶极场对溶液氢键网络弛豫以及表面应力调制也起到重要作用。电负性元素原子发生 sp^3 轨道杂化而产生孤对电子;有机分子因 H^+ 和“：”分布非均匀对称性而形成偶极子,其极化率随 CH_2 链长度变化。醛溶液中存在较小的氢键键态转换系数和较大的表面应力降幅,为醛导致 DNA 断裂致癌提供一种可能的微观机理解释。

第 9 章描述了盐在水合反应、加热、机械压缩和低配位等多场耦合激发下 O：H—O 键弛豫、表面应力变化以及溶液相变临界压力及温度的变化[23,39,75]。加热和盐析对键弛豫的影响相同,但对表面应力的影响相反。盐水合和加热都拉伸 O：H 非键而缩短 H—O 键,但物理机制有所不同。机械压缩与盐水合对 O：H—O 键分段长度和刚度的弛豫影响相反。盐水合后的液态-Ⅵ 和 Ⅵ-Ⅶ 相变临界压力提高。在较高溶质浓度时,盐溶液中存在阴离子间的相互作用,因此溶质类型和浓度引起的氢键弛豫差异的物理机制也会有所不同。极化引起水合层和表皮的超固态,减缓了水合层和表皮水分子的运动速率。此外,还探讨了富有孤对电子的 YOH 及 H_2O_2 溶液、富有质子的醇溶液温度的改变机理[76,77]。

作为耦合氢键、超氢键和反氢键的拓展,第 10 章提出了广普氢键的设想,并在炸药储能和爆轰过程控制中加以应用,证明耦合氢键的拉伸张力与超氢键或反氢键的排斥的结合不仅能够稳定氮基炸药的结构,而且可通过分子内键收缩储能。碱金属和碱卤盐溶液的水生自发燃爆涉及水解后碱的形成和水合两个过程,水生自发爆炸源于缺少 O：H 张力的制约。超氢键的缺失限制了液态碳酸钠和硼酸的水生爆炸等。谱学证明,N：⇔：N 和 H↔H 排斥与 N：H—O 或 N：H—N 张力主导氮五唑阴离子复合结构的稳定性,而三氨基三硝基苯(TATB)中的 O：H—N 键具有与水中 O：H—O 相同的压致和温致频谱特征。硝基甲烷中 O：H—C 的 H—C 键具有负的热胀系数和正压缩系数。广普氢键的核心是孤对电子和耦合作用,在冰水溶液、炸药储能、爆轰控制、催化超导、医药食品、环境能源等领域起到重要作用。

第 11 章总结了综合 O：H—O 键协同弛豫、差分声子谱及接触角检测方法所得到的有关水合反应动力学以及水合氢键弛豫动力学的概念与规则。大量实验观察证明,溶液中分子间的 O：H 非键、H↔H 反氢键、O：⇔：O 超氢键的形成,溶质 H—O 键的键序缺失,以及分子偶极子之间的相互作用对溶液各种物性的演化起重要作用。溶液中注入或形成的带电离子或电子的电致极化对表面应力、黏性、弹性、声子寿命和分子动力学行为至关重要。研究也证明,DPS 在分析溶剂动力学、溶质-溶质分子相互作用、溶质极化、氢键数量和刚度转变等方面功能强大。将实验和理论结果拓展到水-蛋白、药物-靶细胞、分子晶体和液体中的分子间相互作用的研究将具有更加深远的意义。

此外,为方便读者学习和理解,每章章首都给出了"要点提示"和"内容摘要"。

参 考 文 献

[1] Jungwirth P., Cremer P. S. Beyond Hofmeister. Nature Chemistry, 2014, 6(4):261−263.

[2] Johnson C. M., Baldelli S. Vibrational sum frequency spectroscopy studies of the influence of solutes and phospholipids at vapor/water interfaces relevant to biological and environmental systems. Chemical Reviews, 2014, 114(17):8416−8446.

[3] Lo Nostro P., Ninham B. W. Hofmeister phenomena: An update on ion specificity in biology. Chemical Reviews, 2012, 112(4):2286−2322.

[4] Ostmeyer J., Chakrapani S., Pan A. C., et al. Recovery from slow inactivation in K channels is controlled by water molecules. Nature, 2013, 501(7465):121−124.

[5] Kim J., Won D., Sung B., et al. Observation of universal solidification in the elongated water nanomeniscus. Journal of Physical Chemistry Letters, 2014, 5(4):737−742.

[6] Van der Linden M., Conchúir B. O., Spigone E., et al. Microscopic origin of the Hofmeister effect in gelation kinetics of colloidal silica. Journal of Physical Chemistry Letters, 2015, 6(15):2881−2887.

[7] Xie W. J., Gao Y. Q. A simple theory for the Hofmeister series. Journal of Physical Chemistry Letters, 2013, 4:4247−4252.

[8] Hofmeister F. Zur lehre von der wirkung der salze. Archiv für Experimentelle Pathologie und Pharmakologie, 1888, 25(1):1−30.

[9] Hofmeister F. Concerning regularities in the protein-precipitating effects of salts and the relationship of these effects to the physiological behaviour of salts. Archiv für Experimentelle Pathologie und Pharmakologie, 1888, 24:247−260.

[10] Arrhenius S. Development of the theory of electrolytic dissociation. Nobel Lecture, 1903.

[11] Brönsted J. Part Ⅲ. Neutral salt and activity effects. The theory of acid and basic catalysis. Transactions of the Faraday Society, 1928, 24:630−640.

[12] Lowry T. M., Faulkner I. J. CCCXCIX.—Studies of dynamic isomerism. Part ⅩⅩ. Amphoteric solvents as catalysts for the mutarotation of the sugars. Journal of the Chemical Society, Transactions, 1925, 127:2883−2887.

[13] Lewis G. N. Acids and bases. Journal of the Franklin Institute, 1938, 226(3):293−313.

[14] Chandler D. From 50 years ago, the birth of modern liquid-state science. Annual Review of Physical Chemistry, 2017, 68:19−38.

[15] Li J. Inelastic neutron scattering studies of hydrogen bonding in ices. Journal of Chemical Physics, 1996, 105(16):6733−6755.

[16] Michalarias I., Beta I., Ford R., et al. Inelastic neutron scattering studies of water in DNA.

Applied Physics A:Materials Science & Processing,2002,74:s1242-s1244.

[17] Li J. C.,Kolesnikov A. I. Neutron spectroscopic investigation of dynamics of water ice. Journal of Molecular Liquids,2002,100(1):1-39.

[18] Gong Y.,Zhou Y.,Wu H.,et al. Raman spectroscopy of alkali halide hydration:Hydrogen bond relaxation and polarization. Journal of Raman Spectroscopy,2016,47(11):1351- 1359.

[19] Zhou Y.,Zhong Y.,Gong Y.,et al. Unprecedented thermal stability of water supersolid skin. Journal of Molecular Liquids,2016,220:865-869.

[20] Huang Y. L.,Zhang X.,Ma Z. S.,et al. Hydrogen-bond relaxation dynamics:Resolving mysteries of water ice. Coordination Chemistry Reviews,2015,285:109-165.

[21] Sun C. Q.,Sun Y. The Attribute of Water:Single Notion,Multiple Myths. Singapore: Springer Nature Singapore,2016.

[22] Sun C. Q.,Zhang X.,Zhou J.,et al. Density,elasticity,and stability anomalies of water molecules with fewer than four neighbors. Journal of Physical Chemistry Letters,2013,4: 2565-2570.

[23] Zeng Q.,Yan T.,Wang K.,et al. Compression icing of room-temperature NaX solutions (X=F,Cl,Br,I). Physical Chemistry Chemical Physics,2016,18(20):14046-14054.

[24] Zhang X.,Zhou Y.,Gong Y.,et al. Resolving H(Cl,Br,I) capabilities of transforming solution hydrogen-bond and surface-stress. Chemical Physics Letters,2017,678:233-240.

[25] Zhou Y.,Wu D.,Gong Y.,et al. Base-hydration-resolved hydrogen-bond networking dynamics:Quantum point compression. Journal of Molecular Liquids,2016,223:1277- 1283.

[26] Chen J.,Yao C.,Liu X.,et al. H_2O_2 and HO^- solvation dynamics:Solute capabilities and solute-solvent molecular interactions. ChemistrySelect,2017,2(27):8517-8523.

[27] Zhou Y.,Gong Y.,Huang Y.,et al. Fraction and stiffness transition from the H—O vibrational mode of ordinary water to the HI,NaI,and NaOH hydration states. Journal of Molecular Liquids,2017,244:415-421.

[28] Fang H.,Tang Z.,Liu X.,et al. Discriminative ionic capabilities on hydrogen-bond transition from the mode of ordinary water to (Mg,Ca,Sr)(Cl,Br)$_2$ hydration. Journal of Molecular Liquids,2019,279:485-491.

[29] Dixit S.,Crain J.,Poon W.,et al. Molecular segregation observed in a concentrated alcohol-water solution. Nature,2002,416(6883):829.

[30] Tuckerman M. E.,Marx D.,Parrinello M. The nature and transport mechanism of hydrated hydroxide ions in aqueous solution. Nature,2002,417(6892):925-929.

[31] Van der Post S. T.,Hsieh C. S.,Okuno M.,et al. Strong frequency dependence of vibrational relaxation in bulk and surface water reveals sub-picosecond structural heterogeneity. Nature Communications,2015,6:8384.

[32] Laage D.,Elsaesser T.,Hynes J. T. Water dynamics in the hydration shells of

biomolecules. Chemical Reviews, 2017, 117(16):10694-10725.

[33] Shen Y. R., Ostroverkhov V. Sum-frequency vibrational spectroscopy on water interfaces: Polar orientation of water molecules at interfaces. Chemical Reviews, 2006, 106(4): 1140-1154.

[34] Chen H., Gan W., Wu B. H., et al. Determination of structure and energetics for Gibbs surface adsorption layers of binary liquid mixture 1. Acetone + water. Journal of Physical Chemistry B, 2005, 109(16):8053-8063.

[35] Nihonyanagi S., Yamaguchi S., Tahara T. Ultrafast dynamics at water interfaces studied by vibrational sum frequency generation spectroscopy. Chemical Reviews, 2017, 117(16): 10665-10693.

[36] Ji N., Ostroverkhov V., Tian C., et al. Characterization of vibrational resonances of water-vapor interfaces by phase-sensitive sum-frequency spectroscopy. Physical Review Letters, 2008, 100(9):096102.

[37] Nihonyanagi S., Yamaguchi S., Tahara T. Direct evidence for orientational flip-flop of water molecules at charged interfaces: A heterodyne-detected vibrational sum frequency generation study. Journal of Chemical Physics, 2009, 130(20):204704.

[38] Shen Y. R. Basic theory of surface sum-frequency generation. Journal of Physical Chemistry C, 2012, 116:15505-15509.

[39] Zhang X., Yan T., Huang Y., et al. Mediating relaxation and polarization of hydrogen-bonds in water by NaCl salting and heating. Physical Chemistry Chemical Physics, 2014, 16(45):24666-24671.

[40] Gavrilov Y., Leuchter J. D., Levy Y. On the coupling between the dynamics of protein and water. Physical Chemistry Chemical Physics, 2017, 19(12):8243-8257.

[41] Mandal A., Ramasesha K., De Marco L., et al. Collective vibrations of water-solvated hydroxide ions investigated with broadband 2DIR spectroscopy. Journal of Chemical Physics, 2014, 140(20):204508.

[42] Roberts S. T., Petersen P. B., Ramasesha K., et al. Observation of a Zundel-like transition state during proton transfer in aqueous hydroxide solutions. Proceedings of the National Academy of Sciences, 2009, 106(36):15154-15159.

[43] Thämer M., De Marco L., Ramasesha K., et al. Ultrafast 2D IR spectroscopy of the excess proton in liquid water. Science, 2015, 350(6256):78-82.

[44] Sun C. Q., Zhang X., Fu X., et al. Density and phonon-stiffness anomalies of water and ice in the full temperature range. Journal of Physical Chemistry Letters, 2013, 4:3238-3244.

[45] Li F., Li Z., Wang S., et al. Structure of water molecules from Raman measurements of cooling different concentrations of NaOH solutions. Spectrochimica Acta A, 2017, 183 (5):425-430.

[46] Cappa C. D., Smith J. D., Wilson K. R., et al. Effects of alkali metal halide salts on the hydrogen bond network of liquid water. Journal of Physical Chemistry B, 2005, 109(15):

7046-7052.

[47] Glover W. J.,Schwartz B. J. Short-range electron correlation stabilizes noncavity solvation of the hydrated electron. Journal of Chemical Theory and Computation,2016,12(10): 5117-5131.

[48] Iitaka T.,Ebisuzaki T. Methane hydrate under high pressure. Physical Review B,2003,68 (17):172105.

[49] Marcus Y. Effect of ions on the structure of water: Structure making and breaking. Chemical Reviews,2009,109(3):1346-1370.

[50] Smith J. D.,Saykally R. J.,Geissler P. L. The effects of dissolved halide anions on hydrogen bonding in liquid water. Journal of the American Chemical Society,2007,129 (45):13847-13856.

[51] Zhou Y.,Huang Y.,Ma Z.,et al. Water molecular structure-order in the NaX hydration shells (X = F,Cl,Br,I). Journal of Molecular Liquids,2016,221:788-797.

[52] Sun C. Q.,Huang Y.,Zhang X.,et al. The physics behind water irregularity. Physics Reports,2023,998:1-68.

[53] Wark K. Generalized Thermodynamic Relationships in the Thermodynamics. 5th ed. New York:McGraw-Hill,Inc.,1988.

[54] Alduchov O., Eskridge R. Improved magnus form approximation of saturation vapor pressure. Journal of Applied Meteorology,1996,35:601-609.

[55] Jones G.,Dole M. The viscosity of aqueous solutions of strong electrolytes with special reference to barium chloride. Journal of the American Chemical Society,1929,51(10): 2950-2964.

[56] Wynne K. The mayonnaise effect. Journal of Physical Chemistry Letters,2017,8(24): 6189-6192.

[57] Araque J. C.,Yadav S. K.,Shadeck M.,et al. How is diffusion of neutral and charged tracers related to the structure and dynamics of a room-temperature ionic liquid? Large deviations from Stokes – Einstein behavior explained. Journal of Physical Chemistry B, 2015,119(23):7015-7029.

[58] Amann-Winkel K.,Böhmer R.,Fujara F.,et al. Colloquiu:Water's controversial glass transitions. Reviews of Modern Physics,2016,88(1):011002.

[59] Branca C.,Magazu S.,Maisano G.,et al. Anomalous translational diffusive processes in hydrogen-bonded systems investigated by ultrasonic technique, Raman scattering and NMR. Physica B,2000,291(1-2):180-189.

[60] Sellberg J. A.,Huang C.,McQueen T. A.,et al. Ultrafast X-ray probing of water structure below the homogeneous ice nucleation temperature. Nature,2014,510(7505):381-384.

[61] Ren Z.,Ivanova A. S.,Couchot-Vore D.,et al. Ultrafast structure and dynamics in ionic liquids:2D-IR spectroscopy probes the molecular origin of viscosity. Journal of Physical Chemistry Letters,2014,5(9):1541-1546.

［62］ Park S., Odelius M., Gaffney K. J. Ultrafast dynamics of hydrogen bond exchange in aqueous ionic solutions. Journal of Physical Chemistry B, 2009, 113(22):7825−7835.

［63］ Guo J., Li X. Z., Peng J., et al. Atomic-scale investigation of nuclear quantum effects of surface water:Experiments and theory. Progress in Surface Science, 2017, 92(4):203−239.

［64］ Peng J., Guo J., Ma R., et al. Atomic-scale imaging of the dissolution of NaCl islands by water at low temperature. Journal of Physics:Condensed Matter, 2017, 29(10):104001.

［65］ Peng J., Guo J., Hapala P., et al. Weakly perturbative imaging of interfacial water with submolecular resolution by atomic force microscopy. Nature Communications, 2018, 9(1):122.

［66］ Sun C. Q. Water electrification:Principles and applications. Advances in Colloid and Interface Science, 2020, 282:102188.

［67］ Huang Y. L., Zhang X., Ma Z. S., et al. Potential paths for the hydrogen-bond relaxing with $(H_2O)_N$ cluster size. Journal of Physical Chemistry C, 2015, 119(29):16962−16971.

［68］ Huang Y. L., Zhang X., Ma Z. S., et al. Hydrogen-bond asymmetric local potentials in compressed ice. Journal of Physical Chemistry B, 2013, 117(43):13639−13645.

［69］ Liu X. J., Zhang X., Bo M. L., et al. Coordination-resolved electron spectrometrics. Chemical Reviews, 2015, 115(14):6746−6810.

［70］ Sun C. Q. Atomic scale purification of electron spectroscopic information:US9625397B2. 2017−04−18 ［2023−03−15］.

［71］ 宫银燕,周勇,黄勇力,等. 受激氢键分段长度和能量的声子计量谱学测定方法:CN201510883495.1. 2018−03−16 ［2023−03−15］.

［72］ Sun C. Q. Size dependence of nanostructures:Impact of bond order deficiency. Progress in Solid State Chemistry, 2007, 35(1):1−159.

［73］ Gong Y., Xu Y., Zhou Y., et al. Hydrogen bond network relaxation resolved by alcohol hydration(methanol, ethanol, and glycerol). Journal of Raman Spectroscopy, 2017, 48(3):393−398.

［74］ Chen J., Yao C., Zhang X., et al. Hydrogen bond and surface stress relaxation by aldehydic and formic acidic molecular solvation. Journal of Molecular Liquids, 2018, 249:494−500.

［75］ Zeng Q., Yao C., Wang K., et al. Room-temperature NaI/H_2O compression icing:Solute-solute interactions. Physical Chemistry Chemical Physics, 2017, 19:26645−26650.

［76］ Sun C. Q., Chen J., Liu X., et al. OH^- hydration bonding thermodynamics:Solution self-heating. Chemical Physical Letters, 2018, 696:139−143.

［77］ Fang H., Liu X., Sun C. Q., et al. Phonon spectrometric evaluation of the solute-solvent interface in solutions of glycine and its N-methylated derivatives. Journal of Physical Chemistry B, 2018, 122(29):7403−7408.

第 2 章
电子声子微扰计量谱学

要点提示

- ✔ 微扰声子谱可提纯水合反应中氢键刚度和数目的相对转变
- ✔ 谱峰面积归一化可以弱化外部因素对所采集数据的影响
- ✔ 微扰谱学可分辨水合单胞内外氢键与电子的行为差异
- ✔ 电子声子寿命分析可揭示电子-分子-键合的能量耗散弛豫

内容摘要

　　基于傅里叶变换原理,微扰计量谱学可以实现单胞分辨电子和声子能级的受激偏移与劈裂,直接探测外场对哈密顿量的微扰以及配位键、电子、分子在时-空-频域的弛豫行为。结合氢键协同弛豫理论、差分声子计量谱学方法和表面应力实验测量,可以获取溶剂氢键分段长度、刚度、序度、极化以及水分子自体相至水合状态转变的相对数目等信息。稳态差分声子谱与超快红外光谱以及外场微扰相结合可揭示溶质-溶剂和溶质-溶质分子间相互作用、氢键网络结构以及溶液性质的改变。

2.1　微扰计量谱学原理

　　晶体结构学、表面形貌学以及电子发射和声子振动能谱学是物质与生命科学领域最基本的表征手段。三者之间通过化学键和处于不同能级的电子的行为密切相连。相较于形貌学和结构学,谱学可以揭示关于局域化学键、电子、分子在时-空-频域的行为及其与物性的相互关联,从而达到预测和调控物质结构与性能的目的。例如,水分子间非键与分子内共价键的耦合作用使氢键(O：H—O)分段的特征拉伸振动频率发生在 10^0 THz 和 10^2 THz 两个波段;人体生物神经网络可以发射、吸收、传输、共振、耦合 THz 频率的信号,且这一频率的信号对外场的变化非常敏感。原子间的配位键和价态电子的行为决定了凝聚态物质的结构与性能,因此,只有通过相关波段的谱学测量与解析,才能深入理解电子与键合,以实现对物质行为和生命过程的认知与调控。

　　传统解谱方法是把一个谱峰分解成若干个子峰,以实现对总峰强度的拟合。在谱峰分解前需要采用标准的 Tougaard 方法修正光谱背景并应用高斯函数、洛伦兹函数或 Doniach-Sunjic 函数等进行拟合[1-3]。这种分峰方法的局限性在于所分解的子峰的数目、位置、强度和峰宽具有很大的不确定性,因此局限了对物理过程和物理图像的深刻认知,难以确定物理变量的作用规律或揭示真实的物理过程。不同的外场微扰可能产生相同的谱学观测效果,导致谱峰的蓝移或红移。例如,分子低配位、外加电场、拉伸应力、液态升温等都会使 H—O 键的特征峰发生蓝移。鉴于此,拓展常规电子声子谱学方法至微扰计量谱学方法非常必要。

　　随着同步辐射和光电子以及声子谱仪的普及,实现对观测结果精细、可靠、规范化的解谱已日趋迫切[4]。只有从所测数据中提取关键信息,才能掌控所测物质的结构和性能以及相关过程的反应规律,也能因此充分体现大型谱学装置的价值。解谱是一个系统工程,除需要数据采集、物理建模、理论表述、数值处理等技能外,更需要对物理、化学、数学、生命过程等多学科交叉知识的融会贯通。

　　基于傅里叶变换,计量谱学只需将具有相同结合能的电子或具有相同振动频率的化学键根据它们的能量和频率分布集结成特征谱峰,无须知悉这些电子或化学键在样本中的空间位置或键的取向。这样,可以引入一条或几条代表各自相同特征的键及其组合,专注于这些代表键的行为。这是傅里叶变换和计量谱学的优势。从统计谱学角度看,过分强调空间某处单原子的振动或单电子的能量信息似乎意义并不显著。

　　计量谱学工程的物理学原理是通过施加外场对哈密顿量中的晶体势进行微扰。根据固体量子理论,分布在不同能级的电子对晶体势的彼此屏蔽决定电子的结合能;晶体作用势在平衡点的曲率决定振子的振动频率。在平衡点附近,非线性效应对振动频率的贡献甚微,可以忽略。在外场作用下,晶体势从初始平衡点 $U(r)$ 向新的平衡点 $U(r)[1+\Delta(x_J)]$ 转移,导致键长 $d(x_J)$ 和键能 $E(x_J)$ 弛豫。外场 x_J 包括恒定的或随时间和空间变化的配位场 z、应变场 ε、温场 T、力场 P、电场 E、磁场 B 等。它们按各自的作用规律对作用势(即键长和键能)施加微扰,从而实现声子振动频率和电子能级的偏移或劈裂。当化学反应发生,新的配位键形成,声子谱出现新的特征峰,而电子谱只显示所测电子能级的进一步偏移。配位键振子的振动频率相对参考频率的偏移 $\Delta\omega$ 和特定电子能级相对其孤立原子能级的偏移 ΔE_v 分别服从如下关系[5]:

$$\begin{cases} \Delta\omega = \left[\dfrac{\partial^2 U(r)}{\mu \partial r^2}\bigg|_{r=d}\right]^{1/2} \propto \left(\dfrac{E}{\mu d^2}\right)^{1/2} \propto \left(\dfrac{\sum k_i}{\mu}\right)^{1/2} \\ \Delta E_v = -\langle v,i \mid U(r) \mid v,i\rangle - z\langle v,i \mid U(r) \mid v,j\rangle \propto E + z\alpha E \cong E \end{cases} \quad (2.1)$$

$$\begin{cases} d(x_J) = d_0 \Pi(1+\varepsilon_J) \\ E(x_J) = E_0(1+\sum \delta_J) \end{cases} \quad (2.2)$$

式中,μ 为振子约化质量;E 和 d 分别为平衡时的键能与键长;E_0 和 d_0 为块体的标准参考值。必要时需对各势函数相应的力常数 k_i 求和。声子频率的偏移正比于键的刚度(弹性模量 Y 与键长 d 的乘积 $Yd = E/d^2$)的二次方根,也即作用势在平衡点的曲率或二阶导数。根据能带论的紧束缚近似,电子能级的偏移与外场作用下键能的改变正相关。ΔE_v 包含两项,其中第二项交叠积分相对于第一项交换作用积分值不足 5%(热膨胀系数 $\alpha \ll 1$),可以忽略。z 为近邻原子配位数。ε_J 和 δ_J 分别为由外场 x_J 发生微扰引起的键长和键能的增量。

通过引入原子配位场、力场、温场、电场、磁场等变量对晶体势函数进行微扰,可实现振动声子频率和电子能级的谱峰偏移或劈裂。基于此,可以从这些谱峰变形或偏移中获取前所未及的有关配位键和各能级电子行为的定量信息[5],而这些信息可以提供预测和调控所测物质行为的依据。例如,将热膨胀系数 $\alpha(t)$ 对温度进行积分可得到键长的温致应变,而对单键比热容 $\eta(t)$ 进行全温段积分可得到键能。诸如此类,公式中的变量可以扩展到吉布斯自由能所能包含的甚至是之外的任意变量,从而通过谱学计算获取所测物理量随相应外场的变化及规律。

基于上述物理学原理和数学基础,人们可以专注考察在外场微扰作用或化学反应时振动声子谱峰的频率偏移或生成以及电子能谱的能级偏移。通常采用拉曼散射、核磁共振与红外吸收谱探测振子或耦合振子对的分段键长和键能,以及它们的特征声子在各种微扰下显示的刚度、丰度和序度的受激偏移。电子发射谱包括扫描隧道显微图像和能谱、X 射线和紫外光电子能谱、俄歇电子能谱、软 X 射线近边吸收谱等,主要测量电子所占据能级的受激演化。这些光电谱学技术覆盖了凝聚态物理所涉及的电子全能量波段。从声子振动频率和电子能级的偏移可以直接获得丰富的有关物质结构和性能以及反应动力学的信息,这是传统解谱方法所不及的。因非键电子的介入,冰水溶液、分子晶体、生命体等的受扰行为较之于常规物质更为复杂,因此,相较于测量仪器和技术而言,对物理、化学、数学、生物等交叉学科基础知识的熟练掌握和灵活运用尤为重要。

只有在物理图像合理清晰时,我们才能完整地消化所测实验数据。在水溶液中,THz 波的产生和调频是生物神经网络系统信号产生、耦合、调制、传输的关键,而且对外界干扰很敏感。通过调制氢键振动模式的受激频移,可以理解诸如生物和离子电场对 THz 信号的调制与传输的机制,从而最终实现对生命相关过程的控制。

测定单原子厚度表层内和点缺陷附近的配位键与电子行为对于表面缺陷及纳米科学至关重要,它涉及表面态和端态的起因与调控。传统电子谱学方法至少要采集几个纳米厚度的信息,扫描隧道显微镜则仅能测量物质表面最外层原子上最外层轨道上电子的能量和空间分布,而对表面物理化学至关重要的是单原子表层或缺陷附近由键合网络决定的原子、分子、电子的行为。此外,确定氮五唑阴离子的酸性捕获束缚机制以及炸药分子间和分子内的耦合作用对炸药的储能与结构稳定机理的理解以及高能钝感炸药的设计至关重要[6, 7]。微扰谱学解谱工程可以提供精细、可靠而其他方法所不及的关于物质本质的微观信息。

2.2　水合反应谱学特征

2.2.1　稳态谱和动态谱

研究水合反应的光电声子谱学方法主要有两类:一类是稳态,另一类是泵浦超快动态。电子谱主要包括 X 射线或紫外光电子能谱(XPS/UPS)、X 射线 K 边吸收/发射光谱(XAS/XES),声子谱包括红外吸收光谱和拉曼反射光谱等以及核磁共振[8-15]。中子衍射与 X 射线衍射原理相同,它的优势在于分辨低序数原子和磁性原子的行为,而且可直接与原子核作用,测量精度更高。光电子能谱可以探测某个能级上电子能级的受激偏移 ΔE_{ν},以及谱峰分裂和展宽。例如纳米颗粒,由中心到表层因原子配位数的变化将导致键的收缩和刚化程度的差异,使各个能级发生相应的深移[16]。超快声子光谱可探测某一特征频率的声子的弛豫时间或寿命,并以此推测分子在特定位置的驻留时间和水合团簇内极化等信息。

电子和声子超快光谱的原理与光学荧光光谱的相似。被测物质中含有的杂质或缺陷可以阻碍电子从激发态到基态的跃迁以及激子或电子-空穴对的复合,以此调控激子的弛豫时间[17]。光信号的寿命在某种程度上与待测样本中缺陷及杂质的能量、密度和空间分布相关。泵浦声子光谱探针可以探测溶剂分子内H—O键的振动衰减时间,以此获得分子的运动信息。它通过开/关泵浦探针来记录分子内 H—O 键振动峰强度随时间的变化即谱峰衰减来分析分子间的相互作用与分子输运动力学过程,主要是分子漂移扩散率,它遵循斯托克斯-爱因斯坦(Stokes-Einstein)关系,依赖于溶液的黏度[18]。

拉曼反射或红外吸收光谱的特征谱峰形状是振子振动频率的分布函数。谱峰的极值和对应的频率分别代表声子的最大分布概率和相应的键的刚度。谱线在一定频率区间的积分为声子丰度。我们感兴趣的是在受激条件下声子刚度和丰度的转换和频率的涨落。

与通过速冷得到的无序、无定形、高熵合金等体系完全不同,水是由具有高度有序、强关联、强涨落的氢键网络构成的[19],而水溶液只是有序掺杂而已。带电杂质的水合胞规则分布在溶液中形成子晶格并与溶剂的氢键网络套构。因此溶液的光谱显示,水合单胞对水的特征峰形状的改变和偏移有影响。O:H—O氢键包含分子间的 O:H 非键和分子内的 H—O 极性共价键两段,两者通过O-O库仑排斥相耦合[19]。氢键分段长度、能量、比热容的受激协同弛豫及相关的电子与声子行为决定成键动力学、表面应力、溶解度、极化率、黏度、热稳定性、冰水及水溶液相变压强和相变温度等溶液性质。正是 O:H—O 分段的耦合协同弛豫区分了水和水溶液与其他常规物质对外界扰动的响应[20]。在水合反应研究中,静态和动态的电子及声子谱信息互补,有助于完整理解水合反应过程。

水溶液可以看作高度有序的掺杂晶体,其溶质类似于固体物质中的缺陷和杂质[16]。作为电荷载体,溶质均匀地分散在 O:H—O 氢键网络中。溶质通过极化和排斥等作用扭曲局域氢键网络。与形成新键的化学过程不同,水合反应是物理过程,除溶质分子内的原有化学键外,在溶质-溶剂之间不形成常规的配位键。

2.2.2 氢键声子特征

2.2.2.1 声子频率与键的刚度

谱线的峰值频率即峰位,是表征某特定声子频带的重要参数,以波数(cm^{-1})为单位。受扰时,该峰值频率会发生蓝移(峰值增大)、红移(峰值减小)或劈裂。根据晶体势函数的泰勒级数展开,声子频移 $\Delta\omega_x$ 与谐波近似中二体平衡势能曲率的平方根成正比。二聚物晶体势 $U(r)$ 包含所有可能的作用(如极化、长程相互作用和斥力、核量子效应等)。泰勒级数中的高阶非线性振动项仅对远离平衡态系统的输运动力学有贡献,并不产生额外的振动特征,故可忽略[21]。

键的刚度 $(Yd)_x$ 的量纲是键长 d_x 和弹性模量 Y_x 的乘积。弹性模量 Y_x 等于力的大小除以力的作用面积 ($F/S = F \cdot d/(S \cdot d) = E/d^3$)，所以，局域弹性模量与该点的能量密度成正比。$E_x$ 为 O：H—O 氢键中特定 x 段的键能，x = L, H 分别表示分子间的 O：H 非键和分子内的 H—O 共价键。在平衡状态下，分析键的刚度 $(Yd)_x$ 与频移 $\Delta\omega_x$ 的关系时，采用谐波近似和量纲处理是合理的[19]。故通过泰勒级数展开可得[20]

$$
\begin{cases}
(\Delta\omega_x)^2 \propto \dfrac{\mathrm{d}^2 U(r)}{\mu_x \mathrm{d}r^2}\bigg|_{r=d_x} \\[2mm]
\Delta\omega_x \propto \sqrt{\dfrac{E_x}{\mu_x d_x^2}} \propto \sqrt{\dfrac{Y_x d_x}{\mu_x}} \propto \sqrt{\dfrac{k_x + k_C}{\mu_x}}
\end{cases}
\tag{2.3}
$$

式中，$\mu_x = m_1 m_2/(m_1 + m_2)$ 为振子的约化质量。$\mu_L = 18^2/(18+18) = 9$ 为 H_2O：H_2O 二聚物的约化质量；$\mu_H = 1 \times 16/(1+16) = 16/17$ 为 H—O 振子的约化质量。对于 O：H—O 氢键，μ_x 为常量（含同位素情况除外）。k_x 和 k_C 为力常数，k_x 与 k_C 之和体现了谐波近似下 O：H—O 氢键的协同性。以 x_x 为振动振幅[22, 23]，则氢键耦合振子的振动动能 V 可表示为

$$
V = \frac{1}{2}\left[k_L x_L^2 + k_H x_H^2 + k_C (x_L - x_H)^2 \right]
\tag{2.4}
$$

因此，可将 O：H—O 氢键作为在外加非保守力（如机械压缩和热激发）作用下通过弛豫实现能量储存的主要结构单元。应用拉格朗日-拉普拉斯正逆变换可以将 O：H—O 耦合振子对的振动表述为

$$
\omega_x = (2\pi c)^{-1}\sqrt{\frac{k_x + k_C}{\mu_x}}
\tag{2.5}
$$

式中，c 为真空光速。

孤立原子的单电子能级和单个振子的振动频率在受激时发生的协同偏移服从如下关系：

$$
\left.\begin{aligned}
\frac{\mathrm{d}\Delta E_v}{\Delta E_v \mathrm{d}q} \\[3mm]
\frac{\mathrm{d}\Delta\omega_x}{\Delta\omega_x \mathrm{d}q}
\end{aligned}\right\}
= -\alpha(q)
\begin{cases}
\dfrac{d_0}{E_{v0}}\left|\dfrac{\mathrm{d}E_v}{\mathrm{d}d}\right| \\[3mm]
\left(1 + \dfrac{d_{x0}}{2E_{x0}}\left|\dfrac{\mathrm{d}E_x}{\mathrm{d}d_x}\right|\right)
\end{cases}
\tag{2.6}
$$

式中，$\alpha(q) = \mathrm{d}d/(d_0 \mathrm{d}q)$ 是键长在 q 变量微扰下的应变系数。一般而言，键变短、键能增大，其特征声子频率发生蓝移，孤立原子能级深移即能级自陷效应，反之亦然。键能与键长的 m 次幂成反比，即 $E \propto d^{-m}$[24]。因此，声子频移可提供水合反应等扰动下键的刚度变化的直接信息。水合反应在溶质与溶剂间引入极化、吸引或排斥等非键相互作用[25]。

2.2.2.2　局部键平均近似和吉布斯自由能

傅里叶变换可将实空间中的键振动按照其频率转化为倒易空间中的特征峰。对于给定样品,无论是晶体、非晶体还是液体,无论有无缺陷或杂质,在没有相变的情况下,无论受到何种激励,其键的性质和键总数均保持不变,仅键长和键能发生相应变化。如果某可测物性对于键特性有明确的依赖性,人们就可以通过关注特征键的长度和强度在不同位点或其平均值对外界激励的响应了解整个样品性能的受激演化,此即局域键平均近似(LBA)方法[26]。

LBA 方法主要探究外界激励作用下所考虑的物理量相对于已知参考标准的变化,仅关注局域特定化学键的响应而不考虑样本中键的确切数目。参照物中存在的断键、缺陷、杂质或非结晶度可能会影响参考值,但并不影响检测得到的相对值。长程或高阶近似的部分可以通过将它们归入特定原子与其最近相邻原子间的局域平均键进行处理。LBA 方法可以极大地简化实验真实情况或理论计算结果,基于键刚度计算得到键的统计信息。利用 LBA 方法可以简化在外界激励作用下应用经典和量子方法分析物体性能演化时遇到的困难。

对于无缺陷的单质晶体,特定键的长度和能量决定其振动频率[26]。而对于有缺陷、有尺寸限制的晶体而言,需要考虑不同配位条件下的局域平均键的表现。举例来说,对于水和冰,以一个 O：H—O 氢键为代表,包含 O：H 和 H—O 两个分段;而对于水溶液,需要考虑数目较多的 O：H—O 键,有的处于块体水氢键网络中,有的则处于水合胞内。

压力 P、温度 T、配位数 z(键序)、磁场 B、电场 E 等外界激励以各自的方式驱使 O：H—O 氢键发生协同弛豫,振动频率可表示为[27]

$$\omega_x(E_x(P,T,z,E,M,\cdots),d_x(P,T,z,E,M,\cdots)) \tag{2.7}$$

在经典热力学中,这些激励也是吉布斯自由能中的变量[26]:

$$G(P,T,A,n_i,E,B,\cdots)=\Omega(VP,ST,\gamma A,\mu_i n_i,qE,\mu_B B,\cdots) \tag{2.8}$$

式中,S 为熵;V 为体积;γ 为表面能;μ_i 为化学势;q 为电荷。

LBA 描述键长和键能的弛豫是从外界激励角度而非整体吉布斯系统总能最小化。值得注意的是,除较强的共价键和较弱的 O：H 非键相互作用之外,质子间的 H↔H 反氢键和孤对电子间的 O：⇔：O 超氢键在决定水与水溶液性能方面也起重要作用,但是实验上不能直接观测。这些排斥作用不会产生任何振动特征而只能移动固有谱峰。经典热力学中对各种能量的统筹考虑往往忽略了非键的弱作用或排斥作用的重要性。因此,在处理水和溶液问题时,总结合能最小化或传统热力学面临着较大的限制[28],借由傅里叶变换的 LBA 可充分解析并反映更为细节化的化学键振动信息。

2.2.2.3　声子丰度与键数目

声子谱的特征信息之一是峰面积或称声子丰度,即对某特征峰从 $I(\omega_{xm})=0$

到 $I(\omega_{\mathrm{xM}}) = 0$ 的积分,包含了所有对 ω_{x} 峰有贡献的声子:

$$A(\omega_{\mathrm{x}}) = \int_{\omega_{\mathrm{xm}}}^{\omega_{\mathrm{xM}}} I(\omega_{\mathrm{x}}) \mathrm{d}\omega_{\mathrm{x}} \qquad (2.9)$$

峰值中心或重心为[29]

$$\omega_{\mathrm{COG}} = \frac{\displaystyle\int_{\omega_{\mathrm{m}}}^{\omega_{\mathrm{M}}} \omega I(\omega) \mathrm{d}\omega}{\displaystyle\int_{\omega_{\mathrm{m}}}^{\omega_{\mathrm{M}}} I(\omega) \mathrm{d}\omega} \qquad (2.10)$$

谱峰的归一化通常有两种方法:一种是基于最大峰值强度(谱峰极值),另一种是基于谱峰面积。若用谱峰极值去除该谱线各点的强度,谱峰分布变形,导致光谱中的精细结构信息偏离真实情况。采用谱峰面积归一化不仅可以克服谱峰极值归一化的局限,还可以消除数据采集过程中出现的伪信号。再用水溶液的归一化谱峰减去体相水的归一化参考峰获得差分声子谱即差谱。对差谱峰积分即可表明水合时氢键自常规水体相到水合状态转变的丰度和刚度变化,也即说明了溶质的功能。

2.2.2.4 谱线宽度与涨落序度

声子谱的另一个特征信息是谱线宽度(Γ),它反映分子序度的波动情况。谱线宽度越窄意味着氢键结构序度越高[20]。声子谱的谱峰位置表示最概然分布的化学键的刚度。盐的水合反应或分子低配位引起的电致极化使 H—O 键刚化有序,谱峰相应变窄蓝移。声子频率蓝移伴随更长的寿命,同时分子平动和转动的概率降低。相比而言,热扰动也可以导致 H—O 键收缩、声子蓝移,但热涨落会扩展谱线宽度,降低结构序度且加速分子运动。

虽然通过光谱技术,人们能检测峰值、峰宽和峰面积的变化,但无法分辨造成声子弛豫的具体激励变量。例如,虽然碱的水合反应[30]与机械压力是完全不同的变量,但它们的 O:H—O 氢键谱学特征基本相同[31],都使 H—O 共价键软化、O:H 非键刚化。液体升温[32]、分子配位缺陷[33]、酸化[34]和盐化[35]都可缩短 H—O 键长、拉伸 O:H 非键。加热产生的热波动和 H↔H 点致脆皆可破坏溶液网络和表面应力,使 H—O 键刚化。应用传统的全频拉曼光谱或峰强度归一化方法,人们很难得到声子自参考态到受激状态转变时刚度、丰度和涨落的变化信息。

2.3 差分微扰声子谱方法

2.3.1 光谱检测与计量

计量谱学旨在从分子尺度上分辨键和电子对微扰响应的动态、局域的定量信息[36]。与传统方法相比,微扰计量谱学方法可略去诸如谱峰背景校正、分解和重复试错调试等烦琐过程。通过差谱积分处理,即可以获得声子丰度、刚度、序度因水合反应发生转变的定量信息,以表征溶质将 O∶H—O 氢键自水的常规体相转变到水合状态的能力。图 2.1(a)示意了差分声子谱的处理,这一方法同样适用于电子和其他能谱的解析[16, 36]。

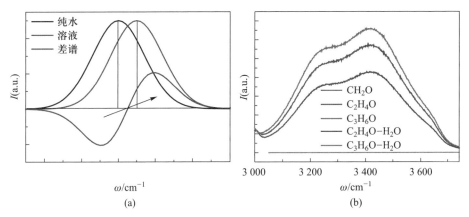

(a)   (b)

图 2.1 (a)溶液和纯水谱峰经过面积归一化后获得的 H—O 声子刚度(频率)、丰度(差谱峰积分)和序度(差谱峰的宽度)的转变[36],(b)甲醛、乙醛、丙醛水溶液 H—O 声子谱及与纯水的差谱(参见书后彩图)
差谱处理可以消除不同振动模散射截面的差异,(b)中的两条差谱重合且皆为零峰值的水平直线

  差分声子谱中 x 轴以上的谱峰增益对应于水合胞内层的声子丰度,x 轴以下的谱谷对应于声子丰度的体相损失,两部分的面积相等,由谷指向谱峰的箭头代表声子丰度在水合过程的转移。一个水合胞可能包含一个、两个或更多的子层,这取决于溶质的特性和大小。水合次层的声子频率介于纯水体相和最内层的极端极化状态中间。差谱处理扣除了常规体相水和水合胞外层的光谱特征,只给出了最内水合胞层极端情形的极化特征,也正是我们所关注提纯的信息。溶质的体积和电荷量决定其局域电场分布,其电场受到近邻偶极水分子屏蔽。差分声子谱的峰与谷的宽度直接反映氢键序度或刚度在转换前后的涨落。若水合胞中 H—O 刚度高于常规体相水中的 H—O 刚度,则差分声子谱中的峰会变窄。

  声子模式的散射截面和声子极化率决定了谱峰的形状和强度分布。这些因素对水合反应过程中声子丰度和刚度的本征转变是可以忽略的。如图 2.1(b)所示,在相同浓度下,光谱的绝对强度随醛溶质类型而变化,但经过谱峰面积归一化并差谱处理后,消除了强度差异,两条差谱曲线最终呈现为同一直线。此外,如 NaCl 溶液,当它在高压下自 0 ℃加热至300 ℃时,虽然相对反射率会变化,但因取值在 10^{-3} 量级范围内变化,这已处于光谱分析误差允许范围内[37]。

2.3.2　声子丰度的转化

差分声子谱峰的积分对应于水合反应造成的声子丰度和刚度的转变,无需任何近似或假设,可以实现对声子的受激弛豫进行高精度、高灵敏度的静态及动态检测。在溶质浓度为 C 时,自常规体相转变到水合相键与声子的相对数目称为键态转换系数,即

$$f_x(C) = \int_{\omega_m}^{\omega_M} \left[\frac{I_{\text{solution}}(C, \omega)}{\int_{\omega_m}^{\omega_M} I_{\text{solution}}(C, \omega)\,d\omega} - \frac{I_{H_2O}(0, \omega)}{\int_{\omega_m}^{\omega_M} I_{H_2O}(0, \omega)\,d\omega} \right] d\omega \qquad (2.11)$$

此系数与溶质浓度之比 $f_x(C)/C$,正比于每个溶质的水合胞最内层氢键的数目,它由溶质水合胞内的局域电场强度决定,而溶质的局域电场又受到周围沿电场反向排列的偶极水分子的屏蔽。此外,溶质-溶质间的相互作用也会通过电场叠加改变局域电场强度。

通过测量不同尺度的纳米固体颗粒或液滴的差分声子谱的积分,可以分辨颗粒和液滴的偶极表层的厚度。基于此法,测得纳米液滴表层厚度为 0.295 nm 且液滴表层内水合氢键的 H—O 键长为 0.09 nm,是标准参考状态的 90%;固态硅、氧化铈和氧化锡的最外表层厚度为体内键长的 2.14 倍[38]。

2.3.3　溶质的功能分类

在水合反应中,氢键分段尺寸和刚度以及声子丰度的改变可用两个变量表示:一个是振动频率 $\Delta\omega_x(C)$,另一个是差分声子谱(DPS)谱峰积分 $f_x(C)$ 的斜率。键态转换系数 $f_x(C)$ 决定了溶液的黏度、表面应力、声子寿命、溶质扩散率以及水合胞的体积等[39]。溶质可按短程极化、长程极化、排斥、非极化等能力分类,由此可以确定溶质的局域电场分布和溶质相互作用方式等信息,参见表 2.1。

表 2.1　溶质的功能分类

键态转换系数	功能
$f_x(C) \equiv 0$	**非极化功能**。具有排斥特性的 H↔H 反氢键仅提供点致脆而不具备极化近邻电子的功能[34]
$f_x(C) \propto C$ [$f_x(C)/C =$ 常数]	**自屏蔽短程极化**。较小的 Y⁺ 阳离子的电场被其近邻偶极水分子全屏蔽,每个溶质的水合层体积和局域电场恒定。因此 YOH 碱溶液和 YX 盐溶液中不涉及阳离子间的相互作用[41],也不受其他离子电场影响。有机偶极分子的电场是各向异性且短程的,有机分子溶质被周围的偶极水分子所屏蔽

键态转换系数	功能
$f_x(C) \propto C^{1/2}$	**长程屏蔽极化**。由于水分子四面体有序结构的限制,较大的 X^- 阴离子的近邻水合偶极分子数量不足以完全屏蔽溶质的局域电场,溶质可以与同类溶质相互排斥,因此溶质浓度增加会逐渐削弱局域电场、减小有效水合层体积。$f_x(C)$ 会随溶质浓度增加以 $C^{1/2}$ 方式接近饱和,如卤族 X^- 阴离子[41]和 H_2O_2 等[45]
$f_x(C) \propto 1+\exp(-C/C_0)$ $[f_x''(C) > 0]$	**高价离子长程极化**。由于近邻异性溶质间的相互吸引,$CaCl_2$[46]、$(Na,Li)ClO_4$[47]等高价盐和复合盐溶液不仅其黏度随溶质浓度的增加呈指数增长,而且在高溶质浓度时易于结晶

作为 DPS 谱峰的面积分,$f(C)$ 表征 O:H—O 键从常规状态转变为溶质浓度为 C 的水合状态的相对数量。$f(C)/C$ 值等效于单个水合胞内层相对水分子偶极子数目,没有绝对意义。$f(C)$ 可以为零,也可以随浓度呈线性或非线性趋向饱和,体现局域电场的特征。局域键环境受溶质-溶剂、溶质-溶质间相互作用以及水分子偶极子屏蔽的影响。

大量实验证明,引入的 H^+ 质子不产生极化效应,即 $f_H(C) \equiv 0$[34, 40-44]。由此可以假设 $f_{HX}(C)-f_H(C) = f_X(C)$,这意味在 HX 酸溶液中只有 X^- 极化其相邻的 O:H—O 键,使 H—O 声子从 3 200 cm^{-1} 蓝移到 3 500 cm^{-1}。YX 和 YOH 溶液中的 X^-、Y^+ 离子都具有相似的极化作用。而 $f_X(C)$ 和 $f_Y(C)$ 依同类离子的半径与电负性而变。

2.3.4 计量谱学的优势

解谱工程首先需要甄别所测量的特征谱峰的起因或它与键的振动模式的对应关系,然后对测量的谱峰进行面积归一化,通过与标准参考谱的差谱获取由微扰导致的电子或声子的丰度-刚度-序度自参考态(谱谷)向受扰态(谱峰)的过渡。这种处理方式不仅可以免除背景扣除和分峰引起的不确定性,更重要的是能够剔除表象,直指问题的本质。

电子谱测量揭示,低配位铂原子具有与石墨表层原子相同的 C_{1s} 电子能量的自陷特征,而低配位铑原子具有与石墨表面点缺陷和石墨烯锯齿端态相同的极化特征。解谱计算发现,单原子表层和点缺陷附近的 C—C 键比石墨体内分别收缩了 11% 和 21%,单键能分别增加了 34% 和 83%。这不仅澄清了铑的施主型和铂的受主型催化特性起因以及石墨烯狄拉克-费米极化子的产生机制,而且为提高各自的催化效率、探索新的催化剂以及加深对拓扑和低维高温超导的认知提供了参考[5]。

系统的研究表明,恰当的数值处理方法和合理的物理图像对于解谱十分必要。电子声子计量谱学在诸多结构和物性分析方面显示出独特优势,举例如下:

（1）纳米颗粒和纳米液滴的壳-核结构以及它们的外壳电偶极层的厚度[38]。

（2）纳米氧化锌在 8 nm 临界直径下由量子钉扎主导转变为极化主导[16]。

（3）水分子间的 O:H 非键及纳米颗粒间可产生频率可调且对外场敏感的 THz 振动信号[5]。

（4）极低配位原子的电荷钉扎与极化导致自旋耦合的拓扑端态和边界态,以及超流、超导、超固、超弹、超滑、超疏水、单原子超常催化等特性及其关联[48]。

（5）原子低/混配位导致的价电子钉扎和极化分别主导铜-钯合金和低配位铂原子利于氧化的受主型催化特征以及银-钯合金和低配位铑原子利于还原的施主型催化特征[49, 50]。

（6）水合反应以电子、质子、离子、孤对电子、偶极子的方式注入电荷,并通过氢键、反氢键、超氢键、屏蔽静电极化、溶质间相互作用以及溶质内键收缩调制溶液的氢键网络和性能[51]。

（7）对实验测量的 O:H—O 氢键分段长度和振动频率进行拉格朗日-拉普拉斯变换,可以得到各分段的力常数和结合能以及受激弛豫势能路径,由此不仅可以破解冰水的多项谜题,而且提供了对冰水及溶液进行深化分析处理的原理方法[20, 52]。

表 2.2 汇总了电子声子解谱工程的原理、方法和所能获得的信息。与时间分辨和 THz 谱学以及多场中子衍射结合,可以获得更多时间-空间-能量的动态信息。解谱工程是一个新兴的多学科交叉研究领域,可以应用于任意包含电子和原子间相互作用的物质与过程。将动态与稳态计量谱学技术结合,宏观与微观并举,多学科交叉,是在生命科学、食品与药物、功能材料与器件、催化与传感、含能材料等领域实现创新的必须和必然。

表 2.2　电子声子计量谱学原理、解谱方法和获取的物理化学参量

微扰谱学	拉曼散射或红外透射	电子发射
目的	克服传统方法的局限性,获取外场分辨、多维、多位点、多物理特性的定量动态信息	
原理	以外场为探针,微扰势函数,改变电子和单键振子的时空频域行为,驱动谱峰变形	
激发源	从 THz 到 X 射线全波段光子	全波段光子,电子,核辐射,同步辐射
实验条件	多场环境;液态和绝缘体	超高真空;导体和半导体
外场参量	力场、温场、应变、掺杂、电场、磁场、冲击、辐射、欠配位、混配位、电荷注入等	

续表

微扰谱学	拉曼散射或红外透射	电子发射
变革性信息	单键尺度、多位点、动态、定量； **基本参量**：键长、键能、能量密度、单原子结合能	
	场致弛豫：声子丰度-刚度-序度的转变；电声耦合的本质 **关联耦合**：二体和多体集体振动模式；强-弱耦合分辨 **配位分辨**：纳米颗粒的壳核结构和壳的厚度 **温度效应**：德拜温度；单原子结合能；单键比热容；相变温度；热胀系数 **应变效应**：单键力常数；作用力与键取向夹角 **压强效应**：能量密度；弹性模量；压缩系数 **冰水溶液**：耦合氢键；温致准固态；极化超固态；O∶⇔∶O 和 H↔H 排斥 **氮基炸药**：与冰水类同的耦合氢键低-高频段反向弛豫 **水合反应**：水合溶液单胞分辨耦合氢键协同弛豫 **异相界面**：冰水表皮共享极化致疏致弹超固态	**单晶表面**：取向和子层分辨键弛豫和能量分布 **超低配位**：单原子表层；点缺陷；端态；同质吸附键收缩 **表皮偶极**：不同维度和尺度的纳米结构表皮电荷极化 **核壳分辨**：纳米尺度键长键能和电子态 **异质界面**：吸附位点能态；界面自陷/极化 **弱键反键**：孤对电子态；反键极化态 **电子能量**：纳米结构自陷-极化转变临界尺寸 **晶场调制**：屏蔽效应；晶场劈裂；电荷转移 **电声耦合**：受激键弛豫同步改变声子频率和电子能量 **化学吸附**：氧化和氮化反应的四价态特征及演变 **单点缺陷**：石墨表面点缺陷从自陷到极化态转变 **原子催化**：价带顶端态密度极化上升或自陷反之

2.4 极化作用与表面应力

2.4.1 接触角与表面应力

吉布斯最早将表面应力定义为弹性拉伸引起的单位面积变化所消耗的能量[53]。类似的概念，表面自由能，是指形成单位面积表面所需的自由能。两者的量纲均为单位长度上的力，容易混淆[54]。

溶液的表面应力与溶液表面和接触固体表面之间的夹角有关(如图 2.2 所

示),遵循杨氏方程[55]:

$$\cos \theta = (\gamma_{SV} - \gamma_{SL})/\gamma_{LV} \tag{2.12}$$

式中,θ 为液-固界面的夹角即接触角;γ_{SV}、γ_{SL} 和 γ_{LV} 分别表示固-气、固-液和液-气界面的应力。γ 也可以表示液滴在三相接触线处的作用力。1804 年,托马斯·杨首次观察到液体表面与特定固体表面间接触角的不变性,并阐释了力平衡规则下的毛细现象。液滴的表面与固体接触会形成沿固体表面移动的三相接触线,导致"浸润"或"非浸润"现象。

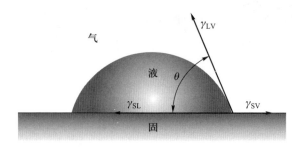

图 2.2　表面应力的杨氏方程图解

通常利用接触角来反映液滴的表面应力变化。如果液-气界面应力小于固-气界面应力,即 $\gamma_{LV} < \gamma_{SV}$,则固-液界面应力就会增加而使能量降低。$\gamma_{LV}/\gamma_{SV}$ 比值变化可导到液滴呈现不同的形状。亲水表面的接触角 $\theta < 90°$,疏水表面的接触角 $\theta \geqslant 90°$;当液滴浸湿固体表面时,接触角趋于零。进一步验证杨氏方程时发现,对于特定的固体基底,γ_{SV} 是常数,但 γ_{SL} 和 γ_{LV} 随溶液的溶质类型和溶质浓度而变化。

式(2.12)通过差分分析可得($\Delta\gamma_{SV} \equiv 0$)

$$\Delta\theta \propto \Delta\gamma_{LV}/\gamma_{LV} + (\Delta\gamma_{SL}/\gamma_{SL})/(\gamma_{SV}/\gamma_{SL} - 1) \tag{2.13}$$

如果 $\Delta\theta > 0$,则所有项皆为正,即 $\Delta\gamma_{LV} > 0$、$\gamma_{SL} < \gamma_{SV}$ 且 $\Delta\gamma_{SL} > 0$;反之亦然。然而,γ_{SL} 和 γ_{LV} 很难同时确定,尤其是在溶液和固体基底之间发生化学反应时,只能近似认为反应对 γ_{SL} 变化的影响很小,从而进行定性的分析研究。

2.4.2　极化诱导表面应力

溶液表面应力可以通过测量液滴表面与固体基底间的接触角获得。接触角随基底材质、界面条件和溶液的 pH 而变化。具有一定厚度的表面或界面上的分子可能由于局域键弛豫和电荷极化作用而受到压缩或拉伸[20]。那么,表面键弛豫和电子极化或自陷将严重影响表面应力。

一方面,表面应力具有与固体弹性模量相同的量纲[26]。后者与局域能量密度成正比。从水的表面应力随温度的变化关系可以得出[56],O:H非键的结合能约为0.095 eV,由此决定的水的德拜温度约为192 K,与氢散射测得的冰的德拜温度(185±10) K 基本相同[57]。

另一方面,接触表面的电子极化决定了固-固和液-固接触界面的超疏水、超流、超润滑和超固态特性[58, 59]。表层高密度偶极水分子和O:H非键软声子的高弹自适应特性决定了冰表皮的超润滑和水表皮的韧性。拉曼谱测量显示,25 ℃水表皮和-(15~20)℃冰表皮共享以 H—O 声子频率 3 450 cm^{-1} 为特征的超固态[60]。水滴在纳米化的银表面具有比在光滑银表面更大的接触角[20]。纳米化固态接触界面的疏水性源自纳米颗粒尖端超强的极化特性。此外,溶液表面分子低配位的极化和O-O的斥力增强表面的弹性和电荷密度。水表面O:H软声子的高弹性和高密度偶极子对于接触面的疏水性至关重要,这超出了杨氏方程的描述范围。

人们可以定性地比较在同一基底上液滴接触角随溶质类型和溶质浓度的变化。将溶液与界面反应的影响作为背景,追究溶质-基底间的化学反应对界面应力的影响并不现实。溶液通过极化或去极化改变其表面应力,离子极化可增强溶液的表面应力,但 H↔H 反氢键致脆和热涨落会破坏溶液的氢键网络而降低表面应力。不过,接触角随溶质种类和浓度的变化趋势足以使人们了解到表面极化或氢键网络破坏对溶液表面应力的影响。

2.5 小结

本章介绍了差分声子微扰计量谱学和接触角测量的原理、方法以及可以获得的信息。针对水合反应,微扰计量谱学和接触角测量具有分辨溶质类型及溶质浓度的功能,可总结如下:

(1)谱峰面积归一化后获得的差谱可提供水合反应所致的 O:H—O 声子丰度、刚度和序度的转变。

(2)澄清溶质与溶剂分子的相互极化和屏蔽作用,以及可能的氢键分段协同弛豫规律。

(3)阐释溶质对溶液的氢键网络和表面应力的调制功能以及溶质之间的相互作用。

(4)引入的键丰度、刚度、序度的转换系数使单胞分辨不同溶质的作用效果成为可能。

参 考 文 献

[1] Hajati S., Coultas S., Blomfield C., et al. XPS imaging of depth profiles and amount of substance based on Tougaard's algorithm. Surface Science, 2006, 600(15):3015-3021.

[2] Seah M. P., Gilmore I. S., Spencer S. J. Background subtraction——Ⅱ. General behaviour of REELS and the Tougaard universal cross section in the removal of backgrounds in AES and XPS. Surface Science, 2000, 461(1-3):1-15.

[3] Zhou X. B., Erskine J. L. Surface core-level shifts at vicinal tungsten surfaces. Physical Review B, 2009, 79(15):155422.

[4] Sun C. Q. Electron and Phonon Spectrometrics. Springer Nature, 2020.

[5] 孙长庆. 旨在揭示物质与生命奥秘的计量谱学工程. 科学通报, 2019, 64(26):2667-2672.

[6] Sun C. Q., Yao C., Zhang L., et al. What makes an explosion happen? Journal of Molecular Liquids, 2020, 306:112916.

[7] Tang Z., Yao C., Zeng Y., et al. Anomalous H—C bond thermal contraction of the energetic nitromethane. Journal of Molecular Liquids, 2020, 314:113817.

[8] Johnson C. M., Baldelli S. Vibrational sum frequency spectroscopy studies of the influence of solutes and phospholipids at vapor/water interfaces relevant to biological and environmental systems. Chemical Reviews, 2014, 114(17):8416-8446.

[9] Thämer M., De Marco L., Ramasesha K., et al. Ultrafast 2D IR spectroscopy of the excess proton in liquid water. Science, 2015, 350(6256):78-82.

[10] Nickolov Z. S., Miller J. Water structure in aqueous solutions of alkali halide salts: FTIR spectroscopy of the OD stretching band. Journal of Colloid and Interface Science, 2005, 287(2):572-580.

[11] Park S., Ji M. B., Gaffney K. J. Ligand exchange dynamics in aqueous solution studied with 2DIR spectroscopy. Journal of Physical Chemistry B, 2010, 114(19):6693-6702.

[12] Brinzer T., Berquist E. J., Ren Z., et al. Ultrafast vibrational spectroscopy (2D-IR) of CO_2 in ionic liquids: Carbon capture from carbon dioxide's point of view. Journal of Chemical Physics, 2015, 142(21):212425.

[13] Shen Y. R. Basic theory of surface sum-frequency generation. Journal of Physical Chemistry C, 2012, 116:15505-15509.

[14] Shen Y. R., Ostroverkhov V. Sum-frequency vibrational spectroscopy on water interfaces: Polar orientation of water molecules at interfaces. Chemical Reviews, 2006, 106(4):1140-1154.

[15] Verlet J., Bragg A., Kammrath A., et al. Observation of large water-cluster anions with surface-bound excess electrons. Science, 2005, 307(5706):93-96.

[16] Liu X. J., Zhang X., Bo M. L., et al. Coordination-resolved electron spectrometrics. Chemical Reviews, 2015, 115(14): 6746-6810.

[17] Street R. A. Hydrogenated Amorphous Silicon. Cambridge: Cambridge University Press, 1991.

[18] Araque J. C., Yadav S. K., Shadeck M., et al. How is diffusion of neutral and charged tracers related to the structure and dynamics of a room-temperature ionic liquid? Large deviations from Stokes–Einstein behavior explained. Journal of Physical Chemistry B, 2015, 119(23): 7015-7029.

[19] Huang Y. L., Zhang X., Ma Z. S., et al. Hydrogen-bond relaxation dynamics: Resolving mysteries of water ice. Coordination Chemistry Reviews, 2015, 285: 109-165.

[20] Sun C. Q., Sun Y. The Attribute of Water: Single Notion, Multiple Myths. Singapore: Springer Nature Singapore, 2016.

[21] Shi Y., Zhang Z., Jiang W., et al. Theoretical study on electronic and vibrational properties of hydrogen bonds in glycine-water clusters. Chemical Physics Letters, 2017, 684: 53-59.

[22] Huang Y. L., Zhang X., Ma Z. S., et al. Hydrogen-bond asymmetric local potentials in compressed ice. Journal of Physical Chemistry B, 2013, 117(43): 13639-13645.

[23] Huang Y. L., Zhang X., Ma Z. S., et al. Potential paths for the hydrogen-bond relaxing with $(H_2O)_N$ cluster size. Journal of Physical Chemistry C, 2015, 119(29): 16962-16971.

[24] Sun C. Q. Size dependence of nanostructures: Impact of bond order deficiency. Progress in Solid State Chemistry, 2007, 35(1): 1-159.

[25] Sun C. Q., Chen J., Gong Y., et al. (H, Li) Br and LiOH solvation bonding dynamics: Molecular nonbond interactions and solute extraordinary capabilities. Journal of Physical Chemistry B, 2018, 122(3): 1228-1238.

[26] Sun C. Q. Thermo-mechanical behavior of low-dimensional systems: The local bond average approach. Progress in Materials Science, 2009, 54(2): 179-307.

[27] Yang X. X., Li J. W., Zhou Z. F., et al. Raman spectroscopic determination of the length, strength, compressibility, Debye temperature, elasticity, and force constant of the C-C bond in graphene. Nanoscale, 2012, 4(2): 502-510.

[28] Amann-Winkel K., Böhmer R., Fujara F., et al. Colloquiu: Water's controversial glass transitions. Reviews of Modern Physics, 2016, 88(1): 011002.

[29] Wong A., Shi L., Auchettl R., et al. Heavy snow: IR spectroscopy of isotope mixed crystalline water ice. Physical Chemistry Chemical Physics, 2016, 18(6): 4978-4993.

[30] Zeng Q., Yan T., Wang K., et al. Compression icing of room-temperature NaX solutions (X = F, Cl, Br, I). Physical Chemistry Chemical Physics, 2016, 18(20): 14046-14054.

[31] Zhang X., Sun P., Huang Y., et al. Water's phase diagram: From the notion of thermodynamics to hydrogen-bond cooperativity. Progress in Solid State Chemistry, 2015, 43: 71-81.

[32] Sun C. Q., Zhang X., Fu X., et al. Density and phonon-stiffness anomalies of water and ice

in the full temperature range. Journal of Physical Chemistry Letters,2013,4(19):3238–3244.

[33] Sun C. Q.,Zhang X.,Zhou J.,et al. Density,elasticity,and stability anomalies of water molecules with fewer than four neighbors. Journal of Physical Chemistry Letters,2013,4 (15):2565–2570.

[34] Zhang X.,Zhou Y.,Gong Y.,et al. Resolving H(Cl,Br,I) capabilities of transforming solution hydrogen-bond and surface-stress. Chemical Physics Letters,2017,678:233–240.

[35] Zhou Y.,Huang Y.,Ma Z.,et al. Water molecular structure-order in the NaX hydration shells(X=F,Cl,Br,I). Journal of Molecular Liquids,2016,221:788–797.

[36] Sun C. Q. Atomic scale purification of electron spectroscopic information:US9625397B2. 2017–04–18[2023–03–15].

[37] Wu X.,Lu W.,Ou W.,et al. Temperature and salinity effects on the Raman scattering cross section of the water OH-stretching vibration band in NaCl aqueous solutions from 0 to 300 ℃. Journal of Raman Spectroscopy,2016,48(2):314–322.

[38] Peng Y.,Tong Z.,Yang Y.,et al. The common and intrinsic skin electric-double-layer (EDL) and its bonding characteristics of nanostructures. Applied Surface Science,2021, 539:148208.

[39] Zhou Y.,Huang Y.,Li L.,et al. Hydrogen-bond transition from the vibration mode of ordinary water to the (H,Na)I hydration states:Molecular interactions and solution viscosity. Vibrational Spectroscopy,2018,94:31–36.

[40] Zhou Y.,Gong Y.,Huang Y.,et al. Fraction and stiffness transition from the H—O vibrational mode of ordinary water to the HI,NaI,and NaOH hydration states. Journal of Molecular Liquids,2017,244:415–421.

[41] Zhang X.,Xu Y.,Zhou Y.,et al. HCl,KCl and KOH solvation resolved solute-solvent interactions and solution surface stress. Applied Surface Science,2017,422:475–481.

[42] Fang H.,Liu X.,Sun C. Q.,et al. Phonon spectrometric evaluation of the solute-solvent interface in solutions of glycine and its N-methylated derivatives. Journal of Physical Chemistry B,2018,122(29):7403–7408.

[43] Harich S. A.,Yang X.,Hwang D. W.,et al. Photodissociation of D_2O at 121.6 nm:A state-to-state dynamical picture. Journal of Chemical Physics,2001,114(18):7830–7837.

[44] Harich S. A.,Hwang D. W. H.,Yang X.,et al. Photodissociation of H_2O at 121.6 nm:A state-to-state dynamical picture. Journal of Chemical Physics,2000,113(22):10073–10090.

[45] Chen J.,Yao C.,Liu X.,et al. H_2O_2 and HO^- solvation dynamics:Solute capabilities and solute-solvent molecular interactions. ChemistrySelect,2017,2(27):8517–8523.

[46] Lide D. R. CRC Handbook of Chemistry and Physics. 80th ed. Boca Raton:CRC Press, 1999.

［47］ Wei Q.,Zhou D.,Bian H. Negligible cation effect on the vibrational relaxation dynamics of water molecules in NaClO₄ and LiClO₄ aqueous electrolyte solutions. RSC Advances, 2017,7(82):52111−52117.

［48］ Sun C. Q. Perspective:Bonding and electronic origin of Au atomic-undercoordination-derivacy and nanoscale-size-dependency. Vacuum,2021,186:110061.

［49］ Sun C. Q.,Wang Y.,Nie Y. G.,et al. Adatoms-induced local bond contraction,quantum trap depression,and charge polarization at Pt and Rh surfaces. Journal of Physical Chemistry C,2009,113(52):21889−21894.

［50］ Sun C. Q.,Wang Y.,Nie Y. G.,et al. Interface quantum trap depression and charge polarization in the CuPd and AgPd bimetallic alloy catalysts. Physical Chemistry Chemical Physics,2010,12(13):3131−3135.

［51］ Sun C. Q. Solvation Dynamics:A Notion of Charge Injection. Springer Nature,2019.

［52］ Sun C. Q.,Huang Y.,Zhang X.,et al. The physics behind water irregularity. Physics Reports,2023,998:1−68.

［53］ Gibbs J. W. On the equilibrium of heterogeneous substances. American Journal of Science,1878(96):441−458.

［54］ Cammarata R. C. Surface and interface stress effects in thin films. Progress in Surface Science,1994,46(1):1−38.

［55］ Young T. An essay on the cohesion of fluids. Philos. Philosophical Transactions of the Royal Society of London,1805,95:65−87.

［56］ Zhao M.,Zheng W. T.,Li J. C.,et al. Atomistic origin,temperature dependence,and responsibilities of surface energetics:An extended broken-bond rule. Physical Review B, 2007,75(8):085427.

［57］ Suter M. T.,Andersson P. U.,Pettersson J. B. Surface properties of water ice at 150−191 K studied by elastic helium scattering. Journal of Chemical Physics,2006,125(17): 174704.

［58］ Sun C. Q.,Sun Y.,Ni Y. G.,et al. Coulomb repulsion at the nanometer-sized contact:A force driving superhydrophobicity,superfluidity,superlubricity,and supersolidity. Journal of Physical Chemistry C,2009,113(46):20009−20019.

［59］ Zhang X.,Huang Y.,Ma Z.,et al. From ice supperlubricity to quantum friction:Electronic repulsivity and phononic elasticity. Friction,2015,3(4):294−319.

［60］ Zhang X.,Huang Y.,Ma Z.,et al. A common supersolid skin covering both water and ice. Physical Chemistry Chemical Physics,2014,16(42):22987−22994.

第 3 章
电荷注入理论

要点提示

- ✓ 离子占据水分子四面体偏心空隙并且通过极化形成超固态水合胞

- ✓ 过剩质子生成 $H \leftrightarrow H$ 反氢键而过剩孤对电子生成 $O:\Leftrightarrow:O$ 超氢键

- ✓ 低配位 H_3O^+ 和 HO^- 溶质分子内键自发收缩且 H^+ 质子无极化功能

- ✓ 从电荷注入角度探究水合反应过程氢键弛豫和电子极化实属必然

内容摘要

　　水合反应以电子、质子、离子、偶极子、孤对电子等方式注入电荷,并通过 $O:H$ 非键吸引、$H \leftrightarrow H$ 反氢键致脆、$O:\Leftrightarrow:O$ 超氢键压力、屏蔽极化、溶质键收缩以及溶质-溶质间相互作用调制溶液的氢键网络和性能。偶极水分子倾向于沿反离子电场方向排列,进而屏蔽溶质的电场。离子的大小、电量、质子与孤对电子数量和空间分布决定了溶质-溶剂间的相互作用形式。溶质间的相互感应强度取决于溶质带点电荷的大小及偶极水分子对其屏蔽程度。溶剂分子间非键和分子内共价键的协同弛豫决定了溶液的表面应力、溶液黏度、水合反应时的能量吸收-释放-耗散过程、水合反应温度、热稳定性、相变的临界压强和临界温度等性能。

3.1　溶剂偶极水分子和耦合氢键的特征

3.1.1　氧的电子轨道杂化

电负性元素原子如 C、N、O 和 F 等为代表的 IV - VII 族元素的原子在与其他原子发生反应时,它们的 sp^3 电子轨道发生杂化,形成四条有孤对电子参与的定向轨道,遵循如下规则[1-3]:

(1) 四面体构型的杂化电子轨道满足饱和性和方向性规则,被成键电子或非键孤对电子占据。

(2) 孤对电子数目遵循"4-n"规则,其中 n 为电负性原子的化合价。对于 C、N、O 和 F,n 分别为 0、1、2、3。

(3) 在 sp^3 轨道杂化过程中,鉴于四面体成键轨道的取向性和饱和性,一个电负性原子不能与相邻的键合原子形成两个或更多的键。

(4) H_2O 分子在获得一个额外质子时,将变成具有一对孤对电子的 H_3O^+ 水合质子;而在失去一个质子后,则变成具有三对孤对电子的 HO^- 氧化氢离子。

3.1.2　耦合氢键的必要性

氢键无处不在,从液态到固态,从无机到有机,从食品到药物,从细胞到生命。它的重要性固然不必赘述,但是氢键的定义以及人们对于氢键的本质认识仍在争议中不断更新[4-7]。国际纯粹与应用化学联合会(IUPAC)于 2011 年定义二体氢键为 X—H⋯Y—Z 中的 H⋯Y 吸引作用。X 和 Y 具有比 H 和 Z 更高的电负性而带负电,例如 C、N、O、F 等。"—"代表成键,即两体之间存在电荷交换或轨道交叠;"⋯"代表 Y 的负电荷,包括 Y 的孤对电子或 Y—Z 的 π 键电子。将 X 和 Y 分别称为质子的施体或受体的提法值得商榷。

实际上,与 20 世纪 30 年代贝尔纳、富勒和鲍林提出的质子隧穿同出一辙,人们认为二体氢键也可以发生由 X—H⋯Y—Z 向 X⋯H—Y—Z 呈 THz 频率的质子转移[8,9]。二体氢键作用包括静电吸引、库仑色散(极化场与其诱导的偶极子相互作用)以及在质子转移过程中所显示的部分瞬态共价特性等。在特定条件下,X—H⋯Y 显示协同性,即 X—H 变短会提高它的振动频率,伴随 H⋯Y 的伸长并增大对红外线的散射截面,这也是前述的极化超固态特征。

IUPAC 的定义已被业界认为是迄今为止最权威的,不仅被广泛采用,其内涵也在不断丰富[6,7,10]。H⋯Y 键也是分子动力学的产物,对描述以单体分子为基元的运动方式和速率以及结构相变等有效,但它的局限性也非常明显。其一,质子与其受体间缺少与吸引力抗衡的排斥作用;其二,忽略了 O 的孤对电子和

O—O 之间的排斥;其三,缺少分子内与分子间的耦合作用;其四,需要明确的坐标系和参数空间[11,12]。所以,H···Y 二体氢键对表述水的结构和破解外场作用下冰水所显示的反常物性颇显乏力。

传统上,在研究分子晶体或分子集合时,人们习惯于把每个分子作为基本的结构单元,考察各单元之间的相互作用以及每个分子在时间和空间域的行为。当前主流处理方法是将分子动力学理论计算和超快时间分辨声谱学结合,探究分子的转动和平动方式、输运特性以及在某特定配位时的停留时间和结构弛豫等[13,14]。毋庸置疑,分子、质子和电子的输运方式非常重要[15-19]。但如何获得尺度和能量等改变诸如密度、相变温度和热扩散系数等物理性质的因变信息也不可或缺,难度也显而易见。对分子晶体而言,我们不仅需要考虑分子间的相互作用,还需要考虑分子内与分子间的耦合,建立适当的坐标系和参数空间以完整准确地描述氢键网络的结构和在时、空、能量域的受激响应与行为及其决定的物理化学性能[20]。

一般情况下,液态或固态中水分子表现为具有固定极矩的偶极子。水分子在其"偶极子海洋"中不停地扩散,进行布朗运动[21,22]。伦纳德-琼斯势(Lennard-Jones potential)或范德瓦耳斯势(van der Walls potential)足以描述溶剂偶极子-偶极子间的相互作用。通常采用刚性非极化[23,24]或弹性可极化[25]模型来描述水和水溶剂的分子行为与性能变化。在典型的 TIP4Q/2005 模型中[26],H—O 键长取 0.957 2 Å、分子内键角 ∠H—O—H 取 104.52° 为固定值[27]。该模型将水分子简化为具有固定 H^+ 点电荷的偶极子(O^+-M^-)。这种偶极子近似忽略了分子内化学键和分子间非键经由 O—O 库仑排斥协调的耦合作用。从分子动力学角度来看,无论是否具有刚性,水分子始终是液体中的基本结构单元。

大量谱学检测证实,水分子内的 H—O 共价键和水分子间的 O:H 非键,在受到外部激励作用时发生长度和能量的协同弛豫。O:H—O 氢键中的 O—O 作用将原本相互独立的两段耦合,并因其近距变化极化非键电子。采用以 H 为坐标原点,以氢键的受激极化和分段长度、能量、振动频率以及比热容作为新的系统参数变量的标度方式,能够妥善地描述氢键、电子和分子在时间、空间、频率域的动力学行为[12]。这从本质上赋予了冰水在受扰时显示的超常自适应性、协同性、自愈性和敏感性以及各种反常的物性特征[20]。因此,将水合反应研究从分子动力学角度扩展到耦合氢键受激极化和协同弛豫动力学实属必然。

3.1.3 非键与非键电子

非键包括 O:H 范德瓦耳斯键、质子间的 H↔H 反氢键、孤对电子间的

O：⇌：O 超氢键、被离子极化而正负重心偏离或固有和极化的偶极分子等,它们不像常规的共价键、离子键和金属键具有交换作用或共用价态电荷的特征[1]。非键特性是相互作用弱,对量子理论中的哈密顿量和经典热力学中的吉布斯自由能以及连续介质力学中的总能量的贡献不显著。常规条件下,表面 O：H 键的结合能仅约 0.1 eV,体相的量子计算值也仅为 0.2 eV[28];在 25 GPa 的压强作用下,可以达到 0.25 eV[29]。在键长相同的情况下,O：⇌：O 超氢键的排斥强于 H↔H 反氢键,前者约为后者的 4 倍[30,31]。

孤对电子、π 键单电子(石墨和苯环)、偶极子、悬键电子等非键电子并不遵循薛定谔方程的色散关系,但它们在样品的导带和价带出现带尾或在能隙中和费米能级附近形成杂质态[32]。孤对电子和质子是分子间相互作用的主体。孤对电子不与相邻原子共享电荷,而是极化它们使之成为偶极子。孤对电子的结合能略低于费米能级。孤对电子与质子的数目差异与空间分布决定了分子间的作用方式和分子晶体的性能,如 CH_4、NH_3、H_2O、H_2O_2、HF 等。

非键作用和非键电子极化可以调控分子晶体和低配位边缘端态的物性,如各种形状的缺陷、表面和纳米结构、具有高临界温度的低维材料和表面超导材料、原子催化剂和拓扑绝缘体等[1]。超快光谱揭示,缺陷的存在可以减缓自激发态到基态的跃迁,从而延长光子和声子弛豫寿命[33]。如果短程、具有弱作用的非键在样品中占比很高,传统的吉布斯自由能近似或最小能量原理在处理冰水、溶液和分子晶体相关问题时就受到一定程度的限制[29,34]。

另外,H↔H 反氢键和 O：⇌：O 超氢键的排斥作用使这两种非键不能单独存在,必须与具有张力作用的 X：H—Y 氢键共存。这些非常规的非键不仅平衡分子相互作用以形成分子晶体,而且使分子内共价键在其晶态和液态中发生协同变形。例如,对酸束缚的氮五唑 N_5^-：$4H_3O^+$ 结构单元的量子计算和受力分析表明[8],H_3O^+ 间的 H↔H 排斥合力拉伸径向 N：H—O 氢键以使体系平衡;氢键拉伸和反氢键排斥使 N_5^- 的 N—N 键和 H_3O^+ 的 H—O 键缩短而储能。所以,O：H—O 氢键拉伸和 H↔H 反氢键或 N：⇌：N 超氢键排斥的共存不仅决定含能材料的结构稳定性和储能密度,而且为区分自发和受激爆炸提供了判据[9]。

3.1.4　耦合氢键的协同弛豫

3.1.4.1　冰水基本规则

冰水和溶剂中的水分子遵循如下基本规则:

(1) 质子和孤对电子对数目守恒。在含有 N 个水分子的样品中,一定含有 $2N$ 个质子和 $2N$ 对孤对电子[35],两者数目守恒导致 O：H—O 成为冰水中唯一的键合形式。引入额外的质子或孤对电子将打破数目守恒规则而形成以 H_3O^+

或 HO⁻ 为中心的替位式(H₃O⁺;HO⁻):4H₂O 四面体结构。带电离子只能偏心占据水的四面体空位而极化近邻,并不会与水分子产生任何新键。

(2) O:H—O 氢键的构型守恒。不考虑相变或涨落的影响,O:H 氢键的构型守恒,即使在 H₃O⁺;HO⁻ 超离子相[15]或 O:H 与 H—O 等长的第 X 相冰中[16]。额外引入的质子 H⁺ 或孤对电子":"可将一条 O:H—O 氢键转变为 H↔H 反氢键或 O:⇔:O 超氢键,并不会改变其他氢键的构型。O:H—O 键的唯一性和 O:H 的弱作用决定了冰水具有高序度、四配位、强涨落、可流动的单晶结构。

(3) 水分子的空间取向规则。水分子遵循由 O:H—O 氢键构型守恒所决定的空间取向规则。在水分子构成的中心正四面体结构中,两个近邻水分子通过质子与中心水分子的孤对电子形成氢键,而另外两个近邻水分子则通过其孤对电子与中心水分子的质子形成氢键。氢键分段长度和角度的受激偏移丰富了冰水的多相结构,但水的四配位构型依旧守恒。

(4) O:H—O 键角、分段长度和能量的弛豫与涨落。外部激励或水合反应可以改变 O:H—O 氢键的角度、分段长度、O-O 耦合斥力、电荷极化,这些参量决定了冰水相结构和性质的演变。

(5) 冰水的禁戒规则。H—O 键能约为 4.0 eV,且随分子配位降低而进一步增大。质子隧穿发生的前提是 H—O 键容易断裂,这意味着需要提供 4.0 eV 甚至更高的能量。实验也证实,H—O 断裂只有在波长 121.6 nm 的激光辐照下才能发生[36]。如果某个水分子以其一条定向轨道为轴自转 120°,那么就会产生 H↔H 和 O:⇔:O 排斥而破坏结构稳定性。

3.1.4.2 O:H—O 耦合振子对

图 3.1(b)描述了 O:H—O 氢键的非对称、超短程、强耦合三体作用势[29,34]。氢键以质子作为相对坐标系原点,左侧为弱的 O:H 非键,右侧为强的 H—O 极性共价键,相邻 O²⁻ 的电子对之间的库仑斥力耦合 O:H 和 H—O 两段而形成 O:H—O 振子对。基于水的 P-V 状态关系[37,38]和水分子四面体配位结构[39],可以较为容易地获得冰水中 H—O 键长 d_H、分子间距 d_{OO}、质量密度 ρ 的关系[27]:

$$\begin{cases} d_{OO} = 2.695\,0\rho^{-1/3} & (\text{分子间距}) \\ \dfrac{d_L}{d_{L0}} = \dfrac{2}{1+\exp\left[(d_H - d_{H0})/0.242\,8\right]} & (4\ ℃\text{时},d_{H0}=1.000\,4\ \text{Å},d_{L0}=1.694\,6\ \text{Å}) \end{cases}$$

$$(3.1)$$

式中,取 4 ℃时的各参数值为参考标准,即 d_{H0} 和 d_{L0} 分别取 1.000 4 Å、1.694 6 Å,ρ 取 1 g · cm⁻³[27]。根据式(3.1),由实验测量的表皮水分子间距 $d_{OO}=2.965\,0$ Å 可

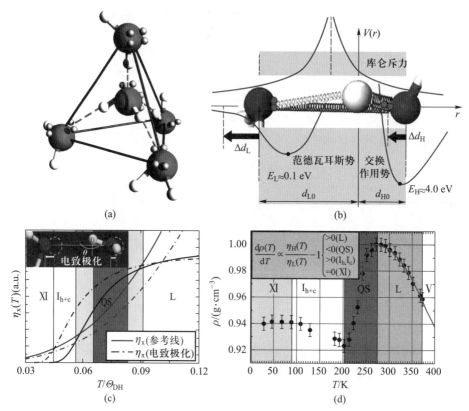

图 3.1 （a）水的 $2H_2O$ 基本结构单元[29]，（b）氢键的非对称、超短程、强耦合三体作用势[29,34]，（c）氢键分段比热容 $\eta_x(T/\Theta_{DH})$ 以及（d）标准气压下冰水密度的温致振荡（参见书后彩图）

（a）所示四面体结构中包含中心与顶端连接的 4 个等价 $O:H-O$ 氢键。（d）中不同相区的密度变温演变由（c）中氢键分段的比热容比值主导，即液相和冰 I_{h+c} 相为 $\eta_L/\eta_H < 1$；准固态（QS）为 $\eta_L/\eta_H > 1$；QS 边界为 $\eta_L/\eta_H = 1$；冰 XI 相为 $\eta_L \cong \eta_H \cong 0$；气相为 $\eta_L = 0$（未显示）。QS 相的两个边界分别对应于 T_m 和 T_N 以及相应的密度极值[43]。电致极化[44]或分子低配位[39]会使 QS 边界向外扩展，而机械压缩则使之内敛收缩

获得沿 O-O 方向投影的 $d_H = 0.889\ \text{Å}$、$d_L = 2.076\ \text{Å}$，相应的质量密度为 $\rho = 0.75\ \text{g} \cdot \text{cm}^{-3}$[40]。水和冰的表皮质量密度远低于在冰点处的最小值 $0.92\ \text{g} \cdot \text{cm}^{-3}$（258 K）[41]。红外谱学测量获得纳米液滴表层 H—O 键的长度为 $d_H = 0.9\ \text{Å}$[42]。

3.1.4.3 氢键分段比热容与温致密度振荡

图 3.1(c) 展示了氢键分段比热容 $\eta_x(T/\Theta_{DH})$ 曲线（x = L，H 分别表示 $O:H$ 和 H—O 分段）[43]。比热容曲线满足两个条件：一是爱因斯坦关系式，即德拜温度正比于特征振动频率，$\omega_x \propto \Theta_{Dx}$；二是比热容曲线对温度的积分与键能 E_x 成正比，

即有 H—O 和 O：H 的振动频率 $\omega_H \approx 3\,200\ cm^{-1}$、$\omega_L \approx 200\ cm^{-1}$ 分别相应于键能 $E_H \approx 4.0\ eV$、$E_L \approx 0.1\ eV$。德拜温度和比热容曲线对外界扰动比较敏感，因此，氢键分段比热容曲线的交点决定了密度振荡的各相边界和温区[41]。按温度从高到低，比热容曲线分别经历气相、液相、准固态（QS）、冰 I_{h+c} 相和冰 XI 相。

氢键分段比热容比值 η_L/η_H 决定冰水的温致密度演变规律：

$$\frac{d\rho(T)}{dT} \propto \frac{\eta_H(T)}{\eta_L(T)} - 1 \begin{cases} >0 & (L) \\ <0 & (QS) \\ >0 & (I_h, I_c) \\ =0 & (XI) \end{cases} \qquad (3.2)$$

具有较低比热容的分段遵循常规的热胀冷缩规则，而另一分段则相反。因为气相的 $\eta_L = 0$，所以 O：H 键作用可以忽略不计；在液相和冰 I_{c+h} 相中，$\eta_H/\eta_L > 1$，O：H 键热膨胀而 H—O 键热收缩；在准固态中，$\eta_H/\eta_L < 1$，情况反之，即 H—O 热膨胀而 O：H 热收缩；在 XI 相区，$\eta_L \cong \eta_H \cong 0$，O：H 和 H—O 双段对温度变化皆不敏感。准固态相边界（$\eta_H/\eta_L = 1$）对应密度极值并分别临近熔点 T_m 和冰点 T_N[43]。在外场激励之下，O：H—O 氢键分段长度发生协同弛豫，总是一段伸长而另一段缩短，且 H—O 的变化量总是小于 O：H 的。所以，准固态呈现出 O：H—O 氢键和体积的负热膨胀，故此导致浮冰现象。

3.1.4.4 极化超固态与温致准固态

水的极化超固态和温致准固态的概念最早于 2013 年被提出[39,43]。极化超固态概念最初是 ^4He 碎片在旋转容器中和 mK 温度下展示超润滑特性的延伸。近邻 ^4He 碎片之间的界面是弹性的、相互排斥且发生无摩擦运动[45]。这是因为原子低配位导致了键收缩，芯能级和成键电荷以及能量发生局部致密钉扎且表层原子电子极化[46]。

冰水的极化超固态表现为水与冰在电荷注入、电场作用或分子配位数减少时氢键的弛豫和电子极化[39,47,48]。当配位数小于 4 时，H—O 键自发收缩而 O：H 键伸长、非键电子极化。因此，冰水表皮 H—O 键可从 1.00 Å 缩短至 0.90 Å、振动频率从 3 200 cm^{-1} 蓝移至 3 450 cm^{-1}，而 O：H 键则从 1.70 Å 伸长至 1.95 Å、振动频率从 200 cm^{-1} 下降到 75 cm^{-1}[49]，以此形成表皮超固态。盐的水合离子分散于溶液中，每个离子都可视为点电荷，离子的径向电场重排、拉伸和极化其近邻 O：H—O 氢键，从而形成超固态水合胞[44]。水合胞的体积与离子的大小、电量、间距和水合胞内偶极水分子的屏蔽程度有关。

超固态中 H—O 键的缩短和刚化会导致其振动频率与相应比热容曲线的德拜温度升高，而 O：H 段反之。所以，超固态的 QS 相边界向外扩展，伴随 T_N 降低、T_m 升高，以致出现过冷和过热以及表面预熔现象[29]。受压时情况相反，QS 相边界内敛，T_N 升高、T_m 降低，可发生复冰和即时冰现象，即冰在受压时熔化而在撤压时再次凝固[50]，施加微弱力脉冲可以显著提高冰点温度。超固态具有较低的质量密度 ρ 和比热容 C_p，因此导致较高的热扩散系数 $\alpha = \kappa/(\rho C_p)$，其中 κ 为导热系数。因此，表皮超固态的高热扩散率和低比热容主导的热传输行为构成了姆潘巴佯谬即温水较冷水结冰更快的本质起源[51]。

温致准固态描述了 $-15 \sim 4$ ℃温度区间冰水的反常热膨胀特征。水在这个温度区间内将从密度最大（约 1 g·cm^{-3}）的液态转变至密度最小（约 0.92 g·cm^{-3}）的固态。在这个区间，氢键分段比热容 $\eta_L > \eta_H$，决定了 H—O 键的冷收缩量小于 O∶H 的冷膨胀量，同时 $\angle$O∶H—O 角从 160° 膨胀至 165°[43]。准固态的相边界在外部扰动下会发生扩展或内敛，冰点温度 T_N 与 O∶H 段键能正相关，而熔点温度 T_m 则与 H—O 段键能正相关。

3.2 耦合氢键的性质

3.2.1 O∶H—O 氢键三体作用势

耦合氢键 O∶H—O 有效地表述了分子内与分子间相互作用的耦合，所以选之作为冰水及溶液或溶剂的基本结构单元是恰当的。氢键的短程相互作用包括 O∶H 非键、H—O 极性共价键以及相邻氧原子上的电子对之间的库仑斥力。图 3.1(b)示意了 O∶H—O 氢键的三体作用势，即

$$
\begin{cases}
V_L(r_L) = V_{L0}\left[\left(\dfrac{d_{L0}}{r_L}\right)^{12} - 2\left(\dfrac{d_{L0}}{r_L}\right)^{6}\right] & \text{［伦纳德–琼斯势}(V_{L0}, d_{L0})\text{］} \\[2mm]
V_H(r_H) = V_{H0}\left[\mathrm{e}^{-2\alpha(r_H - d_{H0})} - 2\mathrm{e}^{-\alpha(r_H - d_{H0})}\right] & \text{［莫尔斯势}(\alpha, V_{H0}, d_{H0})\text{］} \\[2mm]
V_C(r_C) = \dfrac{q_{\cdot}q_{-}}{4\pi\varepsilon_r\varepsilon_0 r_C} & \text{［库仑斥力}(q_{\cdot}, q_{-})\text{］}
\end{cases}
$$

$$(3.3)$$

式中，V_{L0} 和 V_{H0} 即分别为 E_{L0} 和 E_{H0}，表示平衡状态下 O∶H 和 H—O 分段的键能或势阱深度；r_x 和 d_{x0}(x = L, H, C)分别表示任意位置和平衡位置的离子间距；参数 α 决定势阱宽度；ε_r 和 ε_0 分别为相对介电常数和真空介电常数；电荷参数 $q_{\cdot}$ 和 q_{-} 分别表示 O∶H 非键、H—O 共价键中氧离子上电子对的净余电荷。

因 O∶H—O 氢键中的相互作用具有非对称、短程和协同的特性，图 3.1(b)中的势能实线只在 O∶H—O 基本单元区域内有效。在分界处，O∶H—O 氢键的一段势能关闭而另一段势能开启，且在势场有效区域之外不存在任一势能的空间衰减。也因此，耦合 O∶H—O 氢键的非对称性及相互作用的短程强局域性为其进行有效量子计算带来了困难。

3.2.2 氢键长度受激协同弛豫

图 3.2 示意了 O：H—O 氢键分段长度的受激协同弛豫。氢键双段的任何弛豫都以中间质子 H$^+$ 为参考原点，一段伸长则另一段缩短，且弱的 O：H 非键的弛豫程度总大于较强的 H—O 共价键。图 3.2 的曲线中，箭头标记的曲线为氢键主动分段的弛豫趋势，未标记曲线则为协同弛豫的从动分段的变化情况。可见，在变压、液态变温和电极化的情况下，O：H 段主动弛豫；在准固态及低配位条件下，H—O 段主动弛豫。键角的弛豫对键长与键能的贡献可以忽略不计[12]。

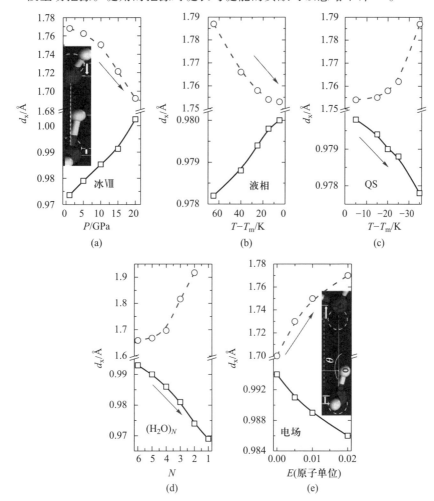

图 3.2 O：H—O 氢键分段长度在（a）压强、（b）液态冷却、（c）准固态冷却、（d）（H$_2$O）$_N$ 团簇分子低配位和（e）电场极化扰动下的协同弛豫[12]

箭头指向弛豫方向且箭头靠近的曲线为主动弛豫段，另一段则为从动弛豫段；O：H 段的变化幅度总是大于 H—O 段

表 3.1 总结了冰水不同状态下 O：H—O 氢键的各种物性特征参数值。对于常规物质,质量密度随原子间二体键的收缩而增大[46];而冰水因为氢键双段的主从协同性,其质量密度并非单一变化,例如在固相和液相冷却时密度增大,而在准固态冷却时密度却减小。氢键受激时会发生键长和键能的弛豫,但在冰水的任何相结构中,质子和孤对电子数目以及 O：H—O 的基本结构不会发生改变[35]。

表 3.1　冰水不同状态下的氢键基本信息

参数	水（298 K）		冰（253 K）	冰（80 K）	气相
	块体	表皮	块体	块体	二聚体
ω_H/cm^{-1}	3 200[52]	3 450[52]	3 125[52]	3 090[43]	3 650[53]
ω_L/cm^{-1}	220	~180[39]	210	235	0
$d_{OO}/Å$	2.700[54]	2.965[40]	2.771	2.751	2.980[40]
$d_H/Å$	0.998 1	0.889 0	0.967 6	0.977 1	0.803 0
$d_L/Å$	1.696 9	2.076 0	1.803 4	1.773 9	≥2.177 0
$\rho/(g·cm^{-3})$	0.994 5	0.750 9	0.920 0[55]	0.940 0[55]	≤0.739 6

图 3.3 展现了 80 K 的冰受压[37]、低配位水分子团簇$(H_2O)_{N\leqslant 6}$[39]以及水在全温段[43]时氢键分段键长的弛豫趋势,其中的键长数据基于式(3.1)导出[41]。图 3.3(a)显示氢键双段受压协同伸缩,并在压强达到约 60 GPa 时,双键长度趋于一致,呈现质子对称化。图 3.3(b)所示的计算结果显示,在不考虑量化精确度时,呈现的 O：H—O 氢键弛豫趋势与理论导出结果一致。图 3.3(c)中,水和冰的氢键分段呈热致协同弛豫的振荡现象,由 O：H 和 H—O 分段比热容主导,比热容低的分段主动弛豫,可参考图 3.1(c)。图 3.3(d)中汇总了各激励作用下d_L与d_H协同弛豫的解析结果和实测结果,并根据 H—O 键长d_H分区为:冰受压,$d_H > 1.00$ Å[56];冰水冷却,$0.96 < d_H < 1.00$ Å[41,57];水表皮、团簇以及单体,$d_H < 1.00$ Å。可以看出,导出值与实测结果吻合较好[39,40,54,58-65]。

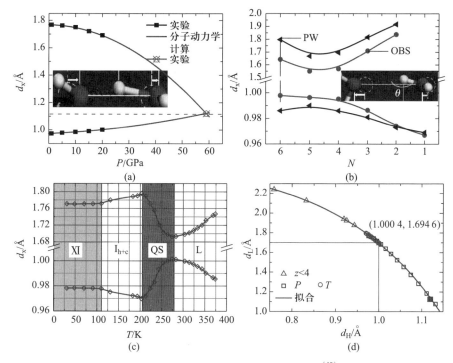

图 3.3 O：H—O 分段键长的受激协同弛豫：(a) 80 K 的冰受压[37]、(b) 低配位水分子团簇 (H₂O)ₙ≤₆[39]、(c) 常压全温段热激发[43] 以及 (d) d_L-d_H 解析结果与实测结果的吻合情况 (d_H = 1.000 4 Å 和 d_L = 1.694 6 Å 相应于 ρ = 1 g·cm⁻³)

3.2.3 振动声子频率协同弛豫

图 3.4 展示了氢键分段在加热[51]、受压[31] 和低配位[49,52] 激励下的声子差谱。图 3.4(a) 和 (b) 显示，水自 298 K 加热至 358 K 时，氢键的高频声子 ω_H 从 3 200 cm⁻¹ 蓝移至 3 500 cm⁻¹，低频声子 ω_L 自 180 cm⁻¹ 红移到 75 cm⁻¹。这是因为液态水的 O：H 非键发生热膨胀，O—O 斥力调制 H—O 键随之收缩[43]。图 3.4(c) 显示 ω_H 从 3 450 cm⁻¹ 下降到 3 100 cm⁻¹，表明机械压力压缩了 O：H 非键而拉伸了 H—O 键。不管水[31] 或冰[37] 的结构相如何，压缩效果相同。这些实验结果证明了 O—O 排斥力的存在，它与分子间和分子内的相互作用相关。

通过调节探测光入射方向与冰水表面法线之间的夹角，并利用差分声子谱 (DPS) 分析，可以获得水 (25 ℃) 和冰 [-(15~20) ℃] 表皮的氢键弛豫信息，如图 3.4(d) 所示。冰和水的表皮共享以 3 450 cm⁻¹ 为特征频率的 H—O 键，但两者的体相声子频率并不相同，块体冰的 H—O 振动频率为 3 150 cm⁻¹，水的则为 3 200 cm⁻¹。这说明无论温度或相结构如何，冰和水的表皮 H—O 键的长度与能量是相同的[49]。由于极化和 H—O 键收缩，冰水表皮共享超固态而非直觉认为

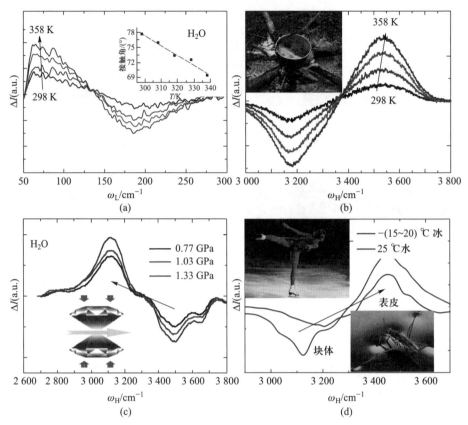

图 3.4　不同激励下氢键分段的声子差谱:温致去离子水(a) ω_L 红移和(b) ω_H 蓝移[51];压致(c) ω_H 声子红移[46];(d) 冰水表皮分子低配位导致 ω_H 声子蓝移并共享相同的特征声子频率 3 450 cm[-1][49,52](参见书后彩图)

(a)中插图显示接触角受热降低,与表面张力热致变化趋势一致[66]。(d)中水温为 25 ℃、体相 ω_H 为 3 200 cm[-1];冰的温度为-(15~20)℃、体相 ω_H 为 3 150 cm[-1]

的冰皮包水和水皮包冰情况。附加其他外部激励将可进一步影响表皮性能,如加热会降低表皮应力而减小水滴与基板间的接触角[66]。表皮 DPS 声子丰度的积分表明,冰的表皮厚度是水的 9/4 倍;纳米液滴的表皮厚度为 0.295 nm,表皮内 H—O 键长为 0.09 nm[42]。

　　值得注意的是,图 3.4(d)的测量结果也可证明冰和水具有双相结构[20]。水可视为被超固态表皮包裹的高有序、强关联、强涨落的分子晶体。这一结论与非晶态冰[67]和液滴[68]的小角 X 射线散射测试结果一致。纳米液滴和非晶态中,水分子所处状态的本质是相同的,唯一区别是低配位水分子的分布方式不同,前者是随机分布在整体结构中,而后者是在局域表面上有序分布。因此,冰和水都包含低密度的超固态表皮和体相两种相结构。这一结果也澄清了长期关于两相结构模型的争论,分子配位分辨的两相结构之间是"协同关系",而非"单因主导的关系"[67,68]。利用光谱分析可以不用考虑原子在真实空间中的位置或方向,直接解析原子间的距离或键振动频率。

姆潘巴效应的傅里叶流体热力学计算结果直接证实了具有高本征热扩散率和低比热容的超固态表皮的重要性[51]。姆潘巴效应综合了O:H—O键能的"存储—释放—传导—耗散"循环动力学。吸热反应通过键的收缩和形成进行,放热反应则通过键的伸长和断裂进行。储能与H—O键的热收缩程度正相关,冷却时能量释放的速率正比于初始储能值。质量密度较低($0.75\ \mathrm{g\cdot cm^{-3}}$)的表皮导热系数较高,有利于热量流向溶液之外以及热源流失的非绝热耗散。

3.2.4 受激氢键的动态势能路径

图3.5展示了O:H—O氢键受激弛豫的势能演变路径[29,34]。在受压和分子低配位情况下,应用拉格朗日-拉普拉斯动力学方法将O:H—O振子的每个平衡点所测得的分段键长与声子频率(d_x, ω_x)转换成分段的力常数与结合能(k_x, E_x),这样就得到了弛豫的O:H—O势能路径[37,39]。在激励条件下,O:H—O键的弛豫服从以下规律[29]:

(1)O:H—O氢键的分段差异以及O-O库仑斥力决定分段势能以及响应激励呈现的自适性、协同性、恢复性和敏感性。

(2)在电致极化、分子低配位、疏水微通道、加热、准固态冷却或机械拉伸作用下,O:H—O氢键会伸长。

(3)在机械压缩、碱水合、冷却、准固态加热情况下,O:H—O氢键会收缩。

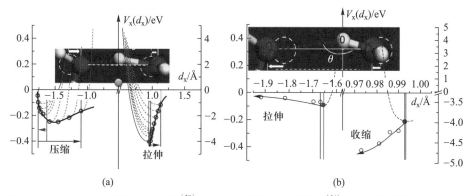

图3.5 O:H—O氢键在(a)受压[29]和(b)分子低配位情况下[34]的势能演变路径
图中空心圆表示氢键某分段在某激励条件下平衡时的势能,实心圆表示不考虑O-O斥力作用时氢键分段在理想平衡时的势能(即势阱值)。(a)为80 K的冰受压的情况,压力从0增至60 GPa。(b)为$(H_2O)_N$分子团簇的氢键分段势能随N从6减小至2时的弛豫情况

（4）O：H—O 氢键收缩会使 H—O 键拉伸而声子软化、O：H 缩短而声子硬化，即可增大分子体积而缩小分子间距，O：H—O 氢键伸长时情况相反。

（5）O：H—O 氢键的协同弛豫起源于 O-O 耦合斥力与外部激励。

图 3.5 中的实心圆表示不考虑 O-O 斥力作用时的理想平衡状态，满足 $V'_x = 0$；其紧邻的空心圆表示无外部激励但考虑 O-O 斥力而平衡时的势能，满足 $V'_x + V'_C = 0$；其他空心圆则表示外部激励变化时库仑调制达准平衡时的势能，满足 $V'_x + V'_C + f_{ex} = 0$。其中，f_{ex} 为外部激励产生的非保守力，V'_x 为势能曲线梯度，V'_C 为 O-O 库仑排斥势的梯度。无关乎外部激励的类型和强度，两个氧原子总是朝同一方向以不同幅度协同弛豫。

3.2.5 分子低配位和非线性效应

图 3.6 所示为水分子团簇 $(H_2O)_N$ 中的 H—O 键类型及其拉伸振动频谱[6,69]。按结合能和 H—O 的拉伸振动频率可将团簇中的 H—O 键分为五类：H—O 悬键、与外端水分子相连的 H—O 键、无悬键的低配位水分子的 H—O 键、四面体结构中心水分子的 H—O 键及其邻近配位水分子的 H—O 键。中心水分子被邻近四个水分子与外部其他低配位水分子包裹形成笼状结构。图 3.6(b) 所示的计算结果表明，悬键的声子频率恒定不变，而其他频谱特性随着分子团簇大小发生变化，也证明了低配位会造成 H—O 键收缩、键能增大、声子振频蓝

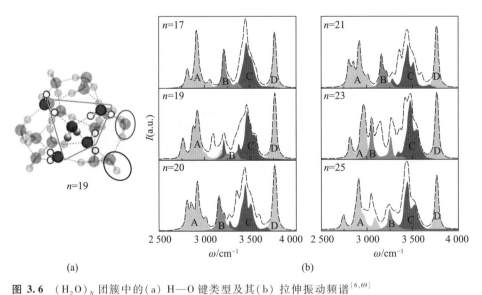

(a)   (b)

图 3.6 $(H_2O)_N$ 团簇中的(a) H—O 键类型及其(b) 拉伸振动频谱[6,69]

(b)中虚线表示整个团簇的 H—O 振动模式。最为尖锐的特征峰 D 组分对应于 H—O 悬键，C 对应于低配位分子关联的 H—O 键，而组分 A 和 B 代表团簇内部的 H—O 键

移[29]。考虑原子间势泰勒级数三阶和四阶微分项的非谐性修正仅使 H—O 声子频率偏移,并不会产生任何新的特征峰[70]。因此,研究氢键振动力学相关问题只需关注谐振行为即已足够。

3.3 水解与水合的区别

3.3.1 水解水合二部曲

必须说明,水解是化学反应,而水合是物理过程。水解时可溶性物质被偶极水分子侵蚀断键后形成带不同电量和具有不同形状的最小独立单元粒子或偶极分子,按一定规则分散在溶剂中。水合反应指将这些带电粒子注入溶剂中时发生的被水分子包络的系列反应。溶质有规则地分散于看似无序而实际有序的溶剂中,有些溶质离子具有液体表层优先占据倾向。注入溶剂的粒子作为一个电荷中心,其电场将重排、聚集、拉伸、极化甚至排斥它周围的溶剂分子而形成异于常规水的水合胞[39,71,72],水合胞中被极化的水分子亦可反过来屏蔽溶质的电场。

如果相对过量的质子或者孤对电子附着在溶质分子或粒子表面,溶质则变成偶极子。每一个溶质与其近邻溶剂分子间的质子或孤对电子相互作用,会形成短程的 X：H 范德瓦耳斯非键、H↔H 反氢键或 X：⇔：Y 超氢键。溶质偶极分子也会扭曲溶质-溶剂界面的 O：H—O 氢键,因为其质子和孤对电子的空间分布与高度有序的溶剂分子的质子和孤对电子失配。这里的 X 和 Y 指电负性较高的元素原子,如 C、N、O、F 及其在周期表中的同族元素。这些原子在化学反应发生时杂化其自身外层的 sp 电子轨道,致使杂化轨道部分地被孤对电子占据[2,3]。与固体表面的化学吸附或固体掺杂相比,溶液的溶质和溶剂分子之间并无常规化学键(如共价键或离子键)形成,仅会形成以诱导、排斥或极化为主的非键作用,导致溶剂中氢键的弛豫和电子极化[30,73-75]。典型的一价卤盐 YX、酸 HX、碱 YOH 的水解-水合反应过程列举如下:

$$\begin{cases} YX+nH_2O \Rightarrow (Y^+;X^-) \cdot 4H_2O : 6H_2O + \cdots (Y^+;X^-) \\ HX+nH_2O \Rightarrow (X^-;H_3O^+) \cdot 4H_2O : 6H_2O + \cdots (H_3O^+;H\leftrightarrow H;X^-) \quad (3.4) \\ YOH+nH_2O \Rightarrow (Y^+;HO^-) \cdot 4H_2O : 6H_2O + \cdots (HO^-;O:\Leftrightarrow:O;Y^+) \end{cases}$$

三维水合胞$(\pm;H_3O^+;HO^-) \cdot 4H_2O : 6H_2O$ 是这些反应的产物。溶质与溶剂分子界面只有极化和排斥作用而无新键形成。这些水合单胞均匀地分布于溶液中并形成有序的子晶格,其单胞间距与溶质浓度成反比。

如果将溶质视作固相中的杂质或缺陷,而不考虑溶质的结构涨落和扩散,可以采用与处理化学吸附和固体缺陷相同的方式来研究水合反应过程。

事实上,主导溶液性质的是溶质电荷驱动的、通过溶剂分子内与分子间耦合作用导致的氢键网络的协同弛豫和电荷极化,也即 O∶H—O 氢键长度和能量的变化,尤其是非键电子在时空间和能量空间的分布。溶质或溶剂分子的运动方式和速率仅是氢键受激极化与协同弛豫(HBCP)的后果。

此外,必须把作为溶剂的水看作一种准静态晶体,而非无序的动态结构。水中的质子和孤对电子配对数目守恒,除非引入过剩的质子或孤对电子,如酸碱水合,否则 O∶H—O 构型保持稳定且数目守恒[29]。有机分子晶体的水合反应以及分子晶体的形成都涉及界面处的质子和孤对电子。

3.3.2　广普氢键 X∶R—Y

一个分子可以含有多个不同元素的原子,比如醇、醛、酚、络合盐、有机酸、糖和爆炸物分子晶体等。较强的共价键将这些原子聚集成一个以 C 键为骨架的分子,也即结构键,其外悬的质子或氮氧以及附着的孤对电子与相邻分子上的同类组合。此时,除了离子极化和偶极分子极化作用外,还会形成如 $X^{2\delta-}$∶$H^{\delta+}$ 非键以及具有排斥功能的 $X^{2\delta-}$∶⇔∶$Y^{2\delta-}$ 超氢键和 $H^{\delta+}$↔$H^{\delta+}$ 反氢键,可称为功能非键。这里将电荷 δ 简化为一个单位以便表述和讨论[20]。X∶H—Y 与 O∶H—O 两者虽本质相同,但由于 X-Y 与 O-O 的排斥耦合强度和分段约化质量不同,两者的分段长度、能量、力常数、振动频率和比热容等存在差异。与冰水中的 O∶H—O 键相似,X∶H—Y 同样具有非对称性和短程相互作用,经由 X-Y 排斥耦合以达到键的自身平衡。同理,可以用电负性低于 X 和 Y 的任意原子 R 取代 H,形成广普氢键 X∶R—Y。这类广普氢键普遍存在于物质形成和生命过程中,其关键要素是非键孤对电子和 X-Y 的斥力耦合作用。

3.4　酸碱水合:$2N$ 守恒破缺

3.4.1　引入过剩质子:H↔H 反氢键点致脆

HX 酸水合将溶质水解为 H^+ 质子和 X^- 阴离子。H^+ 牢固结合并依附在一个 H_2O 分子上,形成四面体结构的 H_3O^+ 水合氢离子,类似于含有一对孤对电子的类 NH_3 四面体结构。H_3O^+ 取代 H_2O:$4H_2O$ 正四面体单胞中心的 H_2O 分子,其余四个近邻水分子仍保持其初始取向[20,29]。当 H_2O 转变为 H_3O^+ 时,H^+ 和孤对电子数目打破了 $2N$ 守恒,转换成 $2N+1$ 个质子和 $2N-1$ 对孤对电子。过量的质子对 $[(2N+1)-(2N-1)=2]$ 只能形成具有排斥作用的 H↔H 反氢键,如图 3.7(a)所示。在位于水合氢离子 H_3O^+ 四面体顶角位置的近邻水分子中,有两个质子、两对孤对电子朝向中心水合氢离子。单胞中心的

H_3O^+ 通过三个 O：H—O 氢键和一个 H↔H 反氢键与其四个近邻水分子作用。H—O 共价键具有 4.0 eV 的键能，限制了 H^+ 在水分子间的随机跳跃或隧穿[29]。质子和孤对电子无法在两个氧离子间易位、随机隧穿或自由跳跃[76]。H—O 键断裂至少需要 121.6 nm 的激光辐射[36,77]。

  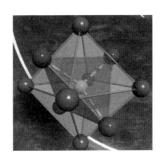

(a) 酸溶液中的 $H_3O^+ \cdot 4H_2O$ 水合单胞与H↔H反氢键	(b) 碱溶液中的 $HO^- \cdot 4H_2O$ 水合单胞与O：⇔：O超氢键	(c) 离子($\pm \cdot 4H_2O:6H_2O$) 填隙式极化单胞

图 3.7 酸碱水合反应时（a）H_3O^+、（b）HO^- 替位式和（c）离子填隙式水合单胞结构示意[29,82]

H^+ 质子以 H_3O^+ 形式、孤对电子以 HO^- 形式取代 $H_2O：4H_2O$ 结构的中心 H_2O 分子，分别形成如图中方框所示的 H↔H 反氢键断裂点和 O：⇔：O 超氢键压缩点。酸、碱和盐溶液中的离子以替位或填隙形式占据水晶格中的四面体偏心空位，拉伸、极化其近邻水分子形成水合胞[39]，这与分子低配位效果相同，即 H—O 键收缩、O：H 非键伸长

　　H↔H 反氢键以点断裂方式使氢键网络碎化[30]，或形成点致脆，可稀释酸性溶液并呈现腐蚀性以破坏表皮，正如 H^+ 使金属致脆一样[78-80]。分子动力学计算证实，HCl 的水合反应可以减少酸溶液中每个团簇的水分子的数目[81]，提供了 H↔H 形成和致脆的直接证据。

3.4.2 孤对电子过剩：O：⇔：O 超氢键点压源

　　与酸溶液中形成反氢键类似，YOH 碱水解成 Y^+ 阳离子和 HO^- 氢氧根离子，后者是具有 3 对孤对电子的类 HF 四面体，如图 3.7（b）所示。HO^- 的注入导致 $2N+3$ 对孤对电子和 $2N+1$ 个质子。HO^- 取代 $2H_2O$ 结构中心的水分子后，过剩的两对孤对电子只能与近邻水分子形成 O：⇔：O 超氢键而引起局部变形。O：⇔：O 超氢键的电斥力形成点压源。同理，H_2O_2 水合引入两个质子和四对孤对电子，额外两对孤对电子与近邻水分子形成超氢键。每个 HO^- 或 H_2O_2 产生的 O：⇔：O 键的局部压力都与对液体施加机械压强的效果相同，即压致近邻 O：H 收缩而 H—O 膨胀[31]。

碱性溶液中的 Y$^+$ 阳离子和酸性溶液中的 X$^-$ 阴离子与它们在盐溶液中的行为及作用效果相同,它们占据水分子晶格的四面体空位的偏心位置形成三维 ±·4H$_2$O:6H$_2$O 水合单胞。离子提供的径向电场极化周围水分子,而极化水分子则会沿离子电场反向排列而屏蔽离子电场。带电离子的电负性和半径决定水合胞的尺寸和局部电场强度及作用程。

图 3.8 说明了 O:⇔:O 超氢键(或者说 X:⇔:Y 超氢键)和 H↔H 反氢键的结构以及它们内部的排斥作用。在分子晶体中,这些非键排斥作用并不能单独存在,而必须伴有 X:H—Y 氢键的拉伸以平衡分子间作用。考虑到所涉及电荷量的差异,超氢键 X:⇔:Y 形成的局部压力是相同长度的 H↔H 反氢键的四倍。X:⇔:Y 强排斥对周边 X:H—Y 键形成的压力会导致溶剂的 H—O 键受压膨胀而释放能量[37]。此外,溶质 HO$^-$ 的 H—O 键因键序降低,根据低配位键收缩的普适规则而自发收缩[12]。

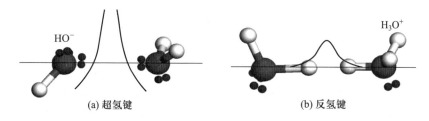

HO$^-$

H$_3$O$^+$

(a) 超氢键　　　　　　　　　　　　(b) 反氢键

图 3.8　(a) O:⇔:O 超氢键[31] 和(b) H↔H 反氢键[30] 的结构及各自内部的排斥作用

超氢键和反氢键必须伴随近邻 X:H—Y 氢键张力以平衡分子间的相互作用[74],同时对近邻氢键施加压力

3.4.3　酸碱盐的水合状态

表 3.2 列出了 HX 酸、YX 盐和 YOH 碱溶液水合反应的相关信息。水合反应时,溶质极化溶剂分子的 O:H—O 氢键[44,74,75],形成 O:⇔:O 超氢键[31,83] 或 H↔H 反氢键[30],构成溶质与溶剂分子间的主要作用形式。正是这些相互作用将 O:H—O 氢键从普通的体相状态转变至溶质的水合胞中,相应发生氢键丰度、刚度和涨落序度变化[74,75]。

表 3.2　HX 酸、YX 盐、YOH 碱溶液中的点激发源和水合胞内氢键的状态及溶液的性质

溶液		水合反应	溶质能力	溶液物性
酸 (pH<7)	HX+ H$_2$O	$\Rightarrow$ (H$_3$O$^+$;X$^-$)·4H$_2$O (H↔H 点裂源)	H$_3$O$^+$ 形成类 NH$_3$ 结构,产生一条反氢键,以点裂源的形式破坏氢键网络	酸味,石蕊试纸变红,腐蚀,稀释,黏度与表面应力,高血压治疗等

溶液	水合反应	溶质能力	溶液物性
盐 (pH=7)	YX+ H₂O $\Rightarrow$ ± · 4H₂O : 6H₂O (离子点极化源)	离子电场重排、极化并拉伸近邻 O : H—O 键,其程度依赖于离子尺寸、溶质浓度与类型	霍夫迈斯特序列,黏度与表面应力,热稳定性、蛋白质溶解度、极化,超固态水合胞,高血压恶化
碱 (pH>7)	YOH+ H₂O $\Rightarrow$ (HO⁻;Y⁺) · 4H₂O (O:⇔:O 点压源)	HO⁻ 形成类 HF 结构,产生一条超氢键压缩近邻 O : H 键而拉伸 H—O 键,溶质的 H—O 键收缩	溶液的黏度与润滑性,溶液自升温

注:1. X 代表 F、Cl、Br、I,Y 代表 Li、Na、K、Rb、Cs。

2. 离子水合胞的水分子数目随离子尺寸和电荷量发生变化。

3. 二价盐如 $CaCl_2$,可以溶解形成三个相互独立的离子,即 $CaCl_2 \Rightarrow Ca^{2+} + 2Cl^-$。较为复杂的络合盐如 $LiClO_4$,溶解成阴、阳离子,即 $LiClO_4 \Rightarrow Li^+ + ClO_4^-$,其中较大的 ClO_4^- 阴离子含有 8 对均匀分布在表面的孤对电子[73]。

3.4.4 非键的分类和计数

若计一个有机或复合溶质极性分子外围附着 p 个质子和 n 对孤对电子。由于水合反应,溶质分子通过自身的质子和孤对电子各以 1/2 的概率与溶剂水分子的同类组合,在单键尺度的固-液界面形成氢键、反氢键或超氢键。若 $p=n$,界面仅存在氢键;若质子过量,即 $p>n$,一个溶质分子将与相邻溶剂水分子间形成 $2n+(p-n)/2$ 个氢键和 $(p-n)/2$ 个反氢键;若孤对电子过量,即 $p<n$,则会形成 $2p+(n-p)/2$ 个氢键和 $(n-p)/2$ 个超氢键。对于同种分子组成的物质,如果 $p<n$,该分子与其近邻形成 $2p$ 个氢键和 $n-p$ 个超氢键;若 $p>n$,则可能形成 $2n$ 个氢键和 $p-n$ 个反氢键。虽然这一计算方法并不十分精确,但有助于人们理解分子晶体中的分子间作用方式以及在溶液中溶质与溶剂分子间的相互作用。表 3.3 列举了分子间非键相互作用的计数方法,表 3.4 概括了典型分子晶体和溶液中单个溶质分子能够与其近邻水分子形成的氢键、反氢键以及超氢键数目。

表 3.3 水溶液和分子晶体中非键计数的基本规律

物质类别		X : H—Y	H↔H	X : ⇔ : Y
水溶液	$p(H^+)>n(:)$	$2n+(p-n)/2$	$(p-n)/2$	0
	$p(H^+)<n(:)$	$2p+(n-p)/2$	0	$(n-p)/2$

续表

物质类别		X：H—Y	H↔H	X：⇔：Y
分子	$p(\mathrm{H^+})>n(：)$	$2n$	$p-n$	0
晶体	$p(\mathrm{H^+})<n(：)$	$2p$	0	$n-p$

表 3.4　各种水溶液和分子晶体中单个溶质分子能够形成的 X：H—Y 氢键、X：⇔：Y 超氢键及 H↔H 反氢键的数目

物质类别	溶质分子	$p(\mathrm{H^+})$	$n(：)$	水溶液			分子晶体		
				X：H—Y	X：⇔：Y	H↔H	X：H—Y	X：⇔：Y	H↔H
甲烷	CH_4	4	0	0	0	4	2	0	2
氨气	NH_3	3	1	3	0	1	2	0	2
氟化氢	HF	1	3	3	1	0	2	2	0
水	H_2O	2	2	4	0	0	4	0	0
水合氢离子	H_3O^+	3	1	3	0	1	—	—	—
氢氧化物	HO^-	1	3	3	1	0	—	—	—
过氧化氢	H_2O_2	2	4	5	1	0	4	2	0
含能材料	$2C_7H_5N_3O_6$	10	30	30	10	0	20	20	0
	$4CH_2N_2O_2$	8	24	24	8	0	16	16	0
	$3CH_2N_2O_2$	6	18	18	6	0	12	12	0
	$C_7H_5N_5O_8$	5	21	13	13	0	10	16	0

图 3.9 示意了 H_2O、H_3O^+、HO^- 和 H_2O_2 发生 sp^3 轨道杂化后形成的分子结构及所含质子与孤对电子的情况。除 H_2O 分子含有两个质子和两对孤对电子外,其他分子上质子和孤对电子的数量都不相等。两者数目是否相等及其空间分布是否对称决定了它们所属晶体和水溶液中分子相互作用的形式与物质的性能。纯水中,H_2O 分子的质子和孤对电子数目相等,因此 $2N$ 数目和 O：H—O 构型守恒可使每个 H_2O 分子与其四个近邻形成四条取向固定的 O：H—O 氢键,不会产生超氢键或反氢键。如果强行将一个 H_2O 分子沿其某个对称轴旋转 120°,将会产生一条超氢键和一条反氢键,从而使系统失稳。由此可见,H_2O 分子大角度自转是受限的。因为 H_3O^+、HO^- 和 H_2O_2 的质子和

孤对电子数目不等,在它们的溶液中将形成反氢键或超氢键。相比之下,在水的超离子态 $H_3O^+ \cdot HO^-$ 中,质子和孤对电子数目相等,也满足了 2N 数目和 $O:H—O$ 构型守恒规则。因为某些氢键在极高压力(2 TPa)和温度下(2 000 K)会改变取向,水的超离子态只有在极端条件下才能稳定[84]。

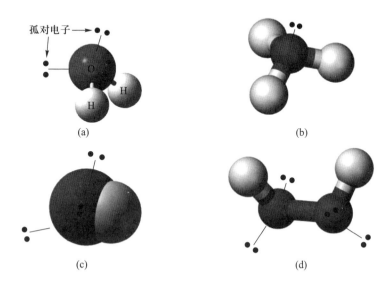

图 3.9　H_xO_y 系统中 sp^3 轨道杂化后的分子结构及含有质子和孤对电子的数目与分布情况
(a) H_2O 分子含有两个质子和两对孤对电子,(b) H_3O^+ 离子含有三个质子和一对孤对电子,(c) HO^- 离子含有一个质子和三对孤对电子,(d) H_2O_2 分子含有两个质子和四对孤对电子。除形成常规 $O:H—O$ 氢键外,这些溶质与其近邻还可以形成 $H \leftrightarrow H$ 反氢键或 $O: \Leftrightarrow :O$ 超氢键

对于 H_2O_2 分子,两个 O^{2-} 以共价键配对,每个 O^{2-} 还与一个氢原子形成共价键,另外还有四对孤对电子。故而在水溶液中,一个 H_2O_2 分子的两对过剩孤对电子各有 50% 的概率与近邻水分子的孤对电子或质子作用,形成一个 $O: \Leftrightarrow :O$ 超氢键;而对于一个液相的 H_2O_2 分子,它将与其近邻 H_2O_2 分子形成两个 $O: \Leftrightarrow :O$ 超氢键。高浓度 H_2O_2 溶液或液态 H_2O_2 正因其强劲的超氢键排斥而易失稳爆炸。

H_3O^+ 和 HO^- 的水合反应分别与 NH_3 和 HF 的水合效果类似。具有排斥作用的 $H \leftrightarrow H$ 反氢键和 $O: \Leftrightarrow :O$ 超氢键的形成有助于理解酸和碱的腐蚀性能。可以设想,由 N_4 或 CH_4 分子构成的四面体结构会因为分子间的 $H \leftrightarrow H$ 和 $N: \Leftrightarrow :N$ 排斥作用难以稳定,因此只有在极低温度下才能形成晶体。

3.4.5　相变潜热与能量交换

作为水合反应过程中的能量载体,共价键通过弛豫与外界交换热量而改变溶液的即时温度,称为水合放热或吸热,相变过程的能量交换称为焓[85-87]。溶质-溶剂间的相互作用决定了水合反应过程中的热交换方式、结果和效率[88]。放热或吸热都会提升溶液温度,只是提升的速率、方式和程度不同[51,89]。

Rosenholm 在 2017 年回顾了在液体、固体和半导体材料中发生反应与相变的化学热力学机制[90]。目前关于水合热交换的认知主要局限在经典热力学框架内相变焓[91,92]和吉布斯能[93]角度的理解,主要归因于分子内和分子间的电子迁移[90,94]、水分子热运动[95]、H—O 键作用[96]或溶质-水分子的范德瓦耳斯作用等[97]。溶液温度改变与氢键网络弛豫的关系以及热交换的单键弛豫微观机制仍有待研究。

化学键是能量存储和释放的基本结构单元。唯有通过键的弛豫和重构方能从根本上实现能量交换。受到外部激励时,平衡状态下的原子间距和结合能会发生改变。键的伸长和断裂将释放能量,而键的形成和收缩则吸收能量,导致相应焓变。水合反应过程中,离子屏蔽极化、H↔H 反氢键或 O:⇔:O 超氢键生成都是促进氢键弛豫的起因。在化学键弛豫的众多过程中,吸热和放热的机制可能同时出现,其综合效果决定溶液的即时温度。例如,H_2O_2 溶液中 O:⇔:O排斥和醇溶液中 H↔H 排斥导致溶剂的 H—O 键伸长而释放能量,同时溶质的H—O 和 H—C 键则因键序降低导致收缩而吸收能量,两者竞争的结果决定溶液的即时温度。

相变的临界温度在量纲上与能量成正比,因此需要考虑 O:H 非键或 H—O共价键的键能如何与溶液的冰点和熔点相互关联。原则上,溶液中共价键能量的变化主导溶液的熔点,而 O:H 非键能量主导溶液的冰点和沸点[12]。糖和盐等的水合可以提高溶液的熔点,降低冰点。这对于有机生命体的低温保存和防止道路结冰十分重要。糖作为一种优良的低温生物保护剂,可以用于蛋白质抗冻,保护生物体以使之在寒冷的气候中得以生存和繁衍[98,99]。

事实上,O:H 和 H—O 分段各自的特征振动频率 ω_x 与结合能 E_x 唯一地决定它们的比热容。ω_x 决定德拜温度 Θ_{Dx},E_x 对应比热容曲线的全温区积分[29,100]。根据爱因斯坦模型 $h\omega_x = k\Theta_{Dx}$(h 和 k 分别为普朗克常数和玻尔兹曼常数),任何激励引起的声子频率 ω_x 的改变皆可直接调控德拜温度 Θ_{Dx}。Θ_{Dx} 值较低的分段,其比热容曲线更易接近饱和。O:H 和 H—O 两分段比热容曲线的交叉点即为准固态相边界,分别临近冰点 T_N 和熔点 T_m,且分别对应于极限质量密度 0.92 g·cm^{-3}(-15 ℃)和 1 g·cm^{-3}(4 ℃)[29]。因此,基于 O:H 和 H—O

声子受扰频移可以推断 Θ_{DL} 和 Θ_{DH} 以及 T_N 和 T_m 的变化。

3.5 霍夫迈斯特效应:超固态水合胞

3.5.1 离子极化作用程

一价 YX 盐在水中溶解为 Y^+ 阳离子和 X^- 阴离子,两者可以形成分离的或相互接触的离子对(solvent-separated ion pairs, SIP; contacted ion pairs, CIP)。SIP 是指阴、阳离子各自作为一个孤立的点电荷中心,各自独立分散于溶剂中并形成各向同性的径向电场,其方向和作用半径取决于离子的极性与所带电量。离子近邻的水分子会受电场影响倾向沿离子电场反向排列。偶极水分子的反向极化部分或全部地屏蔽离子的源电场[30,101]。CIP 则不然,它只能以偶极子形式存在于溶剂中,产生方向性较强的局部电场。SIP 或 CIP 的形成取决于盐的浓度以及 X 和 Y 元素之间的电负性差($\Delta\eta$)。当浓度较高或 $\Delta\eta$ 较大时,Y^+ 和 X^- 趋向于形成 CIP,如 NaF($\Delta\eta = 4.0-0.9 = 3.1$);当浓度较低或 $\Delta\eta$ 较小时,离子弥散分布于溶剂中,形成 SIP。表 3.5 总结了碱金属和卤化物元素的离子半径 R 与电负性 η。阴、阳离子间的距离越短,越类似于离子对,表现出偶极性。对于单个离子,电场是长程的;对离子对而言,电场是短程且各向异性的。

表 3.5 碱金属和卤化物元素的离子半径与电负性[102]

	I^-	Br^-	Cl^-	F^-	Li^+	Na^+	K^+	Rb^+	Cs^+	H^+	O^{2-}
R/Å	2.20	1.96	1.81	1.33	0.78	0.98	1.33	1.49	1.65	0.53	1.32
η	2.5	2.8	3.0	4.0	1.0	0.9	0.8	0.8	0.8	2.2	2.5

图 3.7(c)展示了离子填隙式占据水晶格的偏心四面体空位[101]。离子电场诱导产生 X^-:H—O 或 Y^+:O—H 相互作用,拉伸和极化周围偶极水分子或 O:H—O 氢键[103],构成极化超固态水合胞[30]。溶质与溶剂之间并没有共享电荷。拉曼谱学测量证实[82,104],盐水合没有产生新的声子谱峰。电致极化对氢键弛豫的影响与分子低配位的效果相同,即拉伸 O:H 非键、压缩 H—O 共价键。超固态水合胞中,H—O 键声子寿长、分子运动能力和质量密度低。分子动力学计算还证实[105],外加电场高达 10^9 V/m 时,水分子的运动速度明显减慢,甚至出现结晶。因此,关注超固态水合胞中 O:H—O 的弛豫和极化行为,将有助于理解水合反应的本质和键合动力学。

3.5.2　水合胞分子屏蔽

盐溶液中存在两种减弱离子电场的情况:一是水合胞中的偶极水分子沿着与电场相反的方向排列从而屏蔽离子电场;二是同类离子间的排斥作用。后者在离子浓度较高时变得显著。离子的分离程度和离子电场强度不仅与溶质浓度有关,还与溶质类型有关[82,104,106]。半径较小的阳离子的电场受水分子屏蔽较为完全。所以,阳离子及其水合胞可以独立存在,基本不受其他种类和密度的溶质影响。对于半径较大的阴离子,情况相反。有限数目的近邻偶极水分子难以完全屏蔽它的电场,故而易受其他离子的影响。在 YX 盐和 YOH 碱溶液中,由于 Y^+ 水合胞的自屏蔽,不存在异性离子间的相互吸引和阳离子间的相互排斥;在 YX 盐和 HX 酸溶液中,存在阴离子间的相互排斥[44,74,75]。

水合胞内偶极水分子的屏蔽效应削弱了该离子的电场,使其比在真空中衰减得更快。同种离子间的相互排斥减弱电场,异种离子间的相互吸引增强电场。局域电场的强度决定了溶质影响下 O:H—O 氢键自常规水的体相转变成水合状态的数目及其刚度变化。DPS 方法可以定量监测溶质离子局域电场的变化及其单胞分辨的氢键弛豫。水合胞的厚度会随离子的半径和电荷量发生改变[107,108]。因此,我们应更多地关注氢键从常规水的体相向水合状态的转变,无须过多关注纯水与高度有序水合胞内的中间态,或者说水合胞厚度。

3.5.3　多元溶质分子:质子、孤对电子和偶极分子

若多元溶质如高价或络合盐分子上存在大量空间分布不均匀的质子和孤对电子,溶质分子将倾向于以偶极子的形式呈现。溶质偶极分子中的孤对电子富集在一端,质子则在另一端。这类巨型偶极子会产生短程且各向异性的偶极电场。溶质与溶剂分子间的非键作用和溶质偶极电场的诱导作用决定溶液的性能。溶质的质子与孤对电子的数目差决定溶质和溶剂间形成 O:H 非键、H↔H 反氢键或 O:⇔:O 超氢键的数目。

超氢键不能独立存在,其排斥力必定与 O:H—O 键的拉伸张力协同作用,以平衡分子间的相互作用,如图 3.7 所示。在水溶液中,O:⇔:O 超氢键压力会使溶剂的 O:H 非键缩短、H—O 共价键伸长,与 O:H—O 氢键拉伸的弛豫相反。在分子晶体中,O:⇔:O 超氢键排斥与 O:H—O 氢键拉伸时一样,分子内的 H—O 共价键将缩短而储能。

3.6　氧化与水合的区别

3.6.1　氧化反应:客体主宰

3.6.1.1　四步氢键形成动力学

在氧化反应中,作为客体的氧分子攻击主体而发生反应,并伴随主体键合断裂和氧化新键形成重新分布电子能态[2]。一个氧原子只能与两个金属原子形成单键,成键顺序取决于金属主体的原子半径、晶格几何结构以及客体氧与宿主金属原子之间的电负性差。如图 3.10 所示,氧原子在化学吸附过程中嵌入主体的表层和次层之间,与上下两侧近邻 M 原子作用而经历从氧的一价到二价的四步转换,最终形成稳定的四配位结构单元,并通过孤对电子极化外侧原子形成表面偶极层。氧化调制主体的价带结构使之呈现成键、非键、空穴和反键共四个态密度特征,其中反键态位于费米能级之上。在规则排布的以氧为中心的四面体之间形成由 O-O 排斥耦合的 O∶M—O 类氢键,同样服从水的O∶H—O 耦合氢键的受激极化和分段协同弛豫规则[2,3,29]。

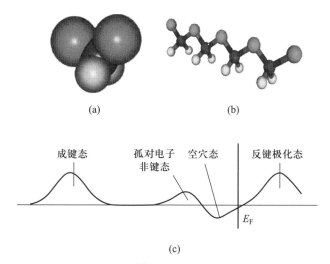

图 3.10　氧化物四面体结构单元和四价态[2]:(a) 类 H_2O 分子的 M_2O 结构单元,(b) O—Cu(110)表面的 $2Cu^P∶O^{2-}—2Cu^+$ 单链及以 Cu 取代 H 的扩展耦合氢键[110],(c) 氧化反应四价态特征(参见书后彩图)

偶极子沿表面法向平行排列,黄色球为金属离子,绿色球为金属偶极子

如果在形成以氧原子为中心的四配位结构时表面存在过剩原子,它们将逃逸表面而留下空位,如在 Cu(001)-($\sqrt{2} \times 2\sqrt{2}$)R45°-2O^{2-}、Cu(110)-c(6×2)-8O^{2-}和 Cu(110)-c(2×1)-O^{2-}表面;反之,氧原子将从偶极子获取电子而成键,如在 (Co,Ru)(10$\overline{1}$0)-c(2×4)-4O^{2-}表面。这正是某些金属可以通过氧化钝化表面而防止继续氧化的原因。大量观测表明,由于氧化成键的方向性,一个客体氧原子不能与某一个主体原子形成双键。氧化的动态过程和以氧为中心的四面体的排列取向与主体原子的电负性、晶体取向和晶格常数有关。虽然表面氧化的晶体结构和形貌千变万化,但每个氧原子的孤对电子数目及其孤对电子对近邻宿主原子的极化属性不变[2]。

氧化耦合氢键和原子低配位效应为探索低维高温与拓扑超导机制提供了物理图像[109]。铜氧偶极子单链和铜氧偶极面的属性是决定超导特性的关键。铜氧面的低配位原子间的键收缩强化了氧的孤对电子的端态极化,从而弱化氧与偶极子之间的相互作用,并降低偶极子的振动频率以及极化载流子的有效质量,从而提高其群速度,利于载流子在铜氧面间超导通道内的输运。电声耦合的本质是原子低配位导致的声子频率降低和电子极化。

图 3.11 所示为 0.5 单层(ML)氧覆盖率下 O-Cu(100)和 O-Rh(100)表面的 STM 图像与键结构。以 Cu(100)-($\sqrt{2} \times 2\sqrt{2}$)R45°-2O^{2-}表面为例,超低能电子衍射(VLEED)和 STM 研究揭示了氧化反应的四步过程[2],即由 O$^-$到 O^{2-}的价态转换实现稳定的孪生 Cu$_3$O$_2$四面体结构单元[2]。一个氧分子首先与一个表面铜原子反应形成两条 Cu^{2+}—O$^-$键;然后 O$^-$再分别与相邻的次层铜原子成 Cu$^+$—O^{2-}键,紧接着进行 sp^{3}电子轨道杂化,产生孤对电子并极化近邻铜原子使其形成 Cu^{p}偶极子;最后,Cu—O 键收缩,O:Cu^{p}非键伸长。这一过程中,两对尾-尾相连的偶极子排斥挤出被近邻原子孤立的铜原子而产生一列空位。表层在 O/Cu 原子数比例为 1/2 时,吸附达到饱和。因此沿表面<11>方向,第一列为 Cu^{2+},第二和第四列为哑铃状、横跨第三列空位的反键偶极子对。O-Cu(100)面包括氧的上下两个子层,表层由 Cu^{2+}、空位和偶极子对间歇构成,底层中 Cu 和 Cu$^+$各占一半。在成键过程中,键长和键角发生弛豫。表层的 Cu^{2+}—O^{2-}键长相对块体的 0.185 nm 收缩12%,为 0.162 nm;氧与次层的 Cu$^+$—O^{2-}键长为 0.176 nm;O^{2-}:Cu^{p}则伸长至 0.194~2.00 nm。此即 HBCP 效应。

对于晶格间距较大的 Rh(100)表面,氧首先与第二层的 Rh 原子成键,然后与顶层的一个 Rh 原子成键。孤对电子间的排斥扭转晶格结构而沿<11>方向形成顺时针和逆时针指向的类菱形宝石链的 Rh(100)-(2×2)p4g-2O^{2-}结构。

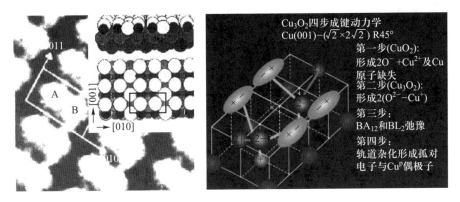

(a) Cu(100)−($\sqrt{2}$×2$\sqrt{2}$)R45°−2O^{2-}(0.5 ML)

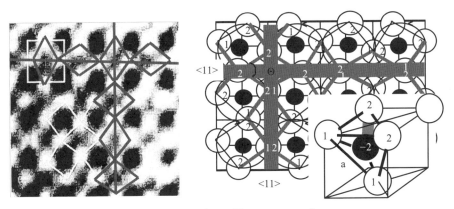

(b) Rh(100)−(2×2)p4g−2O^{2-}或4$\sqrt{2}$(1×1)R45°−16O^{2-} (0.5 ML)

图 3.11 （a）O−Cu(100)表面的 STM 图像[111]及四步成键动力学[112]，（b）O−Rh(100)[113]表面和键序及其重构图形[114]

晶格尺寸和电负性决定 0.5 ML 覆盖率下 M$_2$O 键形成 fcc(100)表面的顺序。亮点对应宿主原子的极化态，暗点对应氧离子。(b)中标记的"1"表示 M$^+$、"2"表示偶极子。Cu 和 Rh 的原子半径与电负性分别为：R_{Cu} = 1.255 Å、R_{Rh} = 1.342 Å；η_{Cu} = 1.9、η_{Rh} = 2.3[2]

热重和 SEM 实验验证了密排金刚石(111)面的优先氧化现象[115]，如图 3.12 所示。金刚石(111)高密度面比(110)低密度面更利于氧化和腐蚀。(111)面的 C$_{3v}$配位环境比(110)面的 C$_{2v}$更有利于氧化四面体成键。金刚石在温度达到 1 100 K 左右时能在真空或氩气环境中发生各向同性石墨化。

图 3.12　金刚石在(a) 1 100 K 的真空石墨化,(b) 750 K 的表面氧化,以及(c)(111)面优先氧化直至彻底消失,而(110)面保持稳定[115]

3.6.1.2　氧原子在固体表面的沉浮

由于氧的孤对电子之间的斥力导致 M_2O 分子在原子尺度的各向异性,氧原子高度活跃,能在氧化过程中根据配位环境和实验条件优化自身键结构。氧原子不停地更换成键对象而在固体表面沉浮,而并非我们直觉想象的在宿主原子间简单扩散。在氧化的金属表面上外延金属后,对样品适当加热,氧原子会浮出外延金属表面,导致金属的功函数随外延薄膜厚度增加而振荡[111]。在氧化和腐蚀过程中,氧原子越过吸附势垒以键交换形式扩散侵入块体中。大面积氧化情形肉眼可见,如金属氧化粉末的剥离(俗称生锈)。

STM 研究结果表明[116,117],在(400±50) K 的温度范围内,初始位于 Ru 表面的氧可迁移至表面形成 O/Cu 表面活性剂。表面覆盖率上升至 0.4 ML 时足以完全覆盖表面;随着覆盖率增至 0.5 ML,预先形成的二维岛状 O/Cu 表面活性剂结构及其密度发生剧烈变化。功函数测量结果示意[118,119],氧原子始终出现在 O-Ru(0001)外延生长的铜薄膜表面。在特定条件下(0.2~0.4 ML、400 K)沉积时,功函数随铜单层外延生长周期振荡。作为 O-Ru(0001)表面铜膜生长的表面活性剂,浮氧会周期性地诱导氧化岛形成。为了降低覆盖率,密集的三角形岛屿部分被 O/Cu 表面活性剂结构覆盖。O-Cu 结构局部有序地排列在扭曲的六边形晶格中,即具有 hcp(0001)或 fcc(111)特征。

一旦氧化结构形成,氧原子便在一定温度下浮出上升至膜的顶部,作为表面活性剂进一步促进膜的生长。二次离子质谱(SIMS)分析法和二次电子发射测量揭示[120],沉积在 O-Ni(100)-c(2×2)表面的 Cu 膜上总是覆盖着一层氧。在温度约 400 K 的外延生长过程中,O-Cu(100)和 O-Cu(111)表面的氧原子浮出表面[121,122]。当 Ni 和 O 共吸附的 W(110)表面退火到 500~1 000 K 时,Ni 和 O 发生偏析,并沿表面法向<111>形成大块 Ni 单晶[123]。可见,在 Cu/O/Ru(0001)、Cu/O/Cu(111)和 Cu/O/Cu(100)外延生长和 O-W(110)表面 Ni 共吸附过程中,加热使氧浮出表面,孤对电子间因热胀排斥驱动氧的键交换。

VLEED 研究结果表明[124],在"暗红色"(约 450 K)温度下退火时,O-Cu(100) 表面出现氧的 sp^3 轨道退杂化,但在延时老化后,sp^3 轨道重新杂化。因此,一定温度下的退火可以调节氧原子的轨道杂化,实现氧化反应的逆转。在 450 K 的临界温度下退火随后常温延时老化,可以逆转氧的轨道杂化方向,实现杂化-退杂化-杂化的循环。

氧化时氧原子形成一个具有两个成键轨道和两个非键孤对占据轨道的准四面体结构单元。孤对电子诱导近邻原子成为偶极子,偶极子倾向于指向表面外侧,实验上表现为功函数的周期性振荡。在热激活状态下,氧可以自我调节。因此,在金属的同质或异质外延生长过程中,偶极子间和孤对电子间的排斥为氧在受热条件下的浮起提供动力[125]。在外界激励或特定条件下,偶极子可能从孤对电子束缚中逃逸,因此作为反应的氧主体不得不重新与其他原子结合以形成稳定的四面体,故发生氧化或生锈。

3.6.2 水合反应:宿主主宰

3.6.2.1 极性溶质的水解

在水解-水合反应过程中,作为宿主的水分子分解块体溶质后,包围并络合带电溶质的基本单元。前者是化学断键过程,而后者是非键形成、键弛豫和极化物理过程。物质水解的溶解度与其极性成正比,中性金属及金刚石很难被水溶解,但容易被氧化。水合反应的关键问题之一是溶质的离子键或分子间的非键是如何被水溶剂断裂的。水溶剂偶极分子是如何侵入晶体,削弱阴、阳离子之间的相互作用,或如何使分子通过断键剥离于母体溶质的?

知悉氧化反应过程和驱动力或有助于理解极性溶质的水解过程。水是最简单的氧化物和极性分子晶体溶剂,是典型的强关联体系。偶极 H_2O 分子通过它的孤对电子 $Y^+ : O^{2-}$ 或质子 $X^- \cdot H^+$ 与溶质的离子相互吸引,激活并裂解离子键,使溶质晶体水解为最小的孤立电荷载体。偶极 H_2O 分子朝向溶质离子聚集并被极化,极化的偶极水分子反过来屏蔽离子的局域电场。除 O:H、H↔H、O:⇔:O 和极化外,溶质与溶剂间不会形成任何形式的常规化学键,也没有电荷转移和交换,只有极化、排斥和吸引。

北京大学江颖等结合 STM 与非接触式原子力显微镜(AFM)在 5 K 温度下,在 NaCl(001) 表面上探测了 $Na^+ \cdot nH_2O(n=1\sim5)$ 的输运行为[126]。用吸附有 Cl^- 的 STM 针尖拉动水合物,发现 $Na^+ \cdot 3H_2O$ 的迁移速率比其他构型快几个数量级,如图 3.13 所示。STM 尖端的 Cl^- 与 Na^+ 的吸引以及施加的外力提供了克服水合物与基板之间作用的动力。DFT 计算表明,如此高的迁移率源于一种特殊的亚稳态,即 Na^+ 周围的 3 个水分子可以以极低的势垒集体旋转。经典 MD 模拟还发现,这种情况在室温下也能发生。这些结果皆证明,离子的水合反应可以在极低的温度下发生。

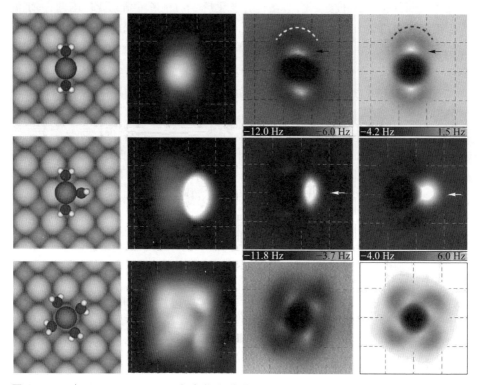

图 3.13　$Na^+ \cdot nH_2O\,(n=1\sim5)$ 水合物在修饰有 Cl^- 的 STM 尖端的偏压作用下的输运行为[126]

$n=3$ 时,水合物更易输运。图中从左至右各列分别为结构图、STM 图、AFM 图和 AFM 模拟结果

3.6.2.2　盐溶液的有序晶格结构

　　假设水溶剂和溶质都遵循它们各自的晶格几何结构,如图 3.14 所示,溶质离子携同各自的水合单胞按各自原有的几何结构分布于溶剂的网络晶格中形成子晶格,溶液即可视为由溶质和溶剂的子晶格套构而成。水合胞的间距取决于溶质的浓度。水合胞内偶极水分子遵循水的晶体结构的同时也会受到离子电场的扰动而发生局部扭曲。胞内氢键因电场极化发生弛豫。随着溶质浓度的增加,离子间的距离减小。

　　简单起见,可以用 $2H_2O$ 的四配位单胞结构类比 $2CaCl_2$ 的晶格结构。以 Cl^- 取代 H^+,O^{2-} 取代 Ca^+,实现双晶格套构。在溶质浓度相同时,$CaCl_2$ 溶液中 Cl^- 的浓度是 NaCl 溶液中的 2 倍。在摩尔浓度相同时,$CaCl_2$ 溶液中 Cl^- 的浓度和 Ca^{2+}

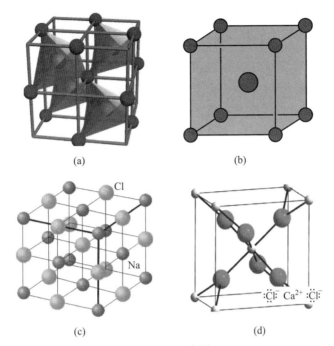

图 3.14 液态水和典型 YX、YX$_2$ 型晶胞结构[127]：（a） H$_2$O、（b） CsCl、（c） NaCl 和（d） CaCl$_2$

（a）中含有 8 个 H$_2$O 和 16 个 O：H—O 键，晶胞晶格常数为 $a = b = 5.725$ Å。这种几何形状与水的质量密度、水分子大小、水分子间距相关[27]

的电量分别是 NaCl 溶液中 Cl$^-$ 的浓度和 Na$^+$ 的电量的 2 倍。所以，CaCl$_2$ 溶液中二价离子水合胞中水分子数目和极化程度及 Cl$^-$ 离子间的排斥等，都与一价 NaCl 溶液和 CsCl 溶液的截然不同。高价阳离子和高密度阴离子之间的相互吸引不可忽略。

3.6.2.3 溶质-溶质间的相互作用

Verlet 等曾证明自由电子可以作为局部能量和环境的探针，注入溶剂中不会影响溶剂的宏观结构[128-133]。与一价离子一样，电子占据水的四面体空位形成（e·4H$_2$O：6H$_2$O）水合单胞。超快紫外光电子谱在不同大小水滴内不同位置的水合电子的束缚能和电子寿命监测结果揭示：在表面和体内，水合电子的束缚能分别为 1.2 eV 和 2.4 eV，且随液滴尺寸逐步减小直至（e·4H$_2$O）时的 0.4 eV，而电子寿命随水分子配位数的减少明显降低；相比之下，H—O 声子的频率和寿命随分子配位数减少而增加。这与 HBCP 理论的预期结果相一致。

酸碱溶液中弥散注入于水体的 X$^-$ 和 Y$^+$ 离子，其点极化作用与它们在盐溶液中的作用效果相同。此外,HX 酸水合反应时,质子取代了一个水分子上的孤对电子;YOH 碱水合反应时,则是孤对电子取代质子,两者分别形成 H↔H 反氢键和 O∶⇔∶O 超氢键。在 HF 酸和 YF 盐的溶液中,离子易形成 CIP 偶极子。F 基 CIP 离子对外层被三对孤对电子和一个并不外露的质子或离子包裹,形成类 HO⁻ 基元。F∶⇔∶O 超氢键排斥和极化作用的竞争主导溶液的行为。其他盐溶液中的溶质易形成 SIP 离子,分散到溶剂基质中,通过极化作用调制氢键网络。

溶质-溶质间的相互作用受溶质浓度、离子大小、电荷量和偶极水分子对水合胞屏蔽程度的影响。对于一价碱金属阳离子 Y^+,其电场可以被其水合胞内的偶极水分子完全屏蔽,因此阳离子不与任何其他离子相互作用;而对于尺寸较大的卤素 X^- 离子,水合胞中高度有序的偶极水分子数量不足以完全屏蔽离子的电场,因此在低价盐溶液中只存在 $X^-↔X^-$ 阴离子间的排斥作用,且这种排斥随溶液浓度增大而增强。可见,低价阳离子的作用程要短于阴离子的。对于二价 YX_2 盐溶液,X^- 数量和 Y^{2+} 电荷量翻倍,$Y^{2+}-X^-$ 离子吸引和 $X^-↔X^-$ 排斥共存。而在大分子的水合反应中,溶质粒子通过质子和孤对电子与溶剂水分子发生作用,且由于空间位置的失配,水合胞内溶质和溶剂分子间会有局部扭曲变形。表 3.6 对氧化和水合作用进行了对比。

表 3.6　氧化和水合作用比较

	氧化(化学过程)[9,10]	水合(物理过程)[48,134]
客体	氧原子	溶质电子,质子,孤对电子,离子或极性可溶晶体
主体	固态物质	O∶H—O 氢键
属性	客体诱导主体响应(水解反之)	
动力学	四步成键,轨道杂化,电子极化,四价态密度	客体分解离散,主体弛豫极化
能量学	成键,非键孤对,反键偶极子,电子-空穴	极化屏蔽,O∶H 非键,反氢键,超氢键,溶质-溶质相互作用
主要特征	重构,弛豫,功函数,属性调制	应力,黏度,电导率,电介质,水合胞分辨键弛豫,超固态,氢键网络和性能
检测方法	空间和时间分辨的电子与声子光谱;STM/S、ZPS[135,136]、DPS[137] 等	

注:氧化和水合反应都会受原子/分子低配位影响,迫使成键缩短、非键伸长。孤对电子和耦合氢键对氧化和水合作用都具有重要意义。

3.6.3　盐溶液蒸发与凝固:咖啡环效应

超固态低配位水分子具有较强的极性,对可溶性物质具有超强的溶解力。图 3.15 展示了沉积在 NaCl 基底上的水滴蒸发后所形成的环形图案,即咖啡环效应[138]。它是由液滴内部向外流动造成的,以补偿因周边蒸发速率较高而导致的液体损失[139,140]。液滴蒸发时沿边缘三相线留下沉积物,这一过程分为四个阶段:① 液滴沉积后形成位置固定的三相线,基底开始溶解并在锚定的三相线上逐渐沉积;② 蒸发时,三相线离开液滴的初始周边并保持附着在不断增长的沉积物边缘;③ 蒸发即将结束时,液体蒸发逐渐在顶部形成凹陷,液滴中心面触及底下盐基质,新的内部三重线向外扩展直至边缘沉积物;④ 最后,剩余液体在空心壳内逐渐减少而形成咖啡环。

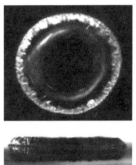

图 3.15　水滴在 NaCl 晶体基质上蒸发时形成开口壳层的 SEM 图以及分别在蒸发 33 s 和 55 s 后水滴的俯视图与侧视图[1]

Mailleur 等认为可从四个基本要素考虑咖啡环效应[138]:① 液-气界面的蒸发、② 固-液界面的溶解、③ 液体内的扩散和对流以及 ④ 水滴边缘的沉淀。水的蒸发和盐的相分离同时发生。作为悬浮胶体,盐离子从液滴内向外扩散表明蒸发伴随相析出时部分溶液流向三相线。这种非平衡形态取决于接触角以及液滴的半径与液滴壳厚的比率。在边缘,水的蒸发和盐的沉淀同时发生。盐从液滴向外沉积转移的情况表明,锚定三相线处蒸发通量的偏差引起朝外的毛细管流动。故此,液滴润湿、基底溶解和生长之间的相互作用导致了意想不到的表面形态。Mailleur 等还通过假设液滴边缘具有较大的蒸发通量来进行模拟,确认这种蒸发的不均匀性驱动向外的径向流动,导致三相线区域过饱和,从而促进壳层的生长。这种外围沉积物具有独特的形态,一般为开放或封闭的空心壳,与在惰性基质[141,142]上蒸发咸水沉积物或在水溶性固体上蒸发纯水的情况形成鲜明对比[143,144]。

除了水蒸发、溶解、对流、扩散和沉淀这些同步动力学行为外,边缘低配位的 O:H—O 氢键也可增强溶液的溶解性、蒸发性和极化性,这或许是产生沉积物的重要因素之一。分子低配位拉长 O:H 非键,缩短 H—O 共价键,增强了分子的极性,而水分子的极性是其溶解能力的重要指标。另外,低配位的 O:H—O 氢键更易蒸发,因为此时表皮的 O:H 非键能量很低,仅约 0.1 eV 甚至更低。

3.7　小结

理解水合反应动力学的前提是要透彻理解水的结构和耦合氢键对溶质电场的响应。水溶剂是高度有序的强涨落单晶。水合反应可视为将一个溶质分子从其晶态极性母体被偶极水分子围攻割裂后注入氢键网络。水合反应的电荷注入机制可以归结为三维 $(e;\pm;H_3O^+;HO^-)\cdot 4H_2O:6H_2O$ 结构单元。有机和复合溶质以自身偶极子和附着的质子、孤对电子与溶剂分子相互作用。溶质电荷载体与氢键网络通过电子、质子、孤对电子、偶极子的形式与溶剂分子相互作用并以各自的方式调节溶液性质。溶质通过 O:H 非键、O:⇔:O 超氢键、H↔H 反氢键和屏蔽极化与近邻偶极水分子作用形成水合单胞。O:⇔:O 和 H↔H 排斥必须与 O:H—O 氢键的拉伸张力共存以稳定分子结构。

O:⇔:O 具有与机械压力相同的效果,使 O:H 非键缩短而使 H—O 键伸长,溶质的 HO⁻ 则因键序缺失而使自身的 H—O 键自发收缩。H↔H 反氢键与加热效果相同,它们破坏溶液的氢键网络并降低表面应力。Y⁺ 和 X⁻ 极化具有与分子低配位相同的效果,可使水合胞内 H—O 缩短、O:H 伸长。水合胞中偶极水分子的屏蔽作用和低价阴离子间的电荷排斥会削弱水合胞中的电场。对于复杂的分子溶质,各向异性和短程诱导决定了溶剂 O:H—O 键的弛豫和溶液物性。所以,水合反应是伴随有氢键弛豫和电子极化的物理过程,而非化学成键-断键的化学过程。

键的形成和收缩过程吸收能量,键的断裂和伸长释放能量。溶剂声子频率的偏移对应于准固态相边界的扩展,同步改变溶液的冰点 T_N 和熔点 T_m。溶质造成的极化可以改变 H—O 声子的丰度、刚度和寿命以及溶液的表面应力与黏度。

参 考 文 献

[1] Sun C. Q. Relaxation of the Chemical Bond. Heidelberg:Springer-Verlag,2014.

[2] Sun C. Q. Oxidation electronics:Bond-band-barrier correlation and its applications. Progress in Materials Science,2003,48(6):521−685.

［3］ Zheng W. T., Sun C. Q. Electronic process of nitriding：Mechanism and applications. Progress in Solid State Chemistry, 2006, 34(1):1-20.

［4］ Orgel L. The hydrogen bond. Reviews of Modern Physics, 1959, 31(1):100-102.

［5］ Kollman P. A., Allen L. C. Theory of the hydrogen bond. Chemical Reviews, 1972, 72(3): 283-303.

［6］ Zhang Z., Li D., Jiang W., et al. The electron density delocalization of hydrogen bond systems. Advances in Physics：X, 2018, 3(1):1428915.

［7］ Banerjee P., Chakraborty T. Weak hydrogen bonds：Insights from vibrational spectroscopic studies. International Reviews in Physical Chemistry, 2018, 37(1): 83-123.

［8］ Pauling L. The structure and entropy of ice and of other crystals with some randomness of atomic arrangement. Journal of the American Chemical Society, 1935, 57:2680-2684.

［9］ Bernal J. D., Fowler R. H. A theory of water and ionic solution, with particular reference to hydrogen and hydroxyl ions. Journal of Chemical Physics, 1933, 1(8):515-548.

［10］ Van der Lubbe S. C., Fonseca Guerra C. The nature of hydrogen bonds：A delineation of the role of different energy components on hydrogen bond strengths and lengths. Chemistry, 2019, 14(16):2760-2769.

［11］ Arunan E., Desiraju G. R., Klein R. A., et al. Defining the hydrogen bond：An account (IUPAC Technical Report). Pure and Applied Chemistry, 2011, 83(8):1619-1636.

［12］ Sun C. Q., Huang Y., Zhang X., et al. The physics behind water irregularity. Physics Reports, 2023, 998:1-68.

［13］ Nihonyanagi S., Yamaguchi S., Tahara T. Ultrafast dynamics at water interfaces studied by vibrational sum frequency generation spectroscopy. Chemical Reviews, 2017, 117(16): 10665-10693.

［14］ Johnson C. M., Baldelli S. Vibrational sum frequency spectroscopy studies of the influence of solutes and phospholipids at vapor/water interfaces relevant to biological and environmental systems. Chemical Reviews, 2014, 114(17):8416-8446.

［15］ De Grotthuss C. J. T. Sur la décomposition de l'eau et des corps qu'elle tient en dissolution à l'aide de l'électricité galvanique. Annali di Chimica, 1806, 58:54-73.

［16］ Hassanali A., Giberti F., Cuny J., et al. Proton transfer through the water gossamer. Proceedings of the National Academy of Sciences of the United States of America, 2013, 110(34):13723-13728.

［17］ Schuster P., Zundel G, Sandorfy C. The Hydrogen Bond. Recent Developments in Theory and Experiments. Amsterdam：North-Holland Publishing Co., 1976.

［18］ Fournier J. A., Carpenter W. B., Lewis N. H. C., et al. Broadband 2D IR spectroscopy reveals dominant asymmetric $H_5O_2^+$ proton hydration structures in acid solutions. Nature Chemistry, 2018, 10:932-937.

［19］ Eigen M. Proton transfer, acid-base catalysis, and enzymatic hydrolysis. Part I：Elementary processes. Angewandte Chemie,1964,3(1):1-19.

[20] Sun C. Q.,Sun Y. The Attribute of Water:Single Notion,Multiple Myths. Singapore: Springer Nature Singapore,2016.

[21] Qi R.,Wang Q.,Ren P. General van der Waals potential for common organic molecules. Bioorganic & Medicinal Chemistry,2016,24(20):4911-4919.

[22] Atkins P. W. Physical Chemistry. Oxford:Oxford University Press,1990.

[23] Vega C.,Abascal J. L. F.,Conde M. M.,et al. What ice can teach us about water interactions:A critical comparison of the performance of different water models. Faraday Discussions,2009,141:251-276.

[24] Molinero V.,Moore E. B. Water modeled as an intermediate element between carbon and silicon. Journal of Physical Chemistry B,2009,113(13):4008-4016.

[25] Kiss P. T.,Baranyai A. Density maximum and polarizable models of water. Journal of Chemical Physics,2012,137(8):084506.

[26] Alejandre J.,Chapela G. A.,Saint-Martin H.,et al. A non-polarizable model of water that yields the dielectric constant and the density anomalies of the liquid:TIP4Q. Physical Chemistry Chemical Physics,2011,13:19728-19740.

[27] Huang Y.,Zhang X.,Ma Z.,et al. Size,separation,structure order,and mass density of molecules packing in water and ice. Scientific Reports,2013,3:3005.

[28] Lane J. R. CCSDTQ optimized geometry of water dimer. Journal of Chemical Theory and Computation,2013,9(1):316-323.

[29] Huang Y. L.,Zhang X.,Ma Z. S.,et al. Hydrogen-bond relaxation dynamics:Resolving mysteries of water ice. Coordination Chemistry Reviews,2015,285:109-165.

[30] Zhang X.,Zhou Y.,Gong Y.,et al. Resolving H(Cl,Br,I) capabilities of transforming solution hydrogen-bond and surface-stress. Chemical Physics Letters,2017,678:233-240.

[31] Zeng Q.,Yan T.,Wang K.,et al. Compression icing of room-temperature NaX solutions (X=F,Cl,Br,I). Physical Chemistry Chemical Physics,2016,18(20):14046-14054.

[32] Sun C. Q. Dominance of broken bonds and nonbonding electrons at the nanoscale. Nanoscale,2010,2(10):1930-1961.

[33] Street R. A. Hydrogenated Amorphous Silicon. Cambridge:Cambridge University Press,1991.

[34] Huang Y.,Zhang X.,Ma Z.,et al. Hydrogen-bond asymmetric local potentials in compressed ice. Journal of Physical Chemistry B,2013,117(43):13639-13645.

[35] Zhang X.,Sun P.,Huang Y.,et al. Water's phase diagram:From the notion of thermodynamics to hydrogen-bond cooperativity. Progress in Solid State Chemistry,2015, 43:71-81.

[36] Harich S. A.,Yang X.,Hwang D. W.,et al. Photodissociation of D_2O at 121.6 nm:A state-to-state dynamical picture. Journal of Chemical Physics, 2001, 114(18): 7830-7837.

[37] Sun C. Q., Zhang X., Zheng W. T. Hidden force opposing ice compression. Chemical Science, 2012, 3:1455−1460.

[38] Yoshimura Y., Stewart S. T., Somayazulu M., et al. Convergent raman features in high density amorphous ice, ice Ⅶ, and ice Ⅷ under pressure. Journal of Physical Chemistry B, 2011, 115(14):3756−3760.

[39] Sun C. Q., Zhang X., Zhou J., et al. Density, elasticity, and stability anomalies of water molecules with fewer than four neighbors. Journal of Physical Chemistry Letters, 2013, 4(15):2565−2570.

[40] Wilson K. R., Schaller R. D., Co D. T., et al. Surface relaxation in liquid water and methanol studied by X-ray absorption spectroscopy. Journal of Chemical Physics, 2002, 117(16):7738−7744.

[41] Mallamace F., Branca C., Broccio M., et al. The anomalous behavior of the density of water in the range 30 K < T < 373 K. Proceedings of the National Academy of Sciences of the United States of America, 2007, 104(47):18387−18391.

[42] Peng Y., Yang Y., Sun Y., et al. Phonon abundance-stiffness-lifetime transition from the mode of heavy water to its confinement and hydration. Journal of Molecluar Liquids, 2019, 276:688−693.

[43] Sun C. Q., Zhang X., Fu X., et al. Density and phonon-stiffness anomalies of water and ice in the full temperature range. Journal of Physical Chemistry Letters, 2013, 4:3238−3244.

[44] Fang H., Liu X., Sun C. Q., et al. Phonon spectrometric evaluation of the solute-solvent interface in solutions of glycine and its N-methylated derivatives. Journal of Physical Chemistry B, 2018, 122(29): 7403−7408.

[45] Day J., Beamish J. Low-temperature shear modulus changes in solid ⁴He and connection to supersolidity. Nature, 2007, 450(7171):853−856.

[46] Sun C. Q. Size dependence of nanostructures: Impact of bond order deficiency. Progress in Solid State Chemistry, 2007, 35(1):1−159.

[47] Sun C. Q. Water electrification: Principles and applications. Advances in Colloid and Interface Science, 2020, 282:102188.

[48] Sun C. Q. Aqueous charge injection: Solvation bonding dynamics, molecular nonbond interactions, and extraordinary solute capabilities. International Reviews in Physical Chemistry, 2018, 37(3−4):363−558.

[49] Zhang X., Huang Y., Ma Z., et al. A common supersolid skin covering both water and ice. Physical Chemistry Chemical Physics, 2014, 16(42):22987−22994.

[50] Zhang X., Huang Y., Sun P., et al. Ice regelation: Hydrogen-bond extraordinary recoverability and water quasisolid-phase-boundary dispersivity. Scientific Reports, 2015, 5:13655.

[51] Zhang X., Huang Y., Ma Z., et al. Hydrogen-bond memory and water-skin supersolidity resolving the Mpemba paradox. Physical Chemistry Chemical Physics, 2014, 16(42):

22995-23002.

[52] Kahan T. F., Reid J. P., Donaldson D. J. Spectroscopic probes of the quasi-liquid layer on ice. Journal of Physical Chemistry A, 2007, 111(43):11006-11012.

[53] Shen Y. R., Ostroverkhov V. Sum-frequency vibrational spectroscopy on water interfaces: Polar orientation of water molecules at interfaces. Chemical Reviews, 2006, 106(4): 1140-1154.

[54] Bergmann U., Di Cicco A., Wernet P., et al. Nearest-neighbor oxygen distances in liquid water and ice observed by X-ray Raman based extended X-ray absorption fine structure. Journal of Chemical Physics, 2007, 127(17):174504.

[55] Mallamace F., Broccio M., Corsaro C., et al. Evidence of the existence of the low-density liquid phase in supercooled, confined water. Proceedings of the National Academy of Sciences of the United States of America, 2007, 104(2):424-428.

[56] Yoshimura Y., Stewart S. T., Somayazulu M., et al. High-pressure X-ray diffraction and Raman spectroscopy of ice VIII. Journal of Chemical Physics, 2006, 124(2):024502.

[57] Erko M., Wallacher D., Hoell A., et al. Density minimum of confined water at low temperatures: A combined study by small-angle scattering of X-rays and neutrons. Physical Chemistry Chemical Physics, 2012, 14(11):3852-3858.

[58] Liu K., Cruzan J. D., Saykally R. J. Water clusters. Science, 1996, 271(5251):929-933.

[59] Wilson K. R., Rude B. S., Catalano T., et al. X-ray spectroscopy of liquid water microjets. Journal of Physical Chemistry B, 2001, 105(17):3346-3349.

[60] Narten A., Thiessen W., Blum L. Atom pair distribution functions of liquid water at 25 ℃ from neutron diffraction. Science, 1982, 217(4564):1033-1034.

[61] Fu L., Bienenstock A., Brennan S. X-ray study of the structure of liquid water. Journal of Chemical Physics, 2009, 131(23):234702.

[62] Kuo J. L., Klein M. L., Kuhs W. F. The effect of proton disorder on the structure of ice-Ih: A theoretical study. Journal of Chemical Physics, 2005, 123(13):134505.

[63] Soper A. Joint structure refinement of X-ray and neutron diffraction data on disordered materials: Application to liquid water. Journal of Physics: Condensed Matter, 2007, 19(33):335206.

[64] Skinner L. B., Huang C., Schlesinger D., et al. Benchmark oxygen-oxygen pair-distribution function of ambient water from X-ray diffraction measurements with a wide Q-range. Journal of Chemical Physics, 2013, 138(7):074506.

[65] Wikfeldt K. T., Leetmaa M., Mace A., et al. Oxygen-oxygen correlations in liquid water: Addressing the discrepancy between diffraction and extended X-ray absorption fine-structure using a novel multiple-data set fitting technique. Journal of Chemical Physics, 2010, 132(10):104513.

[66] Gu M. X., Sun C. Q., Chen Z., et al. Size, temperature, and bond nature dependence of elasticity and its derivatives on extensibility, Debye temperature, and heat capacity of

nanostructures. Physical Review B,2007,75(12):125403.

[67] Perakis F.,Amann Winkel K.,Lehmkühler F.,et al. Diffusive dynamics during the high-to-low density transition in amorphous ice. Proceedings of the National Academy of Sciences of the United States of America,2017,114(31):8193–8198.

[68] Sellberg J. A.,Huang C.,McQueen T. A.,et al. Ultrafast X-ray probing of water structure below the homogeneous ice nucleation temperature. Nature,2014,510(7505):381–384.

[69] Wang B.,Jiang W.,Gao Y.,et al. Energetics competition in centrally four-coordinated water clusters and Raman spectroscopic signature for hydrogen bonding. RSC Advances,2017,7(19):11680–11683.

[70] Shi Y.,Zhang Z.,Jiang W.,et al. Theoretical study on electronic and vibrational properties of hydrogen bonds in glycine-water clusters. Chemical Physics Letters,2017,684:53–59.

[71] Sun J.,Niehues G.,Forbert H.,et al. Understanding THz spectra of aqueous solutions:Glycine in light and heavy water. Journal of the American Chemical Society,2014,136(13):5031–5038.

[72] Tielrooij K.,Van Der Post S.,Hunger J.,et al. Anisotropic water reorientation around ions. Journal of Physical Chemistry B,2011,115(43):12638–12647.

[73] Zhou Y.,Yuan Zhong,Liu X.,et al. NaX solvation bonding dynamics:Hydrogen bond and surface stress transition (X = HSO$_4$, NO$_3$, ClO$_4$, SCN). Journal of Molecluar Liquids,2017,248:432–438.

[74] Zhou Y.,Gong Y.,Huang Y.,et al. Fraction and stiffness transition from the H—O vibrational mode of ordinary water to the HI,NaI,and NaOH hydration states. Journal of Molecluar Liquids,2017,244:415–421.

[75] Zhang X.,Xu Y.,Zhou Y.,et al. HCl, KCl and KOH solvation resolved solute-solvent interactions and solution surface stress. Applied Surface Science,2017,422:475–481.

[76] Marx D.,Tuckerman M. E.,Hutter J.,et al. The nature of the hydrated excess proton in water. Nature,1999,397(6720):601–604.

[77] Harich S. A.,Hwang D. W. H.,Yang X.,et al. Photodissociation of H$_2$O at 121. 6 nm:A state-to-state dynamical picture. Journal of Chemical Physics, 2000, 113 (22):10073–10090.

[78] Cotterill P. The hydrogen embrittlement of metals. Progress in Materials Science,1961,9(4):205–301.

[79] Fu Y. Q.,Yan B.,Loh N. L.,et al. Hydrogen embrittlement of titanium during microwave plasma assisted CVD diamond deposition. Surface Engineering,2000,16(4):349–354.

[80] Huang S.,Chen D.,Song J.,et al. Hydrogen embrittlement of grain boundaries in nickel:An atomistic study. NPJ Computational Materials,2017(1):219–226.

[81] Hollas D.,Svoboda O.,Slavíček P. Fragmentation of HCl-water clusters upon ionization:Non-adiabatic ab initio dynamics study. Chemical Physics Letters,2015,622:80–85.

［82］ Gong Y., Zhou Y., Wu H., et al. Raman spectroscopy of alkali halide hydration: Hydrogen bond relaxation and polarization. Journal of Raman Spectroscopy, 2016, 47 (11): 1351−1359.

［83］ Chen J., Yao C., Liu X., et al. H_2O_2 and HO^- solvation dynamics: Solute capabilities and solute-solvent molecular interactions. ChemistrySelect, 2017, 2(27): 8517−8523.

［84］ Wang Y., Liu H., Lv J., et al. High pressure partially ionic phase of water ice. Nature Communications, 2011, 2: 563.

［85］ Rahimpour M. R., Dehnavi M. R., Allahgholipour F., et al. Assessment and comparison of different catalytic coupling exothermic and endothermic reactions: A review. Applied Energy, 2012, 99: 496−512.

［86］ Ramaswamy R. C., Ramachandran P. A., Duduković M. P. Coupling exothermic and endothermic reactions in adiabatic reactors. Chemical Engineering Science, 2008, 63(6): 1654−1667.

［87］ Shahrin N. Solubility and dissolution of drug product: A review. International Journal of Pharmaceutical & Life Sciences, 2013, 2(1): 33−41.

［88］ Haldrup K., Gawelda W., Abela R., et al. Observing solvation dynamics with simultaneous femtosecond X-ray emission spectroscopy and X-ray scattering. Journal of Physical Chemistry B, 2016, 120(6): 1158−1168.

［89］ Shen Y. J., Wei X., Wang Y., et al. Energy absorbancy and freezing-temperature tunability of NaCl solutions during ice formation. Journal of Molecluar Liquids, 2021, 344: 117928.

［90］ Rosenholm J. B. Critical evaluation of dipolar, acid-base and charge interactions I. Electron displacement within and between molecules, liquids and semiconductors. Advances in Colloid and Interface Science, 2017, 247: 264−304.

［91］ Konicek J, I. W. Thermochemical properties of some carboxylic acids, amines and N-substituted amides in aqueous solution. Acta Chemica Scandinavica, 1971, 25(5): 1461−1551.

［92］ Ratkova E. L., Palmer D. S., Fedorov M. V. Solvation thermodynamics of organic molecules by the molecular integral equation theory: Approaching chemical accuracy. Chemical Reviews, 2015, 115(13): 6312−6356.

［93］ Graziano G. Hydration thermodynamics of aliphatic alcohols. Physical Chemistry Chemical Physics, 1999, 1(15): 3567−3576.

［94］ Ricks A. M., Brathwaite A. D., Duncan M. A. IR spectroscopy of gas phase $V(CO_2)_n^+$ clusters: Solvation-induced electron transfer and activation of CO_2. Journal of Physical Chemistry A, 2013, 117(45): 11490−11498.

［95］ Wohlgemuth M., Miyazaki M., Weiler M., et al. Solvation dynamics of a single water molecule probed by infrared spectra-theory meets experiment. Angewandte Chemie, 2014, 53(52): 14601−14604.

［96］ Velezvega C., Mckay D. J., Kurtzman T., et al. Estimation of solvation entropy and enthalpy via analysis of water oxygen-hydrogen correlations. Journal of Chemical Theory & Computation,2015,11(11):5090.

[97] Zaichikov A. M., Krest'yaninov M. A. Structural and thermodynamic properties and intermolecular interactions in aqueous and acetonitrile solutions of aprotic amides. Journal of Structural Chemistry,2013,54(2):336-344.

[98] Magno A.,Gallo P. Understanding the mechanisms of bioprotection:A comparative study of aqueous solutions of trehalose and maltose upon supercooling. Journal of Physical Chemistry Letters,2011,2(9):977-982.

[99] Liu K., Wang C., Ma J., et al. Janus effect of antifreeze proteins on ice nucleation. Proceedings of the National Academy of Sciences of the United States of America,2016, 113(51):14739-14744.

[100] Zhang X., Sun P., Huang Y., et al. Water nanodroplet thermodynamics:Quasi-solid phase-boundary dispersivity. Journal of Physical Chemistry B, 2015, 119 (16): 5265-5269.

[101] Gao S., Huang Y., Zhang X., et al. Unexpected solute occupancy and anisotropic polarizability in Lewis basic solutions. Journal of Physical Chemistry B,2019,123(40): 8512-8518.

[102] Goldschmidt V. M. Crystal structure and chemical correlation. Berichte Der Deutschen Chemischen Gesellschaft, 1927,60:1263-1296.

[103] Bartolotti L. J., Rai D., Kulkarni A. D., et al. Water clusters (H_2O)$_n$ [$n = 9 - 20$] in external electric fields:Exotic OH stretching frequencies near breakdown. Computational and Theoretical Chemistry,2014,1044:66-73.

[104] Zhou Y., Huang Y., Ma Z., et al. Water molecular structure-order in the NaX hydration shells (X = F, Cl, Br, I). Journal of Molecluar Liquids,2016,221:788-797.

[105] Druchok M., Holovko M. Structural changes in water exposed to electric fields:A molecular dynamics study. Journal of Molecluar Liquids,2015,212:969-975.

[106] Zhang X., Yan T., Huang Y., et al. Mediating relaxation and polarization of hydrogen-bonds in water by NaCl salting and heating. Physical Chemistry Chemical Physics, 2014,16(45):24666-24671.

[107] Omta A. W., Kropman M. F., Woutersen S., et al. Negligible effect of ions on the hydrogen-bond structure in liquid water. Science,2003,301(5631):347-349.

[108] Tielrooij K., Garcia Araez N., Bonn M., et al. Cooperativity in ion hydration. Science, 2010,328(5981):1006-1009.

[109] 孙长庆. 旨在揭示物质与生命奥秘的计量谱学工程. 科学通报,2019,64(26): 2667-2672.

[110] Chua F. M., Kuk Y., Silverman P. J. Oxygen-chemisorption on Cu(110):An atomic view by scanning tunneling microscopy. Physical Review Letters,1989,63(4):386-389.

[111] Jensen F., Besenbacher F., Laegsgaard E., et al. Dynamics of oxygen-induced

reconstruction of Cu(100) studied by scanning tunneling microscopy. Physical Review B,1990,42(14):9206-9209.

[112] Sun C. Q. O-Cu(001): Ⅱ. VLEED quantification of the four-stage Cu$_3$O$_2$ bonding kinetics. Surface Review and Letters,2001,8(6):703-734.

[113] Mercer J. R.,Finetti P.,Leibsle F. M.,et al. STM and SPA-LEED studies of O-induced structures on Rh(100) surfaces. Surface Science,1996,352,:173-178.

[114] Sun C. Q. Electronic process of Cu(Ag,V,Rh)(001) surface oxidation:Atomic valence evolution and bonding kinetics. Applied Surface Science,2005,246(1-3):6-13.

[115] Chang Q. S.,Xie H.,Zhang W.,et al. Preferential oxidation of diamond {111}. Journal of Physics D:Applied Physics,2000,33(17):2196.

[116] Wolter H.,Meinel K.,Ammer C.,et al. O-mediated layer growth of Cu on Ru(0001). Journal of Physics:Condensed Matter,1999,11(1):19.

[117] Meinel K.,Ammer C.,Mitte M.,et al. Effects and structures of the O/Cu surfactant layer in O-mediated film growth of Cu on Ru(0001). Progress in Surface Science,2001,67 (1-8):183-203.

[118] Schmidt M.,Wolter H.,Schick M.,et al. Compression phases in copper/oxygen coadsorption layers on a Ru(0001) surface. Surface Science,1993,287:983-987.

[119] Schmidt M.,Wolter H.,Wandelt K. Work-function oscillations during the surfactant induced layer-by-layer growth of copper on oxygen precovered Ru(0001). Surface Science,1994,307:507-513.

[120] Karolewski M. Determination of growth modes of Cu on O/Ni(100) and NiO(100) surfaces by SIMS and secondary electron emission measurements. Surface Science, 2002,517(1-3):138-150.

[121] Wulfhekel W.,Lipkin N. N.,Kliewer J.,et al. Conventional and manipulated growth of Cu/Cu(111). Surface Science,1996,348(3):227-242.

[122] Yata M.,Rouch H.,Nakamura K. Kinetics of oxygen surfactant in Cu(001) homoepitaxial growth. Physical Review B,1997,56(16):10579.

[123] Whitten J.,Gomer R. Reactivity of Ni on oxygen-covered W(110) surfaces. Journal of Vacuum Science & Technology A:Vacuum, Surfaces, and Films, 1995, 13 (5): 2540-2546.

[124] Sun C. Time-resolved VLEED from the O-Cu(001):Atomic processes of oxidation. Vacuum,1997,48(6):525-530.

[125] Frenken J. W.,Van der Veen J.,Allan G. Relation between surface relaxation and surface force constants in clean and oxygen-covered Ni(001). Physical Review Letters, 1983,51(20):1876.

[126] Peng J.,Cao D.,He Z.,et al. The effect of hydration number on the interfacial transport of sodium ions. Nature,2018,557:701-705.

[127] Omar M. A. Elementary Solid State Physics:Principles and Applications. New York:

Addison-Wesley,1993.

[128] Bragg A.,Verlet J.,Kammrath A.,et al. Hydrated electron dynamics：From clusters to bulk. Science,2004,306(5696):669-671.

[129] Bragg A. E.,Verlet J. R. R.,Kammrath A.,et al. Electronic relaxation dynamics of water cluster anions. Journal of the American Chemical Society, 2005, 127 (43): 15283-15295.

[130] Kammrath A.,Verlet J. R.,Bragg A. E.,et al. Dynamics of charge-transfer-to-solvent precursor states in I^-(water)$_n$ ($n = 3 - 10$) clusters studied with photoelectron imaging. Journal of Physical Chemistry A,2005,109(50):11475-11483.

[131] Kammrath A.,Griffin G.,Neumark D.,et al. Photoelectron spectroscopy of large(water)$_n^-$ ($n = 50 - 200$) clusters at 4. 7 eV. Journal of Chemical Physics,2006,125(7):076101.

[132] Sagar D.,Bain C. D.,Verlet J. R. Hydrated electrons at the water/air interface. Journal of the American Chemical Society,2010,132(20):6917-6919.

[133] Verlet J.,Bragg A.,Kammrath A.,et al. Observation of large water-cluster anions with surface-bound excess electrons. Science,2005,307(5706):93-96.

[134] Sun C. Q. Solvation Dynamics：A Notion of Charge Injection. Heidelberg：Springer,2019.

[135] Liu X. J.,Zhang X.,Bo M. L.,et al. Coordination-resolved electron spectrometrics. Chemical Reviews,2015,115(14):6746-6810.

[136] Sun C. Q. Atomic scale purification of electron spectroscopic information：US9625397B2. 2017-04-18 [2023-03-15].

[137] 宫银燕,周勇,黄勇力,等. 受激氢键分段长度和能量的声子计量谱学测定方法： CN201510883495.1. 2018-03-16 [2023-03-15].

[138] Mailleur A.,Pirat C.,Pierre-Louis O.,et al. Hollow rims from water drop evaporation on salt substrates. Physical Review Letters,2018,121:124501.

[139] Deegan R.,Bakajin O.,Dupont T.,et al. Capillary flow as the cause of ring stains from dried liquid drops. Nature,1997,389:827.

[140] Sáenz P.,Wray A.,Che Z.,et al. Dynamics and universal scaling law in geometrically-controlled sessile drop evaporation. Nature Communications,2017,8:14783.

[141] Shahidzadeh Bonn N.,Rafaï S.,Bonn D.,et al. Salt crystallization during evaporation： Impact of interfacial properties. Langmuir,2008,24(16):8599-8605.

[142] Shahidzadeh N.,Schut M.,Desarnaud J.,et al. Salt stains from evaporating droplets. Scientific Reports,2015,5:10335.

[143] Tay A.,Bendejacq D.,Monteux C.,et al. How does water wet a hydrosoluble substrate？ Soft Matter,2011,7:6953.

[144] Dupas J.,Verneuil E.,Ramaioli M.,et al. Dynamic wetting on a thin film of soluble polymer：Effects of nonlinearities in the sorption isotherm. Langmuir,2013,29:12572.

第 4 章
酸水合:过剩质子与反氢键

要点提示

- ✔ 过剩质子以 H_3O^+ : $4H_2O$ 形式形成规则 H↔H 反氢键点裂源
- ✔ H↔H 反氢键点致脆溶液氢键网络并降低表面应力,但无极化
- ✔ 离子极化胞内 O:H 非键伸长软化,而 H—O 共价键收缩刚化
- ✔ 微扰差分声子谱(DPS)可辨析氢键键态、丰度、刚度和序度的转换能力

内容摘要

HX 酸水解生成一个质子 H^+ 和一个阴离子 X^-。H^+ 以稳固的 H_3O^+ 形式替位一个 H_2O 分子并产生 H↔H 反氢键。溶质 H_3O^+ 的 H—O 键自发收缩导致相邻的 O:H 非键伸长。阴离子 X^- 极化使其超固态水合层中的 H—O 键收缩硬化,O:H 非键拉伸软化。阴离子 X^- 转换 O:H—O 键的能力遵循 I>Br>Cl 的序列。溶液浓度较高时,$X^- ↔ X^-$ 排斥作用凸显,弱化水合胞中的局域电场。负离子对氢键丰度的转换系数亦即键态转换系数趋向饱和,即 $f_X(C) \propto C^{1/2}$。质子 H^+ 不具备极化功能,也不会自发跳跃或隧穿,其键丰度转换系数 $f_X(C)=0$。与加热效果相同,H↔H 反氢键以点缺陷的方式降低溶液黏度和表面应力,压致溶剂 H—O 键微弱膨胀。

4.1 质子过剩

酸溶液不仅具有腐蚀性,而且可以稀释溶液和破坏溶液的表面应力[1-7]。HX 酸水解成质子 H^+ 和 X^- 离子后注入溶剂中,导致很多奇特的性质。理解酸溶液中溶质-溶剂间的相互作用有利于掌控酸的水合反应动力学以及酸性分子晶体的功能。例如,药物分子侧链 H—O 悬键[8,9]上的质子或是引起细胞和蛋白质等物质异常作用的源头[10,11]。

自 20 世纪以来,Arrhenius[12]、Brönsted 和 Lowry[13,14]、Lewis[15]等进行了大量开创性研究,然而 H^+ 质子和 X^- 阴离子如何与溶剂水分子相互作用仍是具有挑战性的课题。长期以来,基于光谱学和理论分析,人们从不同的角度研究了酸的水合反应,更多专注于"质子传输动力学"[16-27]。例如,通过和频光谱在空气-溶液界面探测了亚分子层偶极子的取向和表面介电性能[28,29];根据时间分辨红外光谱声子寿命研究了溶质或水分子的扩散动力学[16,30-32]。基于一系列研究提出了"结构扩散"和"溶质离域"机制。此外,利用中子散射探测揭示了声子的态密度分布[33]。事实上,质子和阴离子对溶剂水分子的作用功能以及对酸溶液水合网络结构与性能的影响尤为重要[34-36]。图 4.1 示意了描述酸溶液中质子与溶剂水分子相互作用的三个经典结构模型。

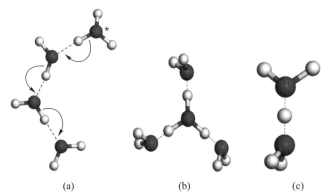

(a)　　　　　　　(b)　　　　　　　(c)

图 4.1 酸溶液中质子与溶剂水分子的相互作用模型:(a) Grotthuss 的质子-孤对电子易位随机跃迁机制[37,38]、(b) Eigen 的二维 $[H_9O_4]^+$ 构型[39]和(c) Zundel 的一维 $[H_5O_2]^+$ 构型[40]
在 Eigen 模型中,中心 H_3O^+ 与周围 3 个近邻水分子以 H—O 或 O:H 相连,而孤对电子自由。在 Zundel 模型中,质子在两个水分子间隧穿运动

Grotthuss 在 20 世纪初首次提出质子"结构扩散"或称"随机跃迁"模型[37,38],假设 H_3O^+ 的质子迁移率高于水分子。确切来说,质子跃迁是质子和

孤对电子的易位过程。该模型适用于质子过剩的酸水合反应。后来基于此模型发展的质子热跃迁[41]、结构涨落[42]和量子隧穿[43]等微观机制进一步丰富了 Grotthuss 模型。虽然这一模型在早期非常流行,但质子和孤对电子的输运方式及速率难以与酸碱溶液的结构和物性演变直接关联[44]。

20 世纪 60 年代,Eigen 提出了二维的$[H_9O_4]^+$模型[39],主张 H_3O^+ 的 3 个质子与 3 个近邻 H_2O 分子以 O：H—O 键结合而忽略了溶剂分子的取向规则和质子及孤对电子的数目守恒。水的结构不允许 H_3O^+ 的 3 个近邻水分子的孤对电子或质子同时指向 H_3O^+ 的 3 个质子。此外,H_3O^+ 四面体上的孤对电子保持自由。水是一种高有序、强关联、强涨落的晶体[45]。因过剩质子或孤对电子注入破坏了水的 2N 数目守恒,H_3O^+ 水合氢离子的 3 个质子和 1 个孤对电子各有 1/2 的概率与近邻水分子的质子和孤对电子组合。所以,H_3O^+ 与周围 4 个水分子很难形成 4 个 O：H—O 键[46]。

Zundel 则认为质子在溶液中更倾向于形成一维的$[H_5O_2]^+$结构,其中质子在两个 H_2O 分子之间随机穿梭[40,47]。由于认知的局限,人们忽略了质子隧穿是通过质子-孤对电子易位而实现的这一事实。质子隧穿的概念与贝尔纳和富勒于 1932 年提出的量子隧穿[48]以及鲍林于 1933 年提出的质子失措机制[49]相同。但 H—O 具有约 4.0 eV 键能[46],需要波长至少 121.6 nm 的激光照射才能断裂[50,51],因此质子随机隧穿机制应该被排除。

马克思(Marx)等采用从头算方法计算得出结论[52,53],认为质子在氢键网络中形如一种流动的缺陷,$[H_9O_4]^+$ 和 $[H_5O_2]^+$ 两种结构都会出现。由于量子涨落和质子集体迁移,这类缺陷会随机游走,且它们的迁移方式随温度变化。此外,从头算分子动力学计算显示[54-57],在 H_3O^+ 的第一水合层中出现了"键合开关"。通过 HCl 的水合脆化,较大的水团簇在酸溶液中会分散成小团簇[58]。量子计算结果还显示[59],由于 H_3O^+ 离子中 H—O 键的键序较 H_2O 分子中的键序高,前者的 H—O 键强度减弱,拉伸振动频率发生红移。

塔默(Thamer)等通过超快二维红外光谱研究发现[16],质子更倾向于按 Zundel 模式而非 Eigen 模式运动。沃尔克(Wolke)等研究氘化的 Eigen 团簇 $[D_9O_4]^+$ 时发现[60],基于追踪的复合物中每个 D—O 拉伸振动频率的变化,越来越多的质子从中心 H_3O^+ 迁移至近邻水分子。

这些模型更多关注于过剩质子的运动方式和速率以及声子的寿命。基于热运动和量子涨落,H^+ 通过 $H_2O \leftrightarrow H_3O^+$ 的转换自由地从一个水分子跃迁至另一个水分子[52,61],或在有序水分子结构中不受 O：H—O 氢键方向性限制而牢固地形成 H_3O^+ 水合氢离子。值得注意的是,O^{2-} 离子上的孤对电子对分子间的相互作用非常重要。在质子迁移或运动过程中,需要考虑孤对电子与质子的相互易位。

4.2 节中,图 4.2(a) 中的插图介绍了当前讨论的 $H_3O^+ \cdot 4H_2O$ 模型[45,62]。引入过量的质子将打破水的 $2N$ 数目守恒和 O:H—O 构型守恒[45,62]。H_3O^+ 替代初始 H_2O:$4H_2O$ 复式四面体构型中的中心水分子,亦可看作原有的一对孤对电子被 H—O 键取代,周围 4 个水分子的空间取向依旧守恒。因此,溶质-溶剂间的一条 O:H—O 键被 H↔H 反氢键取代。而对于碱溶液,HO^- 的中心替位形成 O:⇔:O 超氢键。质子或孤对电子皆不能单独存在或自由在近邻氧之间穿梭,而是牢固地依附于 H_3O^+ 或 HO^- 而存在。简单地将 HO^- 视作 H_3O^+ 的极性反转有欠妥当。H↔H 与 O:⇔:O 的功能截然不同,它们各自主导酸溶液和碱溶液的属性。

4.2　声子谱学特征

4.2.1　全频拉曼谱

图 4.2 所示为浓度为 0.1 mol/L 的 HX 溶液和不同浓度的 HI 溶液的全频拉曼光谱。O:H 分段的拉伸谱峰<200 cm^{-1}、H—O 分段的拉伸谱峰>3 000 cm^{-1}。酸水合只是改变了水的固有谱峰的形状,并没有产生任何新的谱峰。图 4.2(a) 中的插图示意酸溶液中 H_3O^+ 取代四面体中心水分子,并与其中一个相邻水分子形成 H↔H 反氢键。图 4.2(b) 中的插图示意了阴离子 X^- 吸引、重排周围水分子形成

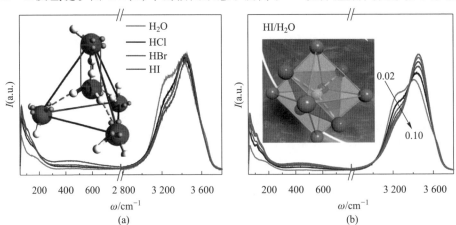

图 4.2　(a) 0.1 mol/L 的 HX 溶液和(b) 不同浓度的 HI 溶液的全频拉曼光谱[45](参见书后彩图)

(a) 和(b) 中的插图分别示意 $(H_3O^+;X^-) \cdot 4H_2O$ 结构。H_3O^+ 替代四面体结构的中心水分子,并将一条 O:H—O 键转变为 H↔H 反氢键;而阴离子 X^- 填隙式占据四面体空位,极化周围水分子而形成水合层

水合层,并极化拉伸水合层中的 O：H—O 氢键。X⁻ 离子的电场被周围有序排列的水合水偶极分子部分屏蔽,阴离子之间尚存在排斥。H↔H 反氢键致脆和 X⁻ 离子极化作用共同决定酸溶液的性质。H↔H 反氢键只能脆化氢键网络而不会极化周围的 O：H—O 氢键[63]。离子极化使 H—O 键收缩硬化、声子蓝移,相应的 O：H 非键伸长弱化、声子红移。H↔H 排斥弱化部分溶剂的 H—O 键。

4.2.2 DPS：离子极化与 H↔H 键

图 4.3 显示了不同浓度的 HX 溶液中氢键分段声子频率的 DPS。随着溶质浓度增加,X⁻ 极化使 ω_H 从 3 200 cm⁻¹ 蓝移至 3 480 cm⁻¹,而 X⁻ 极化和 H↔H 排斥联合作用将 ω_L 自 180 cm⁻¹ 红移至 110 cm⁻¹[46]。H↔H 排斥提供了微弱的压力,使 ω_L 从 75 cm⁻¹ 蓝移至 110 cm⁻¹,并使少量 H—O 声子红移至 3 100 cm⁻¹ 以下。当卤族元素 X 从 Cl 变为 I 时,谱峰<3 100 cm⁻¹ 的 H↔H 反氢键压致溶剂 H—O 键红移且特征峰逐渐减弱,因为 X⁻ 极化能力的增强掩盖了 H↔H 排斥的影响。X⁻ 的极化和表皮优先占据造成了特征峰为 3 650 cm⁻¹ 的波谷。

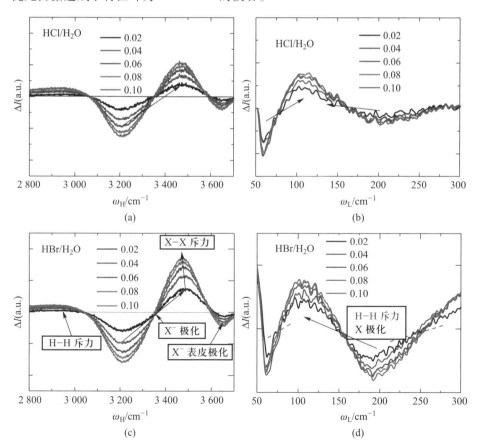

(a)

(b)

(c)

(d)

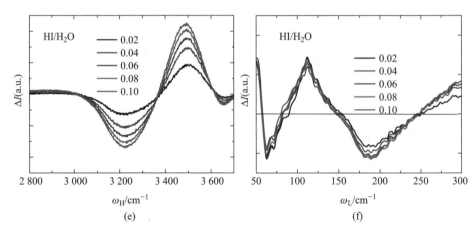

图 4.3　不同浓度的 (a,b) HCl、(c,d) HBr 和 (e,f) HI 溶液中氢键分段声子频率的 DPS[45](参见书后彩图)

X⁻极化使 ω_H 蓝移,使 ω_L 红移。H↔H 压力可使少量 H—O 声子红移,使 ω_L 蓝移。ω_L DPS 显示 X⁻极化红移和 H↔H 压致蓝移。X⁻的极化和表皮优先占据造成了 3 650 cm⁻¹ 的波谷

图 4.4 中比较了 H(Cl,Br,I) 溶液中 X⁻ 对氢键的丰度转换能力和 H↔H 对溶液表面应力的破坏能力。因 H⁺ 不具备极化功能,$f_H(C) = 0$,故 $f_{HX}(C) \approx f_X(C)$。离子对氢键丰度的非线性转换系数 $f_X(C) \propto C^{1/2}$ 正比于所有水合胞内第一水合层内极化氢键的相对数目。此时,$f(C)$ 也可称为极化系数。$f_X(C)/C$ 值正比于单胞内氢键的数量。当溶质浓度较高时,X↔X 排斥作用增强,将削弱水合层中的离子电场。反氢键 H↔H 的脆化作用可以破坏溶剂的氢键网络,降低溶液黏度和表面应力。因此,H↔H 脆化作用可以解释酸性溶液的腐蚀性、稀释性和对表面应力的破坏性。水合层分子动力学的计算结果也证实:质子诱导了氢键网络的脆化[58,64]。

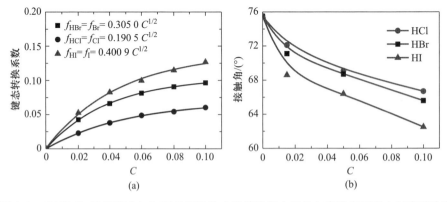

图 4.4　H(Cl,Br,I) 溶液中 (a) X⁻ 对氢键的丰度转换能力及 (b) 溶液表面应力与溶质浓度的关系[45]

4.2.3 H↔H 点裂源非极化特性

采用下述方法可以估算 YX 和 HX 水合胞中水合分子的相对数目。假设 $f_{YX} = f_Y + f_X$，$f_{HX} = f_H + f_X$，则有

$$f_{YX}/f_{HX} = (f_Y + f_X)/(f_H + f_X) = 1 + (f_Y - f_H)/(f_H + f_X) \qquad (4.1)$$

或者

$$f_Y - f_H = (f_H + f_X)(f_{YX}/f_{HX} - 1) = f_{YX} - f_{HX} = f_Y \qquad (4.2)$$

故有

$$f_Y - f_H \equiv f_Y; \quad f_H \equiv 0 \qquad (4.3)$$

可见，H↔H 反氢键不具备极化功能。从不同浓度的 NaI 和 HI 水合溶液的 DPS 谱峰积分分别可以得到 $f_{NaI}(C)$ 和 $f_{HI}(C)$，两者之差即为 Na^+ 对氢键丰度的转换系数 $f_{Na}(C) = 0.15C$，详见图 4.5。$f_{Na}(C)/C = 0.15$ 代表单个 Na^+ 水合胞内所含水合分子数目恒定。$f_I(C)/C$ 呈非线性，表明阴离子 I^- 彼此排斥，其形成的水合胞内分子数目随离子间距的减小而减少。

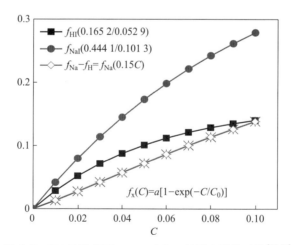

图 4.5 298 K 温度下，NaI、Na^+ 和 I^- 的键态转换系数[45,65]
$f_H(C) \equiv 0$，$f_{HI}(C) = f_I(C)$，$f_{NaI}(C) - f_I(C) \equiv f_{Na}(C)$

4.3　量子理论计算

4.3.1　单胞分辨氢键弛豫

采用 PW91[66] 和 OBS-PW[67] 全电子双数值叠加极化基组并考虑氢键相互作用,对 0 K 的纯水和酸溶液进行结构优化与频谱计算。通过对角化质量加权海森伯矩阵计算谐振频率[68] 得到如表 4.1 所示的 HX 酸溶液中质子和阴离子周围 O∶H 与 H—O 分段的应变[45]。

表 4.1　HX 酸溶液中质子和阴离子周围 O∶H 与 H—O 分段的应变 ε[45]

位置及相应的键		OBS-PW		PW	
		$\varepsilon_{H-O}/\%$	$\varepsilon_{O∶H}/\%$	$\varepsilon_{H-O}/\%$	$\varepsilon_{O∶H}/\%$
H_2O-H^+	H↔H	−3.08	63.4	−2.99	59.2
	近邻	4.38	−12.5	3.48	−10.3
H_2O-Cl^-	Cl·H—O	−0.91	24.1	−0.98	28.1
	近邻	−0.80	20.5	−0.65	19.2
H_2O-Br^-	Br·H—O	−1.05	31.6	−1.08	30.1
	近邻	−0.83	22.8	−0.73	22.9
H_2O-I^-	I·H—O	−1.09	40.5	−1.11	42.7
	近邻	−0.91	27.5	−0.76	29.8

注:近邻指图 4.6(c) 中标注的第二水合层中的 O∶H—O 键。

图 4.6 为各结构的 DFT 优化结果。图 4.6(a) 所示为纯水的四配位结构和四个不同取向的 O∶H—O 氢键。在 HX 酸溶液中,H_3O^+ 诱导溶质和溶剂发生氢键弛豫,如图 4.6(b) 和(c) 所示。对于 X^- 水合层,三个 X·H—O 键形成第一水合层,其中"·"表示 X^- 和 H^+ 之间的库仑作用,比一般的 O∶H 非键弱。由于 X·H 端的存在,X^- 水合层可延伸到第二层 O∶H—O 氢键,其中的水分子依然处于低配位状态。

表 4.1 的结果表明,两种计算方法得出的 O∶H—O 键的弛豫趋势相同。H_3O^+ 上的 H—O 键与水的 H—O 悬键状态相似,较纯水的 H—O 键缩短了 3%,O∶H 非键相应伸长了 60%。这意味着 H_3O^+ 的体积小于 H_2O,但与周围水分子的间距更大。H↔H 排斥破坏氢键网络,使下一个邻位的 O∶H—O 键缩短,偶极矩减小,其中 O∶H 缩短 11%、H—O 伸长 4%[45],前者声子频率从 75 cm^{-1} 蓝移至 110 cm^{-1},后者红移至 3 100 cm^{-1}。

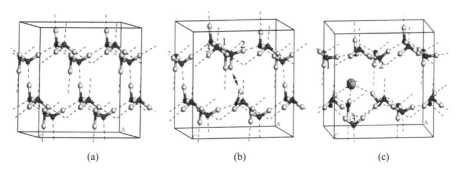

图 4.6 （a）纯水、(b)含水合质子(浅灰色)和反氢键(黑色箭头)的水溶液局部和(c) X⁻离子邻近分子的 DFT 优化结构[45]

数字 1~3 表示 X⁻水合层中低配位的 O^{2-} 阴离子

　　纯水和酸溶液水合离子局部的优化结构表明:X⁻离子吸引三个相邻质子在第一水合层中形成 X·H—O 氢键,X⁻极化拉伸 O:H 和 X·H 非键,压缩 H—O 共价键。不同 X⁻离子使第一水合层的 X·H—O 键和次层 O:H—O 键弛豫的能力皆遵循霍夫迈斯特序列,即 I>Br>Cl。在 I⁻ 的第一水合层中,H—O 键收缩 1.1%,I·H 伸长达 41%。基本上 X⁻ 的第二水合层中 H—O 键收缩约 0.8%、O:H 键膨胀约 28%。

4.3.2　氢键振动谱学特征

　　图 4.7(a)和(b)所示为采用 OBS-PW 计算的 H_3O^+ 水溶液和纯水的 O:H 非键振动光谱及 DPS 分析结果。计算谱包含 O:H 拉伸模和弯曲振动模两部分。DPS 结果表明,拉伸和弯曲振动模都劈裂出两个组分。红移现象归因于 H_3O^+ 最近邻 O:H 非键的伸长,蓝移现象则源自次近邻 O:H 非键的收缩,这与表 4.1 所示结果一致。

　　H↔H 反氢键可诱发水分子的激发态和去极化态。由于第一近邻 O:H 非键伸长,特征峰值由纯水的 200~300 cm⁻¹ 红移至 110 cm⁻¹ 以下。400 cm⁻¹ 以上的特征峰与邻近 O:H 非键的去极化以及 H↔H 排斥作用相对应。∠O:H—O 弯曲模分为 700~800 cm⁻¹ 向 600 cm⁻¹ 以下红移以及向 800 cm⁻¹ 以上蓝移的两部分,这是由第一和第二近邻 O:H 非键去极化所引起的。

　　图 4.8(a)和(b)为 DFT 计算的 X⁻水合胞和纯水中 H—O 键的振动光谱及 DPS。H—O 对称和非对称拉伸振动模式都发生蓝移。峰位 3 200 cm⁻¹ 的特征峰表示 X⁻端 H—O 键的对称拉伸振动模式,3 400 cm⁻¹ 为 X·H—O 水合层中 H—O 的非对称拉伸振动模式。溶质离子半径越大,X·H 的吸引作用越弱,H—O 键则越强。因此,H—O 键特征频率的蓝移也遵循霍夫迈斯特序列,即 Cl<Br<I。

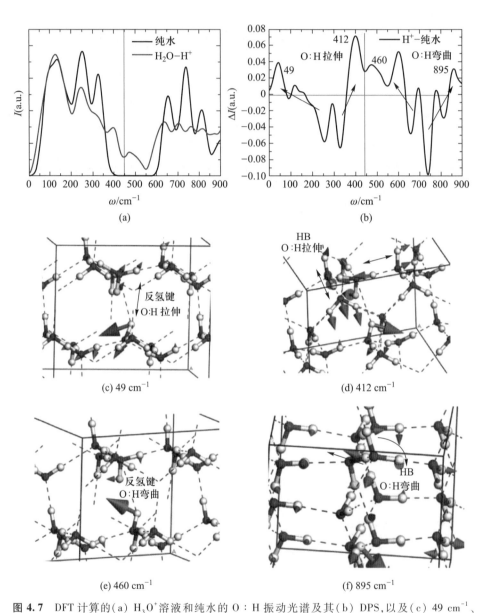

图 4.7 DFT 计算的（a）H_3O^+ 溶液和纯水的 O∶H 振动光谱及其（b）DPS，以及（c）49 cm⁻¹、

（d）412 cm⁻¹、（e）460 cm⁻¹ 和（f）895 cm⁻¹ 四个特殊振频的振动模式的模拟结果[45]

H↔H 诱导第一近邻 O∶H 伸长和弯曲振动模式发生红移，次近邻 O∶H 非键发生蓝移。49 cm⁻¹ 的振频与反氢键相关，412 cm⁻¹ 为第一近邻 O∶H 去极化弯曲模式，460 cm⁻¹ 为 H—O 悬键弯曲模式，895 cm⁻¹ 为第二近邻 O∶H 去极化弯曲模式

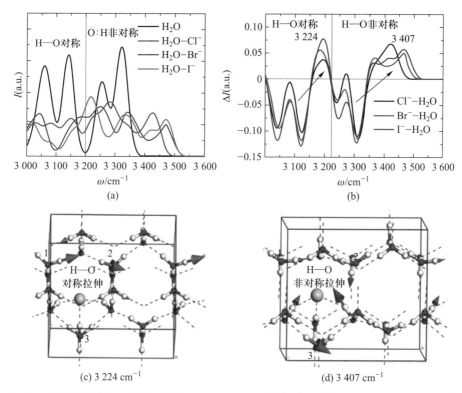

图 4.8 DFT 计算的(a)X⁻水合胞和纯水中 H—O 键的振动光谱及(b)DPS,以及 X⁻水合层中(c)H—O 键对称拉伸振动模式和(d)X·H—O 水合层中 H—O 非对称拉伸振动模式蓝移的模拟结果[45](参见书后彩图)

4.4 小结

H↔H 反氢键致脆和 X⁻极化可协同调制酸溶液的氢键网络与性能。与传统质子运动论不同,质子与水分子紧密结合形成稳固的 H_3O^+ 水合氢离子,产生H↔H 反氢键,扰乱溶液氢键网络,降低表面应力。H↔H 反氢键的弱排斥作用刚化部分溶解的 O:H 声子而软化 H—O 声子。X⁻ 离子则极化其周围的水分子,使 H—O 键和 O:H 非键协同弛豫。X⁻ 与最近邻水分子形成 X·H—O 相互作用,将次近邻 O:H—O 键纳入水合层。X⁻ 的极化作用使 H—O 键缩短,而H_3O^+ 内的三个 H—O 键则以悬键状态自发收缩,其次近邻 H—O 键却因 H↔H排斥而伸长。H↔H 排斥和 X⁻ 极化导致的氢键分段弛豫皆随 X⁻ 离子大小和电负性发生变化,并遵循霍夫迈斯特序列。反映 X⁻ 诱导键态转换能力的 $f_X(C)$

呈非线性,说明水合层内水合水分子偶极子数量不足,不能完全屏蔽溶质电场,溶质 X⁻对其他 X⁻的干扰很敏感。DPS 解析和 DFT 计算结果的一致性证明了酸性溶液中 H↔H 排斥和 X⁻极化的重要性。由此可见,关注溶质改变氢键和极化电子的状态对溶液性能的重要性。

参 考 文 献

[1] Cappa C. D., Smith J. D., Wilson K. R., et al. Effects of alkali metal halide salts on the hydrogen bond network of liquid water. Journal of Physical Chemistry B, 2005, 109(15): 7046−7052.

[2] Glover W. J., Schwartz B. J. Short-range electron correlation stabilizes noncavity solvation of the hydrated electron. Journal of Chemical Theory and Computation, 2016, 12(10): 5117−5131.

[3] Iitaka T., Ebisuzaki T. Methane hydrate under high pressure. Physical Review B, 2003, 68(17):172105.

[4] Liu D., Ma G., Levering L. M., et al. Vibrational spectroscopy of aqueous sodium halide solutions and air-liquid interfaces: Observation of increased interfacial depth. Journal of Physical Chemistry B, 2004, 108(7):2252−2260.

[5] Marcus Y. Effect of ions on the structure of water: Structure making and breaking. Chemical Reviews, 2009, 109(3):1346−1370.

[6] Smith J. D., Saykally R. J., Geissler P. L. The effects of dissolved halide anions on hydrogen bonding in liquid water. Journal of the American Chemical Society, 2007, 129(45):13847−13856.

[7] Zhang J., Kuo J. L., Iitaka T. First principles molecular dynamics study of filled ice hydrogen hydrate. Journal of Chemical Physics, 2012, 137(8):084505.

[8] Bhargava B. L., Yasaka Y., Klein M. L. Computational studies of room temperature ionic liquid-water mixtures. Chemical Communications, 2011, 47(22):6228−6241.

[9] Saita S., Kohno Y., Nakamura N., et al. Ionic liquids showing phase separation with water prepared by mixing hydrophilic and polar amino acid ionic liquids. Chemical Communications, 2013, 49(79):8988−8990.

[10] Stoyanov E. S., Stoyanova I. V., Reed C. A. The unique nature of H⁺ in water. Chemical Science, 2011, 2(3):462−472.

[11] Heiles S., Cooper R. J., DiTucci M. J., et al. Hydration of guanidinium depends on its local environment. Chemical Science, 2015, 6(6):3420−3429.

[12] Arrhenius S. Development of the theory of electrolytic dissociation. Nobel Lecture, 1903.

[13] Brönsted J. Part III. Neutral salt and activity effects. The theory of acid and basic catalysis. Transactions of the Faraday Society, 1928, 24:630−640.

［14］ Lowry T. M., Faulkner I. J. CCCXCIX.—Studies of dynamic isomerism. Part X X. Amphoteric solvents as catalysts for the mutarotation of the sugars. Journal of the Chemical Society,1925,127:2883-2887.

［15］ Lewis G. N. Acids and bases. Journal of the Franklin Institute,1938,226(3):293-313.

［16］ Thämer M.,De Marco L.,Ramasesha K.,et al. Ultrafast 2D IR spectroscopy of the excess proton in liquid water. Science,2015,350(6256):78-82.

［17］ Kiefer P. M.,Hynes J. T. Theoretical aspects of tunneling proton transfer reactions in a polar environment. Journal of Physical Organic Chemistry,2010,23(7):632-646.

［18］ Daschakraborty S., Kiefer P. M., Miller Y., et al. Reaction mechanism for direct proton transfer from carbonic acid to a strong base in aqueous solution I:Acid and base coordinate and charge dynamics. Journal of Physical Chemistry B,2016,120(9):2271-2280.

［19］ Kalish N. B. M.,Shandalov E., Kharlanov V., et al. Apparent stoichiometry of water in proton hydration and proton dehydration reactions in CH_3CN/H_2O solutions. Journal of Physical Chemistry A,2011,115(16):4063-4075.

［20］ Borgis D., Tarjus G., Azzouz H. An adiabatic dynamical simulation study of the Zundel polarization of strongly H-bonded complexes in solution. Journal of Chemical Physics, 1992,97(2):1390-1400.

［21］ Vuilleumier R., Borgis D. Quantum dynamics of an excess proton in water using an extended empirical valence-bond Hamiltonian. Journal of Physical Chemistry B,1998,102 (22):4261-4264.

［22］ Vuilleumier R.,Borgis D. Transport and spectroscopy of the hydrated proton:A molecular dynamics study. Journal of Chemical Physics,1999,111(9):4251-4266.

［23］ Ando K., Hynes J. T. Molecular mechanism of HCl acid ionization in water: *Ab initio* potential energy surfaces and Monte Carlo simulations. Journal of Physical Chemistry B, 1997,101(49):10464-10478.

［24］ Ando K.,Hynes J. T. HF acid ionization in water:The first step. Faraday Discussions,1995, 102:435-441.

［25］ Borgis D., Hynes J. T. Molecular-dynamics simulation for a model nonadiabatic proton transfer reaction in solution. Journal of Chemical Physics,1991,94(5):3619-3628.

［26］ Bernal-Uruchurtu M. I.,Hernández-Lamoneda R.,Janda K. C. On the unusual properties of halogen bonds:A detailed ab initio study of X_2-(H_2O) 1-5 clusters (X=Cl and Br). Journal of Physical Chemistry A,2009,113(19):5496-5505.

［27］ Saint-Martin H., Hernández-Cobos J., Bernal-Uruchurtu M. I., et al. A mobile charge densities in harmonic oscillators (MCDHO) molecular model for numerical simulations: the water-water interaction. Journal of Chemical Physics,2000,113(24):10899-10912.

［28］ Shen Y. R.,Ostroverkhov V. Sum-frequency vibrational spectroscopy on water interfaces: Polar orientation of water molecules at interfaces. Chemical Reviews, 2006, 106 (4): 1140-1154.

[29] Chen H., Gan W., Wu B. H., et al. Determination of structure and energetics for Gibbs surface adsorption layers of binary liquid mixture 1. Acetone+water. Journal of Physical Chemistry B, 2005, 109(16):8053-8063.

[30] Tuckerman M. E., Marx D., Parrinello M. The nature and transport mechanism of hydrated hydroxide ions in aqueous solution. Nature, 2002, 417(6892):925-929.

[31] Van der Post S. T., Hsieh C. S., Okuno M., et al. Strong frequency dependence of vibrational relaxation in bulk and surface water reveals sub-picosecond structural heterogeneity. Nature Communications, 2015, 6:8384.

[32] Dahms F., Costard R., Pines E., et al. The hydrated excess proton in the Zundel cation $H_5O_2^+$: The role of ultrafast solvent fluctuations. Angewandte Chemie, 2016, 55(36): 10600-10605.

[33] Michalarias I., Beta I., Ford R., et al. Inelastic neutron scattering studies of water in DNA. Applied Physics A: Materials Science & Processing, 2002, 74:s1242-s1244.

[34] Dong K., Zhang S. Hydrogen bonds: A structural insight into ionic liquids. Chemistry, 2012, 18(10):2748-2761.

[35] Dong K., Zhang S., Wang Q. A new class of ion-ion interaction: Z-bond. Science China Chemistry, 2015, 58(3):495-500.

[36] Wong D. B., Giammanco C. H., Fenn E. E., et al. Dynamics of isolated water molecules in a sea of ions in a room temperature ionic liquid. Journal of Physical Chemistry B, 2013, 117(2):623-635.

[37] De Grotthuss C. Sur la décomposition de l'eau et des corps qu'elle tient en dissolution à l'aide de l'électricité galvanique. Annali di Chimica, 1806, 58:54-73.

[38] Hassanali A., Giberti F., Cuny J., et al. Proton transfer through the water gossamer. Proceedings of the National Academy of Sciences of the United States of America, 2013, 110(34):13723-13728.

[39] Eigen M. Proton Transfer, Acid-base catalysis, and enzymatic hydrolysis. Part I: Elementary processes. Angewandte Chemie, 1964, 3(1):1-19.

[40] Schuster P., Zundel G, Sandorfy C. The Hydrogen Bond. Recent Developments in Theory and Experiments. Amsterdam: North-Holland Publishing Co., 1976.

[41] Stearn A. E., Eyring H. The deduction of reaction mechanisms from the theory of absolute rates. Journal of Chemical Physics, 1937, 5(2):113-124.

[42] Huggins M. L. Hydrogen bridges in ice and liquid water. Journal of Physical Chemistry, 1936, 40(6):723-731.

[43] Wannier G. Die Beweglichkeit des wasserstoff-und hydroxylions in wäßriger lösung. I. Annalen der Physik, 1935, 416(6):545-568.

[44] Agmon N. The grotthuss mechanism. Chemical Physics Letters, 1995, 244(5):456-462.

[45] Zhang X., Zhou Y., Gong Y., et al. Resolving H(Cl, Br, I) capabilities of transforming solution hydrogen-bond and surface-stress. Chemical Physics Letters, 2017, 678:

233−240.

[46] Gong Y., Zhou Y., Wu H., et al. Raman spectroscopy of alkali halide hydration: Hydrogen bond relaxation and polarization. Journal of Raman Spectroscopy, 2016, 47 (11): 1351−1359.

[47] Fournier J. A., Carpenter W. B., Lewis N. H. C., et al. Broadband 2D IR spectroscopy reveals dominant asymmetric $H_5O_2^+$ proton hydration structures in acid solutions. Nature Chemistry, 2018, 10: 932−937.

[48] Frank H. S., Wen W. Y. Ion-solvent interaction. Structural aspects of ion-solvent interaction in aqueous solutions: A suggested picture of water structure. Discussions of the Faraday Society, 1957, 24: 133−140.

[49] Pauling L. The structure and entropy of ice and of other crystals with some randomness of atomic arrangement. Journal of the American Chemical Society, 1935, 57: 2680−2684.

[50] Harich S. A., Hwang D. W. H., Yang X., et al. Photodissociation of H_2O at 121.6 nm: A state-to-state dynamical picture. Journal of Chemical Physics, 2000, 113 (22): 10073−10090.

[51] Harich S. A., Yang X., Hwang D. W., et al. Photodissociation of D_2O at 121.6 nm: A state-to-state dynamical picture. Journal of Chemical Physics, 2001, 114 (18): 7830−7837.

[52] Marx D., Tuckerman M. E., Hutter J., et al. The nature of the hydrated excess proton in water. Nature, 1999, 397(6720): 601−604.

[53] Drechsel-Grau C., Marx D. Collective proton transfer in ordinary ice: Local environments, temperature dependence and deuteration effects. Physical Chemistry Chemical Physics, 2017, 19(4): 2623−2635.

[54] Heuft J. M., Meijer E. J. Density functional theory based molecular-dynamics study of aqueous chloride solvation. Journal of Chemical Physics, 2003, 119(22): 11788−11791.

[55] Heuft J. M., Meijer E. J. A density functional theory based study of the microscopic structure and dynamics of aqueous HCl solutions. Physical Chemistry Chemical Physics, 2006, 8(26): 3116−3123.

[56] Raugei S., Klein M. L. An ab initio study of water molecules in the bromide ion solvation shell. Journal of Chemical Physics, 2002, 116(1): 196−202.

[57] Tuckerman M., Laasonen K., Sprik M., et al. Ab initio molecular dynamics simulation of the solvation and transport of hydronium and hydroxyl ions in water. Journal of Chemical Physics, 1995, 103(1): 150−161.

[58] Hollas D., Svoboda O., Slavíček P. Fragmentation of HCl-water clusters upon ionization: Non-adiabatic ab initio dynamics study. Chemical Physics Letters, 2015, 622: 80−85.

[59] Shi R., Li K., Su Y., et al. Revisit the landscape of protonated water clusters $H^+(H_2O)_n$ with $n = 10 - 17$: An ab initio global search. Journal of Chemical Physics, 2018, 148

(17):174305.

[60] Wolke C. T.,Fournier J. A.,Dzugan L. C.,et al. Spectroscopic snapshots of the proton-transfer mechanism in water. Science,2016,354(6316):1131-1135.

[61] Codorniu-Hernández E.,Kusalik P. G. Probing the mechanisms of proton transfer in liquid water. Proceedings of the National Academy of Sciences of the United States of America, 2013,110(34):13697-13698.

[62] Zhou Y.,Huang Y.,Ma Z.,et al. Water molecular structure-order in the NaX hydration shells (X = F,Cl,Br,I). Journal of Molecular Liquids,2016,221:788-797.

[63] Zhang X.,Xu Y.,Zhou Y.,et al. HCl, KCl and KOH solvation resolved solute-solvent interactions and solution surface stress. Applied Surface Science,2017,422:475-481.

[64] Druchok M.,Holovko M. Structural changes in water exposed to electric fields:A molecular dynamics study. Journal of Molecular Liquids,2015,212:969-975.

[65] Zhou Y.,Huang Y. L.,Li L.,et al. Hydrogen-bond transition from the vibration mode of ordinary water to the (H, Na)I hydration states. Vibrational Spectroscopy, 2017, 94: 31-36.

[66] Perdew J. P.,Wang Y. Accurate and simple analytic representation of the electron-gas correlation-energy. Physical Review B,1992,45(23):13244-13249.

[67] Ortmann F.,Bechstedt F.,Schmidt W. G. Semiempirical van der Waals correction to the density functional description of solids and molecular structures. Physical Review B,2006, 73(20):205101.

[68] Wilson E. B.,Decius J. C.,Cross P. C. Molecular Vibrations. New York:Dover,1980.

第 5 章

碱水合:过剩孤对电子与超氢键

要点提示

✔ 过剩孤对电子形成超氢键点压源,使局域晶格变形

✔ 溶质 H—O 键因其键序缺失而收缩刚化,吸收能量

✔ O:⇔:O 超氢键压致溶剂 H—O 键伸长而释放热量

✔ HO⁻ 的键丰度、刚度和表面应力转换能力比 H_2O_2 强

内容摘要

每个 HO⁻ 离子和 H_2O_2 分子都含有两对过剩的孤对电子,它们在水合时与近邻水分子形成一条 O:⇔:O 超氢键。超氢键压致 O:H 非键收缩刚化,H—O 键伸长软化且释放热量。在 H_2O_2 和 HO⁻ 溶液中,溶质 H—O 键因键序缺失自发收缩吸热。H_2O_2 和 HO⁻ 的声子分别蓝移至 $3\,550\ \mathrm{cm^{-1}}$ 和 $3\,610\ \mathrm{cm^{-1}}$。H_2O_2 对 O:H—O 氢键弛豫和表面应力调制的能力弱于 HO⁻,后者的键态转换系数 $f(C)$ 呈线性,说明 HO⁻ 不受其他溶质的影响。系列结果证实耦合氢键受激极化与协同弛豫(HBCP)理论和低配位键弛豫(BOLS)理论对水合反应具有普适性。

5.1　碱与过氧化氢溶液孤对电子过剩

在过氧化氢溶液（即双氧水）H_2O_2 分子和（Li, Na, K, Rb, Se）OH 碱的氢氧根（HO^-）中存在过剩孤对电子，其是构成生物和有机化合物的重要成分，在细胞功能、信号处理与调节[1-5]、医疗保健[6-8]、电化学传感[9]、光敏[10]、癌症治疗[11,12]、环境催化[13]等诸多领域起到重要作用。H_2O_2 常用作氧化剂，但因稳定性欠缺而易发生爆炸。H_2O_2 水合溶液应用广泛，常用于工业生产和医护医疗[14,15]；通过原位生成过氧化氢/羟基自由基可用于漂白纺织品或进行废水处理[16]；作为氧化剂为燃料电池供给电子[17]。它在动植物生命活动中也起到重要作用。例如，它可以诱导植物气孔关闭以保护细胞、抵御干旱威胁[18]；可作为植物体中的信号分子[19]；动物细胞中的 H_2O_2 对生物体有益。它还有益于人体的心脏功能。心脏细胞再生过程中的荧光信号显示，在肌体受到损伤时，多氧合酶和 NOX_2 产生的 H_2O_2 在心脏膜与邻近心肌附近达到最高浓度 30 μmol/L，并通过氧化还原降解敏感性 IV-磷酸酶 DUSP6 作为活性氧信号。该功能可解除撕裂原激活蛋白激酶信号通路的抑制，增强激酶，从而促进心肌增殖、再生和抑制心肌纤维化[20]。

自 20 世纪初 Arrhenius[21]、Brönsted 和 Lowry[22,23] 以及 Lewis[24] 按照 HO^- 或电子对的得失给出了碱性化合物的定义以来，人们对碱性水合溶液中 HO^- 的行为的关注并不足够，因为人们常将 HO^- 简化为丢失了一个质子的水分子，简单地将 HO^- 与 H_3O^+ 类比并将两者的极性反转，认为这两种"质子-空穴"传输机制遵循相同的动力学规律。而事实绝非如此简单，因为它们的质子和孤对电子数目不同，与近邻水分子的作用方式和后果也截然不同。

与盐溶液中 Y^+ 和 X^- 离子相比，碱溶液中的 HO^- 离子更具活性[2,25,26]。迄今为止，人们理解碱溶液性能主要基于"结构扩散"或"溶质离域"机制[27-30]，即离子-水合层厚度涨落导致水合物的相互转换。密度泛函理论（DFT）计算发现水合物和核量子效应之间的相互作用决定了 HO^- 的传输行为[29]。人们很少关注额外引入孤对电子后氢键网络的弛豫动力学。

超快光谱研究表明[31]，HO^- 水合的能量衰减需要 200 fs，后续发生以水分子旋转重新取向和扩散为主的热弛豫，并随溶质浓度的增加而减慢[32]。块体水[1]和液滴[33]中 HO^- 的水合声子弛豫经历了两个过程：一是（200±50）fs 时间尺度的慢速过程，二是 1~2 ps 的超快过程[2,30]，且从体相转变至水合状态需 200 fs 左右。

DFT 计算结果显示[34]，HO^- 水合胞内含有二维 $HO^- \cdot 3H_2O$ 络合物。受热时，水合分子会重新旋转取向[35]。分子内和分子间的非线性强耦合与非绝热振动弛豫被认为是声子发生快速动力学的起因。声子频率蓝移与声子寿命增长、分子运动速率减慢、极化增强溶液黏度等物性之间存在某种有待澄清的关联[36]。例如，在水中加入 7 mol NaOH 形成溶液可使溶剂分子的声子寿命加倍，并将溶液黏度提升至水的 4 倍[1]。NaOH 的水合可展宽 800~3 500 cm^{-1} 频段的红外光谱，其中高频声子从高于 3 000 cm^{-1} 的峰位向低处红移，这主要源自 HO$^-$ 离子与水合分子间的强相互作用。HO$^-$·(H$_2$O)$_{17}$ 团簇的谐振分析推论[33]，在氢氧化物的水合胞内，H—O 声子频率的改变取决于水合胞内分子间的耦合作用。以 DFT 计算 170 K 的水分子团簇发现，处于游离和水合状态的 HO$^-$ 在 2 650~3 850 cm^{-1} 频段内可延展 HO$^-$·(H$_2$O)$_{4,5}$ 水合胞的声子频带[37]。水分子在 HO$^-$ 的第一和第二水合层中既可作为单一的供体或受体，也可作为双质子供体或双供体–单受体起到作用。

在红外吸收谱中，同素异构体之间的相互转化十分迅速。以 1%（质量分数）HOD 作为溶剂的不同浓度 NaOD/D$_2$O 溶液的红外光谱显示[38]，NaOD 浓度增加时，HO$^-$ 的拉伸作用在 3 600 cm^{-1} 处出现新的特征峰，且因 HOD 分子与 DO$^-$ 离子的结合，低频段强烈展宽。根据 Zundel 模型，这一红外光谱的展宽起因于质子在两个氧原子之间隧穿所产生的电场驱动周围极性溶剂分子激烈涨落[1,39,40]。

对溶质–溶剂间的相互作用和溶液表面应力、溶液温度、相变温度、水合动力学机制以及氢键网络的受激弛豫等的理解一直是挑战性的课题。从微观角度，人们对 H$_2$O$_2$ 和 HO$^-$ 改变水合溶液氢键网络与性能的能力还知之甚少。

结合差分声子微扰谱学和接触角检测的系列研究结果表明[2,41]，H$_2$O$_2$ 和 HO$^-$ 溶液中的剩余孤对电子产生 O：⇔：O 超氢键，它对 O：H—O 氢键弛豫的效果与机械压力相同。此外，溶质 H—O 键因键序缺失缩短[42]。溶质与溶剂的 H—O 键的双向弛豫以及电子极化调制着 H$_2$O$_2$ 和 HO$^-$ 溶液的氢键网络及性能。

5.2 声子谱学特征

5.2.1 H—O 键的反常双向弛豫

拉曼光谱测量结果表明，YOH（或 YOD）的水合作用拓宽了 H—O 的主峰并使之红移[33,38,43]，如图 5.1 所示。各种溶质类型和不同浓度的 YOH 溶液的全频拉曼光谱证实了两个谱学特征：一是 O：⇔：O 超氢键压致溶剂 H—O 的膨胀，导致与机械压强相同高频段（$\omega_H < 3\ 100$ cm^{-1}）声子软化；二是溶质 H—O 键低配位自发收缩，导致与表皮 H—O 悬键相同的频率为 3 610 cm^{-1} 的尖峰。

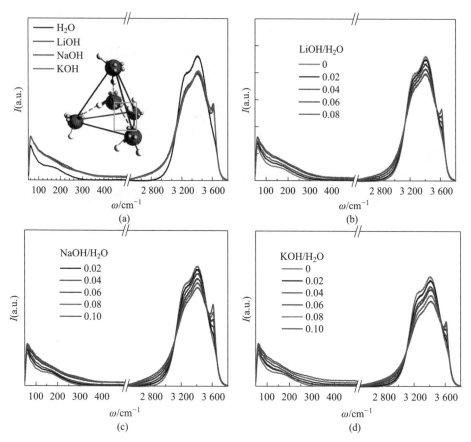

图 5.1　(a) 0.08 mol/L 的(Li,Na,K)OH 溶液以及不同浓度的(b) LiOH、(c) NaOH 和
(d) KOH 溶液的全频拉曼光谱[41](参见书后彩图)

(a)中插图示意 HO⁻ 取代了 2H₂O 晶胞的中心 H₂O 分子而形成 O∶⇔∶O 超氢键。碱水合在 3 610 cm⁻¹
处产生尖锐的特征峰,并使高频主峰强度降低,频带向低频延展

对于 H_2O_2 水合溶液,除 H_2O_2 分子的 O—O 振动在 877 cm⁻¹ 处存在特征峰外,
H_2O_2 溶液的谱峰特征与 HO⁻ 的基本相同[41]。具体而言,H_2O_2 在 3 550 cm⁻¹ 处出
现一个因溶质 H—O 收缩而导致的谱峰,在低于 3 100 cm⁻¹ 的高频段存在溶剂
H—O 键的谱峰展宽。HO⁻ 和 H_2O_2 高频特征峰值的差异清晰呈现出两者的键序
区别。在相同的浓度下,声子频率 ω_x(x=L,H)对碱性阳离子的类型也很敏
感。系列结果证实,O∶⇔∶O 超氢键具有与机械压力相同的效应[41]。此外,原子配
位分辨的 BOLS 理论[44]同样适用于水溶液。

图 5.2 和图 5.3 所示的碱溶液拉曼光谱的差分声子谱(DPS)结果表明,除
了强度与溶质浓度成正比的 3 610 cm⁻¹ 尖峰外,HO⁻ 水合使部分 H—O 声子频率

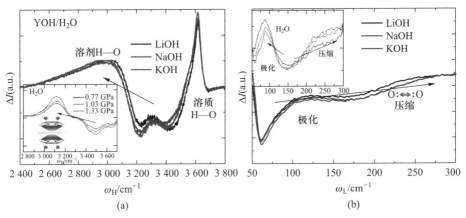

图 5.2 0.08 mol/L 的 YOH 溶液的(a)高频和(b)低频 DPS[2](参见书后彩图)

插图皆为室温水受压时的声子差谱[2]。对比碱溶液中 3 100 cm^{-1} 处和受压水 ≤3 300 cm^{-1} 的高频声子红移可以发现,O∶⇔∶O 超氢键的压缩作用比 1.33 GPa 的压力作用效果更强。3 610 cm^{-1} 位置的溶质 H—O 声子频率与 H—O 悬键的振动特征相同。低频段 DPS 显示出两部分效果:高于 200 cm^{-1} 的压缩特征波峰和低于 200 cm^{-1} 的极化特征波谷

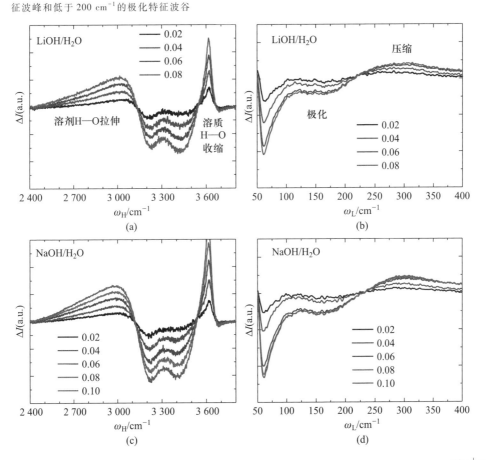

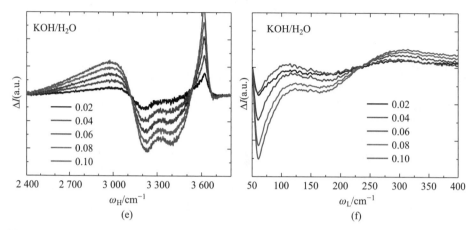

(e)　　　　　　　　　　　　(f)

图 5.3　不同浓度(a,b) LiOH、(c,d) NaOH 和(e,f) KOH 溶液高低频声子的 DPS[2](参见书后彩图)

所有溶液都展现出 O:⇔:O 对溶剂 H—O 键(<3 100 cm⁻¹)的拉伸和对 O:H 键(>250 cm⁻¹)的压缩效果,而键序缺失则引起了溶质 H—O 键(3 610 cm⁻¹)的收缩

ω_H 红移至 3 100 cm⁻¹ 及以下,O:H 非键声子频率 ω_L 则从 220 cm⁻¹ 向上蓝移。图 5.4 中 H_2O_2 溶液的 DPS 则显示,H_2O_2 的水合导致 3 100 cm⁻¹ 和 3 550 cm⁻¹ 处的声子频率红移,这与 HO⁻ 水合的情形相同。

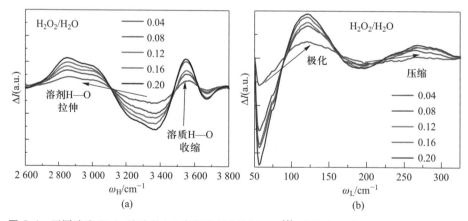

(a)　　　　　　　　　　　　(b)

图 5.4　不同浓度 H_2O_2 溶液的(a)高频和(b)低频 DPS[2](参见书后彩图)

O:⇔:O 压缩造成溶剂 H—O 键(<3 100 cm⁻¹)伸长、O:H 键(>220 cm⁻¹)收缩,键序缺失引起溶质 H—O 键(3 550 cm⁻¹)收缩。低频波段出现压致蓝移的 275 cm⁻¹ 谱峰和位于 125 cm⁻¹ 的极化特征峰

图 5.3 的 DPS 结果表明,O:⇔:O 超氢键点压源提供的压强与机械压力作用类似,但前者效果更强[2,45]。压力使溶剂 H—O 键伸长软化、O:H 非键缩短刚化。键序缺失引起 HO⁻ 溶质的 H—O 键缩短,其特征峰 3 610 cm⁻¹ 与水的 H—O 悬键的特征峰值相同,比水表皮 H—O 的 3 450 cm⁻¹ 和块体 H—O 的 3 200 cm⁻¹ 更强[46]。H₂O₂ 溶质 H—O 的特征峰值为 3 550 cm⁻¹,表明其键长介于悬键和表皮 H—O 键长之间。声子振频低于 3 100 cm⁻¹ 的特征峰段大幅展宽,表明 O:⇔:O 超氢键点压源具有长程传递作用。H₂O₂ 的 H—O 键长和 O-O 间距分别为 0.95 Å 和 1.475 Å,键角 ∠HOO 为 94.8°,其 H—O 键相对于 HO⁻ 离子的 H—O 键更长且柔。

利用 DPS 分析可以辨明碱溶液中氢键超快弛豫的物理起源[1,33]。溶质 H—O 键在 3 610 cm⁻¹ 处的高频声子寿命在(200±50)fs 范围内,而 HO⁻ 水合拉伸弱化溶剂 H—O 键,使其振动频率<3 100 cm⁻¹,声子寿命在 1~2 ps 范围内[2]。声子寿命越长意味着分子动力学过程越慢。碱溶液的系列 DPS 谱图证实,过量孤对电子所形成的分子间超氢键,其强压力作用对碱溶液和 H₂O₂ 溶液中溶质与溶剂分子内 H—O 键的弛豫至关重要。

5.2.2 H—O 键丰度转换与电子极化

DPS 谱峰的积分面积即声子转换丰度,可以表征氢键自体相转换至水合状态的相对数目。以 H—O 频带为例,图 5.5(a)和(b)展示了 YOH 和 H₂O₂ 溶液中溶剂 H—O 键(<3 100 cm⁻¹)和溶质 H—O 键(3 610 cm⁻¹)的键态转换系数 f(C) 随浓度的变化,以及这些液滴在玻璃基底上的接触角变化。YOH 溶液中,Y⁺ 阳离子极化作用也会不同程度地影响键态转换系数。溶剂 H—O 键的 f₃₁₀₀(C)/C = 常数,HO⁻ 溶质的 f₃₆₁₀(C)/C = 常数,数值大小与 Y⁺ 的种类相关,即 Na⁺>Li⁺ ≅ K⁺。f(C)/C 为常数说明每个 HO⁻ 离子引起溶质和溶剂 H—O 键弛豫的能力与溶质浓度无关,但与其 Y⁺ 的种类有关,Na⁺ 的能力要比其他两种离子都更强。

图 5.5(c)中,H₂O₂ 溶质和溶剂 H—O 键的键态转换系数有明显区别,f₃₅₅₀(C)<f₃₁₀₀(C)。前者与浓度呈线性关系,表示溶质键序缺失效果与溶质浓度无关;后者随浓度呈非线性增长,表示溶质-溶质间的排斥作用削弱了 O:⇔:O 的压缩能力。图 5.5(d)为 YOH 溶液液滴的接触角随浓度的变化,表明阳离子和 O:⇔:O 的极化作用共同调制表面应力的变化。图 5.5(d)中的插图对比了 KOH 与 H₂O₂ 两种溶液的表面应力,后者提升表面应力的能力更弱,对溶剂 H—O 键和溶质 H—O 键弛豫的能力亦是如此。与酸溶液中的 H↔H 反氢键相比,O:⇔:O 超氢键因含有两对孤对电子且排列更为紧密、电荷量更大,故而斥力作用要大得多。

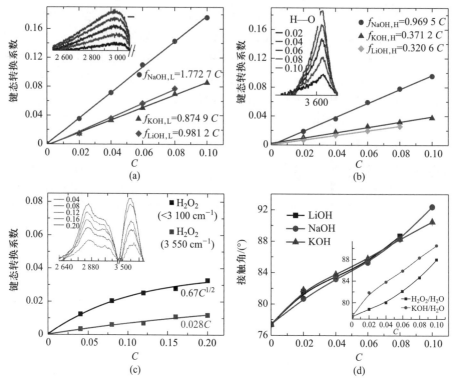

图 5.5 不同浓度(a,b) YOH 和(c) H_2O_2 溶液的键态转变系数以及(d) 两者液滴在玻璃基底上的接触角变化[41](参见书后彩图)

YOH 和 H_2O_2 溶质键序缺失的程度不同,后者在转变溶质 H—O 键和表面应力的能力上较前者的 HO^- 弱

5.2.3　溶质低配位效应与 O:⇔:O 点压源

　　YOH 和 H_2O_2 溶液的溶质服从 BOLS 和 HBCP 两个规则。HO^- 四面体或 H_2O_2 孪生四面体可与其邻近 O^{2-} 离子之间形成 O:⇔:O 超氢键点压源。配位分辨 BOLS 因键序缺失可引起溶质 H—O 键收缩[44];溶剂分子 H—O 键则因 O:⇔:O 压致伸长。值得注意的是,O:⇔:O 中的孤对电子不仅通过排斥压致氢键网络局域变形,而且还可极化近邻分子。从 O:⇔:O 形成的角度来看,H_2O_2 与 HO^- 对相邻水分子的影响相同,但 H_2O_2 中 H—O 共价键的键序略大于 HO^-,且其分子上围绕的孤对电子呈非对称分布,所以影响较弱。

　　另外,原子低配位键收缩提高了局域电荷和能量的密度,键刚性的增大加深了局域势能,局域致密电子反过来可极化价电子[44]。低配位水分子的 H—O 共价键和 O:H—O 氢键遵循键弛豫-非键电子极化(BOLS-NEP)理论。H_2O_2 或 HO^- 水合时,H—O 键不会发生解离,因为它具有 4.0 eV 或更高的能量。实验测试表明[47,48]，使用 121.6 nm 的远紫外激光激发仅能破坏单体水分子的 H—O 键。与此明显不同，Na⁺可以在真空中 5 K 的温度下从 NaCl 中溶解而出，并不需要其他任何外部激励[49]。

现已澄清为何这些碱性溶液具有与机械压力相同的压致声子频移和表面悬键频谱特征。溶剂 H—O 声子从 3 200 cm⁻¹红移至<3 100 cm⁻¹，说明 O：⇔：O 压缩效果远大于 1.33 GPa 的临界压力[2]（如图 5.2 所示）。表 5.1 列举了不同配位条件下 H—O 键的基本特征参数。

表 5.1 不同配位条件下 H—O 键的振动频率、长度和能量

H—O 键	ω_H/cm⁻¹	d_H/Å	E_H/eV	文献
悬键	3 610	≪0.84	5.11	[48]
HO-溶质	3 610	—	—	[2]
H_2O_2 溶质	3 550	<0.84	>4.66	[41]
水表皮	3 450	0.84	4.66	[50]
块体水（4 ℃）	3 200	1.00	3.97	[45]
受压水	<3 300	>1.00	<3.97	[2]
HO⁻和 H_2O_2 水合胞	<3 100	≫1.00	2.70	[2]

5.3 富孤对电子体系的水合放热机理

5.3.1 溶液温度与键态转换系数

从 O：H—O 氢键的协同弛豫[36]、溶质-溶剂 O：⇔：O 超氢键以及溶质键收缩机制[2]出发，可以将溶液的即时温度 $T(C)$ 和键态转换系数 $f(C)$ 关联起来。根据鲍林的化学键理论，化学键是能量储存的基本单元[51]。化学键可通过弛豫释放或吸收能量，即在非保守扰动如水溶解或机械压力下平衡状态的原子间距和结合能发生变化[44]。键的断裂和伸长释放能量，键的形成和收缩吸收能量。水合过程中包含能量的吸收、释放和耗散。分子运动和结构涨落耗散的 O：H 结合能在 0.1 eV 以内，对溶液温度变化的贡献不大。表 5.2 总结了 YOH 水合过程中可能涉及的热力学行为及能量变化。H_2O_2 水合过程不存在分子解离，只有 H—O 键弛豫和分子运动及结构涨落带来的影响。

图 5.6(a)和(b)展示了 YOH 和 H_2O_2 溶液即时温度随浓度的变化。对于 YOH 溶液，其温度与溶质浓度 C 成正比。对于 H_2O_2 溶液，两者关系不严格成正比，且在较高浓度下，温度增幅减缓甚至为负。图 5.6(c)表示由于溶质-溶质间的相互作用，H_2O_2 溶液 H—O 键的 $f(C)$ 曲线随浓度增大呈饱和趋势。图 5.6

(d)比较了将不同 YOH 样品加热至其最高温度所需的时间。结果显示,LiOH
比其余两者难溶解。这里的热弛豫时间以秒或分钟来计,与用飞秒或皮秒尺度
的时间分辨红外光谱所测信号完全不同,前者涉及水分子和溶质的漂移运
动[54-56]。此外,H_2O_2 比 YOH 的温度提升效果差,结合溶液表面应力和 H—O 键
态转换系数进一步证实了键序缺失所起的作用。

表 5.2　YOH 水合热力学[52]

反应	机制
吸热(Q_a)	升温迫使溶剂 H—O 键热收缩 键序缺失引起溶质 H—O 键收缩[53] Y^+ 极化引起水合 H—O 键收缩[2]
放热(Q_e)	YOH 溶解形成 Y^+ 和 HO^- [2] O:⇔:O 压致溶剂 H—O 键伸长[2] Y^+ 极化引起 O:H 伸长[2]
热耗散(Q_{dis})	分子运动和结构涨落 非绝热耗散

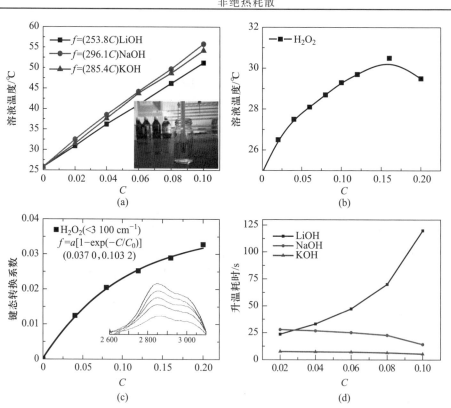

图 5.6　(a) YOH 和(b) H_2O_2 溶液即时温度随浓度的变化、(c) H_2O_2 溶液的键态转换系数
以及(d) 各溶液达到最高温度所需的时间[52](参见书后彩图)

5.3.2 水合放热的测量与定量分析

根据表 5.2 中总结的 YOH 水合热力学特征,可以估算水合过程中的能量交换。总能量守恒可表述为

$$\sum_3 Q_{e,i}(C) - \sum_3 Q_{a,j}(C) - \sum_2 Q_{dis,l}(C) = 0 \qquad (5.1)$$

式中包括能量释放(下标"e")、能量吸收(下标"a")、能量耗散(下标"dis")三项。溶质浓度为 C_M 时,以 Q_0 表示将单位质量溶液($m=1$)从 T_i 加热至 T_f 的能量,则有

$$\int_0^{Q_0} dq = h_0 \int_0^1 dm \int_0^{C_M} \frac{dt(C)}{dC} dC = h_0 T(C_M) \qquad (5.2)$$

式中,水的比热容 $h_0 = 4.18 \text{ J} \cdot (\text{g} \cdot \text{K})^{-1} = 0.000\ 39 \text{ eV} \cdot (\text{键} \cdot \text{K})^{-1}$。

$O:\Leftrightarrow:O$ 压缩导致溶剂 H—O 伸长释放能量 Q_e,键序缺失使溶质 H—O 收缩吸收能量 Q_a,两者之间的能量差使溶液升温,可表示为

$$\int_0^{Q_e} dq_e - \int_0^{Q_a} dq_a = \left[h_e \int_0^{f_e} dm_e - h_a \int_0^{f_a} dm_a \right] \int_{T_i}^{T_f} dt = \left[h_e f_e - h_a f_a \right] T(C_M) \quad (5.3)$$

式中,h_e 和 h_a 分别为单键释放的能量与吸收的能量。

故而,H—O 键伸长所释放的热量可表示为

$$Q_e = h_e T(C_M) = \frac{h_0 T(C_M)}{f_e - f_a h_a/h_e} \approx \frac{h_0 T(C_M)}{f_e - f_a} \ (h_e \approx h_a) \qquad (5.4)$$

式中,h_a 与 h_e 近似相等。表 5.3 列出了室温下不同碱溶液 H—O 键受 $O:\Leftrightarrow:O$ 压致释热的情况,释放热量约为 0.15 eV,约为 O:H 结合能的 1.5 倍[53]。结果证实,溶剂 H—O 伸长放热与溶质 H—O 收缩吸热的能量差使溶液升温,分子运动的能量耗散或结构涨落的影响不大。

表 5.3 $O:\Leftrightarrow:O$ 压致 H—O 伸缩的能量差

YOH	C_M	f_e/C	f_a/C	T_M/C	h_e/h_0	Q_e(eV/键)	Q_e/E_L
LiOH	0.08	0.981	0.321	253.8	1.515	0.150	1.58
NaOH	0.10	1.773	0.970	296.1	1.245	0.144	1.52
KOH	0.10	0.875	0.371	285.4	1.984	0.221	2.33

基于块体和碱水合状态氢键物性参数的文献参考值[水(d_H、E_H、ω_H)=(1.0 Å、4.0 eV、3 200 cm^{-1});碱水合为(1.10~1.05 Å、3.0~3.9 eV、2 500~3 000 cm^{-1})],还可以采用 $\omega^2 \propto E/d^2$ 关系来估算 H—O 键释放的能量[57]:

$$\Delta E = 2E\left(\frac{\Delta d}{d}+\frac{\Delta\omega}{\omega}\right)$$

$$= 2\times 4.0\times\left(\frac{0.10\sim0.05}{1}+\frac{(2\,500\sim3\,000)-3200}{3\,200}\right)\text{eV}$$

$$=\begin{cases} -0.95\ \text{eV}, & (2\,500\ \text{cm}^{-1}) \\ -0.1\ \text{eV}, & (3\,000\ \text{cm}^{-1}) \end{cases} \tag{5.5}$$

H—O 键的伸长使其结合能自 4.0 eV 减少了 0.1~1.0 eV。虽然释放的能量可能被低估,但 O：⇔：O 压缩引起 H—O 键伸长放热是 YOH 溶液升温的主要能量来源。H—O 拉伸释放的能量约为 O：H 结合能 1.5 倍。因此,键序缺失和 O：⇔：O 排斥引起的 H—O 键弛豫决定着水合状态氢键的热力学行为与溶液的即时温度。

5.4　理论计算结果

5.4.1　溶质占位方式与各向异性极化

利用 DFT 先分别单独计算优化 Y^+ 离子和 HO^- 的占位方式以及对周围氢键的极化效果,然后合并两者计算数量比为 1/64 的 YOH/H_2O 的综合弛豫效果。结果表明,Y^+ 离子以填隙形式占据水的四面体偏心空位,而 HO^- 以替位形式取代 H_2O：$4H_2O$ 复合胞中心的水分子,分别形成三维的 (Y^+；HO^-)·$4H_2O$：$6H_2O$ 结构,而非一维 Zundel 或二维 Eigen 结构,如图 5.7 所示。表 5.4 列出了应用 PW91 和 OBS-PW 两种方法计算的氢键弛豫结果。

对于 Y^+·H_2O,需要计及 Y^+：O^{2-} 近邻吸引和 $Y^+\leftrightarrow H^+$ 排斥。PW91 和 OBS-PW 两种方法计算获得了相同的水合胞内氢键长度弛豫和振动变化趋势。阳离子遵从 $Li^+>Na^+>K^+$ 的极化能力序度。在 LiOH 溶液中,Li^+：O^{2-} 吸引作用使 Li^+：O^{2-}—H^+：O^{2-} 各分段相对纯水分别弛豫 -33.70%、2.99% 和 -6.91%；$Li^+\leftrightarrow H^+$ 排斥使 $Li^+\leftrightarrow H^+$—O^{2-}：H^+ 各分段分别改变 41.73%、-3.76% 和 2.30%；O：⇔：O 排斥作用使 O：⇔：O：H—O 各分段分别改变 63.1%、-20.8% 和 3.8%；HO^- 溶质的 H—O 键长仅收缩了 1.83%,却使近邻 O：H 间距增大了 3.0%。Li^+ 和 K^+ 离子的偏心位移 ΔY^+ 分别为 0.74 Å 与 0.86 Å。溶质 H—O 键收缩使其振动频率蓝移至 3 610 cm^{-1}。

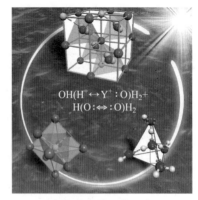

$$\text{OH}(H^+\leftrightarrow Y^+：O)H_2^+$$
$$\text{H}(O：\Leftrightarrow：O)H_2$$

图 5.7　碱水合形成的三维 (Y^+；HO^-)·$4H_2O$：$6H_2O$ 水合胞[5]

表 5.4 碱水合溶液中 Y⁺ 和 HO⁻ 水合胞内 O：H—O 分段长度的协同驰豫

	OBS-PW				PW			
	$\varepsilon_{Y \cdot H_2O}$/%	$\varepsilon_{H—O}$/%	$\varepsilon_{O：H}$/%	$\varepsilon_{H—O}$/%	$\varepsilon_{Y \cdot H_2O}$/%	$\varepsilon_{H—O}$/%	$\varepsilon_{O：H}$/%	$\varepsilon_{H—O}$/%
H_2O	0	0	0	0	0	0	0	0
$Li^+ \cdot H_2O$								
$Li^+：O_{h1}—H_{h1}：O_{h2}—H_{h2}$	-33.79	3.12	-7.81	1.29	-33.60	2.86	-6.00	1.14
$Li^+↔H_{h1}—O_{h1}：H_{h2}—O_{h2}$	42.72	-3.93	2.67	-0.28	40.74	-3.58	1.92	-0.69
$Na^+ \cdot H_2O$								
$Na^+：O_{h1}—H_{h1}：O_{h2}—H_{h2}$	-19.10	1.89	-2.72	0.81	-17.60	2.35	-3.70	0.87
$Na^+↔H_{h1}—O_{h1}：H_{h2}—O_{h2}$	60.49	-4.52	4.56	-0.27	46.10	-3.77	5.87	-1.33
$K^+ \cdot H_2O$								
$K^+：O_{h1}—H_{h1}：O_{h2}—H_{h2}$	-4.86	1.87	-2.29	0.54	-8.18	1.86	-1.34	0.56
$K^+↔H_{h1}—O_{h1}：H_{h2}—O_{h2}$	63.63	-5.22	5.24	0.79	50.83	-4.42	5.96	-1.71
$O：⇔：O$	—	—	63.54	—	—	—	62.61	—
$HO^- \cdot H_2O$								
溶质 $O：H—O$	—	-1.90	3.83	—	—	-1.76	2.24	—
溶剂（$O：⇔$）$O：H—O$	—	3.81	-21.04	—	—	3.74	-20.49	—

注：① 应变 ε 是相对纯水参值的长度变化；② O_{h1}、H_{h1}、O_{h2}、H_{h2} 分别表示不同位置水分子中氧和氢原子的位置，下标"h1"和"h2"分别对应于第一和第二水合层的水分子；③ 4 ℃ 纯水中，$d_{H—O}$=1.000 4 Å，$d_{O：H}$=1.694 6 Å[57]；④ 晶格常数 a=3.111 9 Å。

5.4.2　声子谱的超精细色散特征

图 5.8 所示为浓度为 1/64 的 Y^+ 离子水合 O:H—O 氢键的极化声子谱。1 000 cm^{-1} 以下的 DPS 谱展示了两个特征:O:H 拉伸振动模和 O:H 弯曲振动模。图 5.8(c)揭示了离子水合胞内 O:H—O 声子低频段相对于纯水的频移。O:H 弯曲振动模从 752 cm^{-1} 蓝移至 832 cm^{-1},而在 686 cm^{-1} 处发生红移。在 $Y^+\leftrightarrow H_2O$ 中,$Y^+\leftrightarrow H^+$ 压致 O:H 拉伸振动模从 380 cm^{-1} 蓝移至 439 cm^{-1}。在 $Y^+:OH_2$ 单元中,$Y^+:O$ 拉伸使 O:H 频率从 300 cm^{-1} 红移至 253 cm^{-1}。O:H 非键拉伸和弯曲模的频移与 Y^+ 的最内水合层的理论期望相一致。计算结果显示的涨落特征源于高阶水合层中 O:H—O 键的极化效应。此外,在 450 ~ 600 cm^{-1} 范围内的涨落对应于 Y^+ 对此水合层中 O:H 振动的影响。

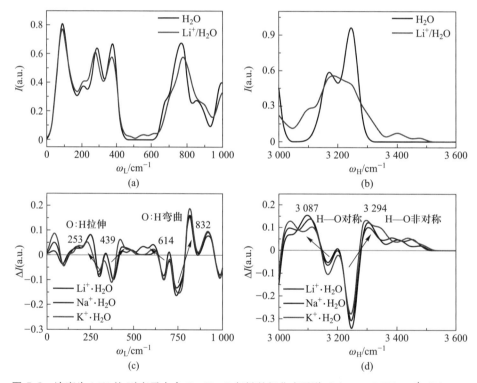

图 5.8　浓度为 1/64 的 Y^+ 离子水合 O:H—O 氢键的极化声子谱:(a) $\omega_L \leqslant 1\,000\ cm^{-1}$、(b) $\omega_H \geqslant$ 3 000 cm^{-1} 以及(c,d) $(Li,Na,K)^+/H_2O$ 溶液的 DPS 结果[5](参见书后彩图)

图 5.8(d)为 Y^+ 离子极化引起的高频段声子频移。H—O 对称拉伸振动模对应于 H 的同步振动,即两个 H 同时靠向或远离氧原子;而 H—O 非对称拉伸

模则对应于一个 H 靠近而另一个 H 远离氧原子的振动。H—O 的对称和非对称拉伸振动可以通过每个 H 振动的本征矢量获得。Y^+：OH_2 胞内，Y^+：O^{2-} 拉伸使 H—O 收缩并将拉伸振动频率从 3 250 cm^{-1} 蓝移至 3 294 cm^{-1}，$Y^+\leftrightarrow H^+$ 排斥压致 H—O 伸长致其频率从 3 169 cm^{-1} 红移至 3 087 cm^{-1}。所以，Y^+：OH_2 胞内 $Y^+\leftrightarrow H^+$ 排斥和 Y^+：O^{2-} 吸引协同导致溶质和溶剂的 H—O 键弛豫，形成振动主峰的精细振动特征。计算结果显示，阳离子的极化能力服从 $Li^+>Na^+>K^+$ 序列。

图 5.9 所示为 HO^-：$4H_2O$：$6H_2O$ 水合胞中 HO^- 对近邻 O：H—O 作用的振动谱学特征。超氢键 O：⇔：O 压致 O：H 拉伸振动从 75 cm^{-1} 刚化至 125 cm^{-1}，而且 O：H 弯曲振动也从 375 cm^{-1} 刚化至 429 cm^{-1}。同时，O：⇔：O 斥力使 H—O 振动频率从 3 170 cm^{-1} 软化降低。此外，O：⇔：O 的极化将 H—O 拉伸模从 3 246 cm^{-1} 蓝移至 3 340 cm^{-1}，同时将 O：H 声子频率从 285 cm^{-1} 红移至 241 cm^{-1}。所以，O：⇔：O 兼具排斥和极化双重功能。因为电荷载量的差异，O：⇔：O 具有与 H↔Y 相似但更强的排斥作用。计算数值解中的 3 150 cm^{-1} 和 3 450 cm^{-1} 特征分别对应于水的块体和表皮超固态[53]。

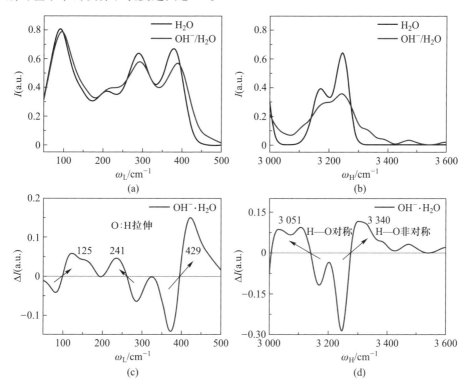

图 5.9 浓度为 1/64 的 OH^-/H_2O 溶液中，$OH^-\cdot 4H_2O$：$6H_2O$ 水合胞的(a) ω_L 和（b） ω_H 的计算声子谱以及相应的(c,d) DPS 特征[5]

5.4.3　阳离子与 O∶⇔∶O 超氢键的结合

图 5.10 所示为 Y^+ 和 HO^- 离子对声子谱的联合效应。Y^+ 离子有两种占位可能，即占据与 O∶⇔∶O 相对的位置或其侧面。理论计算优化显示两种情况存在微弱的能量差别。谱学测量(图 5.3)也显示(Li,Na,K)OH 水合在 ω_H 频带产生了两个精细特征[58]。O∶H 的 ω_L 频带从 200 cm^{-1} 拓展出两个分量，分别在120 cm^{-1} 对应极化和 >250 cm^{-1} 处对应 O∶⇔∶O 压力效应。O∶⇔∶O 压力将H—O 的 ω_H 频带分别从块体水的 3 200 cm^{-1} 和表皮的 3 450 cm^{-1} 转移至 <3 100 cm^{-1} 与一个位于 3 610 cm^{-1} 的尖峰，后者谱峰与表皮 H—O 悬键等同。然而，理论计算结果没有出现谱学测量的 HO^- 溶质 H—O 键收缩的 3 610 cm^{-1}特征峰。不过除溶质键收缩外，理论计算已经捕捉到碱水合的主要谱学特征[59]。理论计算结果主要取决于势函数的选取，它与实验结果的分歧说明理论计算程序还需要考虑低配位键收缩效应。

谱学测量的 H—O 振动特征[1,60]可澄清溶质 H—O 振动频率 3 610 cm^{-1} 对应溶液中的慢耗散过程和 (200 ± 50) fs 的声子长寿命，而 3 100 cm^{-1} 的特征对应于溶剂 H—O 键的 O∶⇔∶O 压致伸长和声子的超快过程或 1~2 ps 的短寿命[58]。在超快红外光谱中，声子能量耗散速率与其振动频率成正比。高频高能声子需要更长的时间耗散其能量[61]。

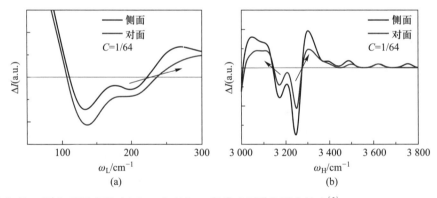

图 5.10　Y^+ 和 HO^- 离子对(a) ω_L 与(b) ω_H 频带声子谱的联合效应[5]
高低频段分别显示 Y^+ 和 O∶⇔∶O 极化(<100 cm^{-1}, 3 300 cm^{-1})以及 O∶⇔∶O 压力(>220 cm^{-1}, <3 100 cm^{-1})引起的谱学特征

5.5 小结

声子谱学测量与 DFT 计算相结合,不仅可以深究溶质-溶剂的界面信息,也可以分辨正离子、孤对电子以及 HO^- 离子对碱和 H_2O_2 溶液中 $O:H—O$ 氢键弛豫与极化的驱动能力。结果显示:

(1)耦合氢键的唯一性决定溶剂中水分子的取向守恒和溶剂的静态单晶结构,而非无序非晶或分子自由迁移或旋转以及质子的随机隧穿。

(2)水分子的四面体空位中电场的非均匀性决定 Y^+ 离子偏心占据空位而形成极化超固态水合胞。$H^+ \leftrightarrow Y^+:O^{2-}$ 作用扰动水合胞内的氢键长度和极化电子。

(3)HO^- 替位式占据水分子的四面体中心,将一条 $O:H—O$ 氢键转换成具有极化和排斥功能的 $O:\Leftrightarrow:O$ 超氢键。溶质 HO^- 的 $H—O$ 键自发收缩。

(4)$Y^+ \leftrightarrow H^+$ 和 $O:\Leftrightarrow:O$ 排斥扩展而 $Y^+:O^{2-}$ 吸引缩短自身间距。$Y^+:O^{2-}$ 拉伸和 $O:\Leftrightarrow:O$ 排斥扩展与其相对的 $H—O$ 键的同时,拉伸与 $H—O$ 伸长耦合的 $O:H$ 非键。$Y^+ \leftrightarrow H^+$ 排斥和 $Y^+:O^{2-}$ 吸引对 $H—O$ 和 $O:H$ 振动峰附加了精细色散峰。

(5)近邻孤对电子间的 $O:\Leftrightarrow:O$ 排斥和溶质键序缺失通过 $O:\Leftrightarrow:O$ 和 Y^+ 极化以及溶质 HO^- 键收缩主导氢键网络弛豫和声子特征峰色散以及溶液的物理化学性能。

(6)溶剂 $H—O$ 键伸长放热与溶质 $H—O$ 收缩吸热的能量差使溶液升温。阳离子极化和 $O:\Leftrightarrow:O$ 压缩都可提高碱性溶液的表面应力。相较于 H_2O_2,HO^- 具有更强的键态转换能力以及提高表面应力和溶液温度的能力。这些发现不仅从 HBCP 的角度证明了将水合研究从分子动力学扩展至单键热力学的必要性,也证实了 DPS 方法与所提出的水合胞理论分析方法在探明键态转化和刚度转换方面的优势。

参 考 文 献

[1] Thämer M., De Marco L., Ramasesha K., et al. Ultrafast 2D IR spectroscopy of the excess proton in liquid water. Science, 2015, 350(6256): 78–82.

[2] Zhou Y., Huang Y., Ma Z., et al. Water molecular structure-order in the NaX hydration shells (X = F, Cl, Br, I). Journal of Molecular Liquids, 2016, 221: 788–797.

[3] Marinho H. S., Real C., Cyrne L., et al. Hydrogen peroxide sensing, signaling and regulation of transcription factors. Redox Biology, 2014, 2: 535–562.

[4] Satooka H., Hara-Chikuma M. Aquaporin-3 controls breast cancer cell migration by regulating hydrogen peroxide transport and its downstream cell signaling. Molecular and Cellular Biology,2016,36(7):1206-1218.

[5] Gao S., Huang Y., Zhang X., et al. Unexpected solute occupancy and anisotropic polarizability in Lewis basic solutions. Journal of Physical Chemistry B,2019,123(40): 8512-8518.

[6] Strukul G. Catalytic Oxidations with Hydrogen Peroxide as Oxidant. Dordrecht:Springer Science & Business Media,2013.

[7] Kim J. G.,Park S. J.,Damsté J. S. S.,et al. Hydrogen peroxide detoxification is a key mechanism for growth of ammonia-oxidizing archaea. Proceedings of the National Academy of Sciences of the United States of America,2016,113(28):7888-7893.

[8] Amanna I. J.,Raue H. P.,Slifka M. K. Development of a new hydrogen peroxide-based vaccine platform. Nature Medicine,2012,18(6):974-979.

[9] Noorbakhsh A., Khakpoor M., Rafieniya M., et al. Highly sensitive electrochemical hydrogen peroxide sensor based on iron oxide-reduced graphene oxide-chitosan modified with DNA-celestine blue. Electroanalysis,2017,29(4):1113-1123.

[10] Bodvard K., Peeters K., Roger F., et al. Light-sensing via hydrogen peroxide and a peroxiredoxin. Nature Communications,2017,8:14791.

[11] Fan W., Lu N., Huang P., et al. Glucose-responsive sequential generation of hydrogen peroxide and nitric oxide for synergistic cancer starving-like/gas therapy. Angewandte Chemie,2017,56(5):1229-1233.

[12] Vilema-Enriquez G., Arroyo A., Grijalva M., et al. Molecular and cellular effects of hydrogen peroxide on human lung cancer cells:Potential therapeutic implications. Oxidative Medicine and Cellular Longevity,2016,2016:1908164.

[13] Gemeay A. H.,Mansour I. A.,El-Sharkawy R. G.,et al. Catalytic effect of supported metal ion complexes on the induced oxidative degradation of pyrocatechol violet by hydrogen peroxide. Journal of Colloid and Interface Science,2003,263(1):228-236.

[14] Sies H. Hydrogen peroxide as a central redox signaling molecule in physiological oxidative stress:Oxidative eustress. Redox Biology,2017,11:613-619.

[15] Fukuzumi S.,Yamada Y. Hydrogen peroxide used as a solar fuel in one-compartment fuel cells. Chemelectrochem,2016,3(12):1978-1989.

[16] Asghar A.,Abdul Raman A. A.,Wan Daud W. M. A. Advanced oxidation processes for in-situ production of hydrogen peroxide/hydroxyl radical for textile wastewater treatment:A review. Journal of Cleaner Production,2015,87:826-838.

[17] An L.,Zhao T.,Yan X.,et al. The dual role of hydrogen peroxide in fuel cells. Science Bulletin,2015,60(1):55-64.

[18] Pei Z. M.,Murata Y.,Benning G.,et al. Calcium channels activated by hydrogen peroxide mediate abscisic acid signalling in guard cells. Nature,2000,406(6797):731-734.

[19] Neill S. J.,Desikan R.,Clarke A.,et al. Hydrogen peroxide and nitric oxide as signalling molecules in plants. Journal of Experimental Botany,2002,53(372):1237−1247.

[20] Han P.,Zhou X. H.,Chang N.,et al. Hydrogen peroxide primes heart regeneration with a derepression mechanism. Cell Research,2014,24(9):1091−107.

[21] Arrhenius S. Development of the theory of electrolytic dissociation. Nobel Lecture,1903.

[22] Brönsted J. Part III. Neutral salt and activity effects. The theory of acid and basic catalysis. Transactions of the Faraday Society,1928,24:630−640.

[23] Lowry T. M., Faulkner I. J. CCCXCIX.—Studies of dynamic isomerism. Part XX. Amphoteric solvents as catalysts for the mutarotation of the sugars. Journal of the Chemical Society,1925,127:2883−2887.

[24] Lewis G. N. Acids and bases. Journal of the Franklin Institute,1938,226(3):293−313.

[25] Gong Y.,Zhou Y.,Wu H.,et al. Raman spectroscopy of alkali halide hydration:Hydrogen bond relaxation and polarization. Journal of Raman Spectroscopy, 2016, 47 (11): 1351−1359.

[26] Zhang X., Yan T., Huang Y., et al. Mediating relaxation and polarization of hydrogen-bonds in water by NaCl salting and heating. Physical Chemistry Chemical Physics,2014, 16(45):24666−24671.

[27] Shen Y. R.,Ostroverkhov V. Sum-frequency vibrational spectroscopy on water interfaces: Polar orientation of water molecules at interfaces. Chemical Reviews, 2006, 106 (4): 1140−1154.

[28] Chen H.,Gan W.,Wu B.-H.,et al. Determination of structure and energetics for Gibbs surface adsorption layers of binary liquid mixture 1. Acetone+water. Journal of Physical Chemistry B,2005,109(16):8053−8063.

[29] Tuckerman M. E.,Marx D.,Parrinello M. The nature and transport mechanism of hydrated hydroxide ions in aqueous solution. Nature,2002,417(6892):925−929.

[30] Van der Post S. T., Hsieh C. S., Okuno M., et al. Strong frequency dependence of vibrational relaxation in bulk and surface water reveals sub-picosecond structural heterogeneity. Nature Communications,2015,6:8384.

[31] Liu L.,Hunger J.,Bakker H. J. Energy relaxation dynamics of the hydration complex of hydroxide. Journal of Physical Chemistry A,2011,115(51):14593−14598.

[32] Hunger J.,Liu L.,Tielrooij K. J.,et al. Vibrational and orientational dynamics of water in aqueous hydroxide solutions. Journal of Chemical Physics,2011,135(12):124517.

[33] Mandal A., Ramasesha K., De Marco L., et al. Collective vibrations of water-solvated hydroxide ions investigated with broadband 2DIR spectroscopy. Journal of Chemical Physics,2014,140(20):204508.

[34] Robertson W. H.,Diken E. G.,Price E. A.,et al. Spectroscopic determination of the OH⁻ solvation shell in the OH⁻ · (H_2O)$_n$ clusters. Science,2003,299(5611):1367−1372.

［35］ Lin R. J., Nguyen Q. C., Ong Y. S., et al. Temperature dependent structural variations of $OH^-(H_2O)_n$, $n = 4 - 7$: Effects on vibrational and photoelectron spectra. Physical Chemistry Chemical Physics, 2015, 17(29): 19162–19172.

［36］ Sun C. Q., Sun Y. The Attribute of Water: Single Notion, Multiple Myths. Springer-Verlag, 2016.

［37］ Chaudhuri C., Wang Y. S., Jiang J., et al. Infrared spectra and isomeric structures of hydroxide ion-water clusters $OH^-(H_2O)_{1-5}$: A comparison with $H_3O(H_2O)_{1-5}$. Molecular Physics, 2001, 99(14): 1161–1173.

［38］ Roberts S. T., Petersen P. B., Ramasesha K., et al. Observation of a Zundel-like transition state during proton transfer in aqueous hydroxide solutions. Proceedings of the National Academy of Sciences of the United States of America, 2009, 106(36): 15154–15159.

［39］ Dahms F., Costard R., Pines E., et al. The hydrated excess proton in the Zundel cation $H_5O_2^+$: The role of ultrafast solvent fluctuations. Angewandte Chemie, 2016, 55(36): 10600–10605.

［40］ Wolke C. T., Fournier J. A., Dzugan L. C., et al. Spectroscopic snapshots of the proton-transfer mechanism in water. Science, 2016, 354(6316): 1131–1135.

［41］ Chen J., Yao C., Liu X., et al. H_2O_2 and HO^- solvation dynamics: Solute capabilities and solute-solvent molecular interactions. ChemistrySelect, 2017, 2(27): 8517–8523.

［42］ Sun C. Q., Zhang X., Zhou J., et al. Density, elasticity, and stability anomalies of water molecules with fewer than four neighbors. Journal of Physical Chemistry Letters, 2013, 4: 2565–2570.

［43］ Crespo Y., Hassanali A. Characterizing the local solvation environment of OH^- in water clusters with AIMD. Journal of Chemical Physics, 2016, 144(7): 074304.

［44］ Sun C. Q. Relaxation of the Chemical Bond. Heidelberg: Springer-Verlag, 2014.

［45］ Sun C. Q., Zhang X., Zheng W. T. Hidden force opposing ice compression. Chemical Science, 2012, 3: 1455–1460.

［46］ Zhang X., Huang Y., Ma Z., et al. A common supersolid skin covering both water and ice. Physical Chemistry Chemical Physics, 2014, 16(42): 22987–22994.

［47］ Harich S. A., Yang X., Hwang D. W., et al. Photodissociation of D_2O at 121.6 nm: A state-to-state dynamical picture. Journal of Chemical Physics, 2001, 114(18): 7830–7837.

［48］ Harich S. A., Hwang D. W. H., Yang X., et al. Photodissociation of H_2O at 121.6 nm: A state-to-state dynamical picture. Journal of Chemical Physics, 2000, 113(22): 10073–10090.

［49］ Peng J., Guo J., Ma R., et al. Atomic-scale imaging of the dissolution of NaCl islands by water at low temperature. Journal of Physics: Condensed Matter, 2017, 29(10): 104001.

［50］ Zhang X., Liu X., Zhong Y., et al. Nanobubble skin supersolidity. Langmuir, 2016, 32(43): 11321–11327.

[51] Pauling L. The Nature of the Chemical Bond. Ithaca, NY: Cornell University Press, 1960.

[52] Sun C. Q., Chen J., Yao C., et al. (Li, Na, K) OH hydration bonding thermodynamics: Solution self-heating. Chemical Physics Letters, 2018, 696: 139-143.

[53] Huang Y. L., Zhang X., Ma Z. S., et al. Hydrogen-bond relaxation dynamics: Resolving mysteries of water ice. Coordination Chemistry Reviews, 2015, 285: 109-165.

[54] Brinzer T., Berquist E. J., Ren Z., et al. Ultrafast vibrational spectroscopy (2D-IR) of CO_2 in ionic liquids: Carbon capture from carbon dioxide's point of view. Journal of Chemical Physics, 2015, 142(21): 212425.

[55] Ren Z., Ivanova A. S., Couchot-Vore D., et al. Ultrafast structure and dynamics in ionic liquids: 2D-IR spectroscopy probes the molecular origin of viscosity. Journal of Physical Chemistry Letters, 2014, 5(9): 1541-1546.

[56] Zhang Q., Wu T., Chen C., et al. Molecular mechanism of water reorientational slowing down in concentrated ionic solutions. Proceedings of the National Academy of Sciences of the United States of America, 2017: 201707453.

[57] Huang Y., Zhang X., Ma Z., et al. Size, separation, structure order, and mass density of molecules packing in water and ice. Scientific Reports, 2013, 3: 3005.

[58] Sun C. Q. Unprecedented O : ⇔ : O compression and H ↔ H fragilization in Lewis solutions (Perspective). Physical Chemistry Chemical Physics, 2019, 21: 2234-2250.

[59] Sun C. Q., Chen J., Gong Y., et al. (H, Li) Br and LiOH solvation bonding dynamics: Molecular nonbond interactions and solute extraordinary capabilities. Journal of Physical Chemistry B, 2018, 122(3): 1228-1238.

[60] Mandal A., Ramasesha K., De Marco L., et al. Collective vibrations of water-solvated hydroxide ions investigated with broadband 2DIR spectroscopy. Journal of Chemical Physics, 2014, 140(20): 204508.

[61] Sun C. Q., Sun Y. The Attribute of Water: Single Notion, Multiple Myths. Singapore: Springer Nature Singapore, 2016.

第 6 章
盐水合 I:超固态水合胞

要点提示

- ✓ 离子通过极化缩短刚化 H—O 键而拉伸软化 O:H 非键,形成超固态水合胞
- ✓ 阴离子间的排斥弱化离子的局域电场,而阳离子电场因屏蔽效应不受影响
- ✓ 阳离子的水合胞体积恒定,而阴离子水合胞体积随溶质浓度增加而逐渐变小
- ✓ 离子电致极化提升溶液黏度、表面应力和反光特性,降低冰点,提高熔点

内容摘要

　　盐水解形成的离子占据水分子的偏心四面体空位并拉伸极化近邻 O:H—O 键,形成具有超固态特征的水合胞。作为子晶格,水合胞按各自规则有序地排布于溶液的氢键网络中。离子极化具有与分子低配位相同的效果,缩短H—O 键并增加其声子刚度和声子寿命,提高表面应力和溶液黏度。O:H 和 H—O 声子协同弛豫调制溶液的准固态相边界,提高熔点 T_m,降低冰点 T_N。因为被近邻偶极水分子完全屏蔽,较小的一价和二价阳离子的键态转换系数(即极化系数)$f_Y(C) \propto C$,或者说水合团簇体积 $f_Y(C)/C$ 恒定,与溶质浓度无关,故阳离子的局域电场强度不受其他离子的干扰。阴离子对氢键的极化能力为 $f_X(C) \propto C^{1/2}$,水合胞体积正比于 $f_X(C)/C \propto C^{-1/2}$。近邻偶极水分子不足以完全屏蔽 X^- 的电场,故溶液的 $X \leftrightarrow X$ 排斥弱化阴离子的局域电场。

6.1　盐溶液

6.1.1　背景

　　盐的水合反应与生物医药、疾病防控、生命健康、气候气象、能源环境等领域密切相关。盐溶质的介入使本来已经足够神奇的水溶剂变得更加复杂和魔幻。例如,盐水解成离子后,每个离子通过水合极化近邻水分子形成超固态水合胞[1-3]。类胶状超固态具有高熔点、低冰点、低沸点、高弹性、高韧性、高红外反射率、高热扩散系数、低比热容、低密度、富 THz 声子等特点[4-6]。氯化钠和氯化钙的饱和水溶液的冰点分别降低 20 ℃和 45 ℃,这一特性已获得广泛应用,比如寒带雪后公路融冰以确保交通安全,避免冰楔形成对生物样品和生命活体造成刺伤,还应用于食品保鲜[7,8]、医药加工[9]、医疗器械[10]、水凝胶制备[11]等。氯化钠水解可提高其溶液在 80 ℃时的蒸馏效率,达纯水的 3 倍之多[5],这一沸点降低的特征有利于通过太阳能驱动蒸馏处理工业废水和海水淡化,以实现饮用水的绿色生产。溶质阳离子与氧化石墨烯的负电荷聚集的点缺陷在常温下可构成柱状超固态水合胞,其坚硬程度足以将石墨烯的层间距撑大至 1.5 nm,使选择性过滤离子成为可能[6]。此外,通过水合反应还可以调制 H—O 键的强度以实现可控裂解制氢[12,13]和锂离子电池电解液中的固氢[14],以应对能源危机。虽然溶质种类成分和溶液浓度各不相同,但溶液存在共性,即溶质形成水合胞而直接通过氢键网络与目标物质发生相互作用。

　　盐的水合反应是一个古老但极为重要且富有前景的研究领域。然而,受限于对水溶剂本质的系统认知[15],此领域的基础研究多年来进展缓慢。自 1888年霍夫迈斯特效应发现以来,水合反应的动力学机制及其溶液性质引起了广泛关注[16]。对水合反应的描述主要基于以自由能、焓和相变潜热等概念表述的连续介质热力学[17-20],以及基于以单分子基元及溶剂的质子与孤对电子随机隧穿易位等输运方式和速率[21,22]表述的分子动力学[23-27]。这些理论方法已经形成水合反应研究的传统范式。

　　有关盐溶液对蛋白质的溶解能力的机制存在诸多唯象解释[3,28-31],如被归结为离子对水分子结构和序度的强化能力导致 O∶H 间距的变化[32,33]、离子与水分子的亲和性[34]、量子色散[35-37]、溶液表面极化诱导[38]、离子特性[34,35]和离子作用程[39]等。氢键的量子色散在配体−水相互作用[37]、纤维−生物−水相互作用中也起着重要作用[40]。盐溶液在调节溶液表面应力[41]和 DNA 及蛋白质溶解度[29,42]方面也都显示出了霍夫迈斯特效应,例如阴离子沉淀某些卵细胞蛋白的能力遵循霍夫迈斯特序列[28]。水合反应调制的程度不仅与溶质浓度成正比,也与溶质的类别有关。

Jones 和 Dole 在 1929 年提出的盐溶液黏滞系数与溶质浓度关系的表述[18]，即 $\eta(C)=AC+BC^{1/2}$，依然沿用。其中线性和非线性项分别描述溶质离子间和溶质−溶剂间的作用。实验方面，人们关注的焦点主要是溶质水合胞的形成[43]、溶质扩散迁移[23,44]及其对水结构的影响[45,46]等。谱学测量主要集中在特征声子寿命、表界面的介电性和溶液的黏性[26,47,48]等。时间分辨声子谱探测的分子在特定位置驻留的寿命正比于溶液黏滞系数[26]。

区别一价 YX 盐溶液中 Y^+ 离子与二价 ZX_2 盐溶液中 Z^{2+} 离子在调节氢键网络和溶液性质方面的作用一直是业界关注的焦点。与一价盐溶液相比，相同浓度的二价盐溶液中含有 Z^{2+} 和双倍数量的 X^- 阴离子，使饮用水变硬，对人体健康不利[49,50]。在霍夫迈斯特排序的水溶液中，离子的大小、极性和电负性对周围水分子有不同的作用，从而导致蛋白质盐化，或称为盐溶。蛋白质被盐离子围绕，这种筛选降低了蛋白质的静电能，增加了溶剂的溶解度。

Jong 和 Neilson 研究了浓氯化镍溶液随温度和压力的水合规律[51]，发现随着温度的升高，Ni^{2+} 和 Cl^- 水合胞逐渐变小。结合中子衍射和蒙特卡罗模拟，Bruni 认为二价阳离子引起的静电场决定了第一水合胞与水分子的强定向相互作用[50]，与一价离子溶液相比，形成了更坚硬、更持久的超固态水合胞[52]。

6.1.2 声子频移和能量耗散

离子的水合胞对许多基本的生物和化学过程至关重要，它们的局部理化性质与块体水有很大的不同。将溶液看作一个以分子为基本结构单元的高度动态系统，在实验上要从溶液中区分水合胞内外水分子的行为是一项艰巨的任务。结合分子动力学计算，通过光散射对带电氨基酸侧链上盐离子的霍夫迈斯特序列的检测表明，带负电的侧链羧酸基团倾向于与更小的阳离子进行配对[53,54]。这一观察结果被解释为蛋白质表面对钠离子和钾离子的敏感性。事实上，钠离子比钾离子更容易"毒害"蛋白质，其原因之一可能是细胞醇富含钾离子而缺乏钠离子[55]。同样，碱性氨基酸带正电荷的侧链基团也倾向于与阴离子配对，颠倒了这些位点上的霍夫迈斯特序列[56,57]。离子与这些带电基团侧链的相互作用可以和离子与主链基团间的相互作用媲美，甚至超过它们，这将导致整个肽或蛋白质上霍夫迈斯特序列的反转。

Smith 等测量含 1 mol K(F,Cl,Br,I)的 H_2O/D_2O 混合溶液的声子谱发现[46]，离子溶质−偶极水分子的相互作用影响水分子的重新定向和 H_2O+D_2O 溶剂中 H—O(ω_H)和 D—O(ω_D)拉伸振动频率。电负性低且半径较大的阴离子比其他离子更能刚化声子频率 ω_H，而 F^- 对声子频率弛豫几乎没有影响。Park 等借助二维红外光谱和分子动力学模拟发现[47]，加入 5%的 NaBr 可使 D—O 拉伸振动频率从 2 509 cm^{-1}增加到 2 539 cm^{-1},而声子频移程度随每个 Br$^-$离子周围水分子的相对数量(8、16、32)而变化。溶质浓度越高,声子频移越明显,周围偶极水分子或其他 Br$^-$阴离子对其没有明显影响。此外,在超快红外光谱中,D—O 声子频率的蓝移与声子弛豫时间正相关。NaBr 的引入不仅使 ω_D 声子蓝移,而且使分子运动速度减慢。NaBr 浓度的升高不仅强化声子频移 $\Delta\omega_D$,而且增加了溶液黏度,同时减缓了水分子的平动或降低了涨落序度。

NaBr 溶质的介入会破坏溶液中的 O:H—O 氢键网络。在离子水合胞中,HOD 分子以 HOD-Br$^-$、DOH-Br$^-$ 和 HDO-Na$^+$ 的形式与离子作用。对于 HX 酸的水合,人们更倾向于用 X·H—O、X·D—O 或 Y·O—H 的形式表述溶质与溶剂的相互作用[58]。盐水合反应,如 NaCl[59]、NaBr[47]、LiCl[60]、NaClO$_4$ 和 Mg(ClO$_4$)$_2$[27,61,62] 等溶液,皆能提升声子频率 $\omega_{H/D}$(HO$^-$或 DO$^-$)。若将 H$_2$O/LiCl 分子数目比从 100 降低至 6.7,可以显著降低溶液的相转变临界温度,冰点 T_N 从 248 K 降至 190 K[60]。氢键受激极化与协同弛豫(HBCP)理论表明,冰点 T_N 与 O:H 非键结合能成正比,熔点 T_m 与 H—O 键结合能正相关[63]。

以 pH 标定水溶液的酸碱程度,其是水溶液中 H$^+$的摩尔浓度的以 10 为底的负对数,H$^+$的浓度单位为 mol/L[53,54]。pH<7 为酸性溶液,pH>7 为碱性溶液。纯水是中性的,pH=7。NH$_4$H$_2$PO$_4$(磷酸二氢铵)等有机化合物水溶液的 H—O 键振动频率随着 pH 的变化是调节溶液中质子含量的标志[64]。

Li 等[45]将不同温度下卤化钠(NaX)溶液的 H—O 拉伸振动模分解为五个组分:将两个较高的波数标定为氢键较少的水分子,三个较低的波数定为含 4 条氢键的处于类晶结构中的水分子。将盐溶液与纯水在 0~100 ℃温区内的拉曼光谱对比可发现,在 20 ℃时,除 F$^-$对拉曼光谱没有明显影响外[46],Cl$^-$、Br$^-$ 和 I$^-$离子引起的氢键声子频移方式与加热效果相同。所以推论,卤素离子在破坏水结构方面具有与纯水加热相同的效果。离子极化会产生更多的自由水分子,将氢键转变成卤素离子-水分子的类氢键(X·H—O)。通常,X$^-$导致 H—O 刚化的同时软化 O:H 非键。尽管盐的离子极化和加热对 O:H—O 键的长度弛豫效果相同,但在结构序度上,热涨落与盐离子极化在提高表面应力和黏度方面却效果相反[65]。Smith、Saykally 和 Geissler 将水合反应诱导的拉曼高频声子频率 ω_H 蓝移归因于氢键的形成,而非水结构的破坏[46]。基于对含摩尔百分比为 14% 的 HOD 的浓度为 1 mol/L 的钾卤盐(KX)溶液的测量,他们认为,盐溶液和水的光谱间的差异主要来自电极化,并非第一水合胞内氢键的重排或断裂。

谱学研究已经证实,在盐[42,65-67]、碱[66]和酸[58,68]溶液中,离子形成一个电荷中心,其径向电场聚集、排列、拉伸和极化邻近的水分子,在电场极化和偶极水分子屏蔽作用下形成一个超固态水合胞。极化作用将拉伸弱化 O:H 键而缩短刚化 H—O 键。DFT 计算表明[69]，在 I⁻ 阴离子的第一水合胞中，与普通块体状态的 O：H—O 键相比，I·H 键伸长约 40%，H—O 键缩短 1%；而在第二水合胞中，O：H 拉伸 29%，H—O 缩短了 0.9%。X⁻ 导致的 X·H—O 和 O：H—O 弛豫程度遵循 I>Br>Cl 序列。体积较大且电负性较低的阴离子对水合胞内氢键的极化效果更强。

对一系列浓度小于 0.05 mol/L 的一价和二价氯盐[(Li,Na,K,Rb,Cs,NH₄)Cl；(Mg,Ca,Sr)Cl₂]溶液进行飞秒级二次谐波散射(fs-ESHS)检测发现[70]，离子周围的电荷分布和水合胞内水分子的结构取向顺序受离子价态影响，小尺度高价态阳离子的影响较为明显，并遵循霍夫迈斯特序列。另外，对于含有复杂阴离子基团的络合盐，其阴离子作用也备受关注[71-74]。分子动力学模拟和超快红外光谱测量揭示[71]，SCN⁻ 离子在 KSCN 水溶液中旋转运动较快。Park 等通过二维红外光谱分析发现[27]，将 NaClO₄ 溶液的摩尔分数从 0.05 提高到 0.1，D—O 声子发生蓝移。Yin 等将液体射流软 X 射线光谱、分子动力学模拟和第一性原理电子结构计算相结合，解释了 MgCl₂ 溶液中水-溶质的相互作用，认为盐离子会影响附近水分子的电子性质[75]。氧的近边 X 射线发射谱分析推论，第一水合胞中的水分子与块体中的表现明显不同。Mg²⁺ 离子引起水的孤对电子轨道呈现红移，Cl⁻ 离子的 3p 轨道使水的发射光谱在 528 eV 左右产生额外谱峰。

Wei、Zhou 和 Bian 利用偏振选择性红外泵浦-探测光谱研究了(Li,Na)ClO₄ 溶液中阳离子对水分子振动的影响，发现 Li⁺ 对 2 630 cm⁻¹ 处峰值的影响比 Na⁺ 弱得多[76]。NaClO₄ 的加入可使赝电容材料中氢氧化钴 Co(OH)₂ 电解质的冰点降至 -30 ℃，使其能量密度损失达 28%。这种防冻效果有利于储能设备在低温环境下服役[77]。

6.1.3 溶液黏度与分子扩散系数

在水溶液中，溶质分子可被视为在溶剂基质中运动的布朗粒子。溶质的漂移运动扩散率 $D(\eta,R,T)$ 遵循斯托克斯-爱因斯坦关系[20]

$$\frac{D(\eta,R,T)}{D_0}=\frac{k_B T}{6\pi\eta R} \tag{6.1}$$

式中，η、R、k_B 分别为溶液黏度、溶质尺寸和玻尔兹曼常数；D_0 为水的扩散系数。由泵浦迟滞曲线可得，H—O 声子弛豫时间 $\tau(\omega)$ 与黏度和扩散系数相关，即

$$\frac{I(\omega,t)}{I(\omega,0)}=\exp[-t/\tau(\omega)] \tag{6.2}$$

通过关闭/打开激发或探测光源记录分子内 H—O 振动模随时间变化的信号强度[即$I(\omega,t)$与$I(\omega,0)$]，可得到弛豫时间 $\tau(\omega)$。$\tau(\omega)$不仅随激发频率和配位环境发生变化，还与溶质浓度和温度的变化有关[78]。溶液冷却或溶质浓度增加

可延长声子寿命。图 6.1(a)所示的结果表明,H—O 键的拉伸振动越快,分子运动越慢,弛豫时间越长。由于低配位诱导的极化,和频振动谱中 H—O 悬键的声子频率为 3 700 cm^{-1}(850 fs),拉曼光谱中为 3 610 cm^{-1};而表皮水分子 H—O 键的相应频率分别为 3 450 cm^{-1}(约 500 fs)和 3 200 cm^{-1}(250 fs)。谱峰越高意味着声子弛豫时间越长。

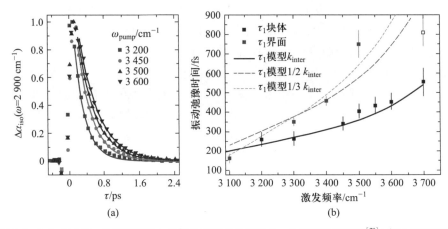

(a)　　　　　　　　　　　(b)

图 6.1　(a) 水中 H—O 悬键和(b) 块体和表皮水分子中 H—O 键的弛豫情况[78](参见书后彩图)
(a)中数据来自归一化泵浦红外光谱,声子寿命迟滞的探测频率为 $\omega_{probe}=2\,900$ cm^{-1},泵浦频率中心分别取于 $\omega_{pump}=3\,200,3\,450,3\,500,3\,600$ cm^{-1};(b)中 H—O 振动的弛豫时间常数取决于其拉伸振动的激发频率,空心红色方块对应于 H—O 悬键的振动弛豫时间

　　图 6.2 所示为 H—O 声子弛豫时间与 SCN$^-$ 和 CO$_2$ 溶液黏度的关联[26,79]。溶液黏度可以通过改变溶液温度或溶质浓度进行调节。理论上,声子弛豫时间

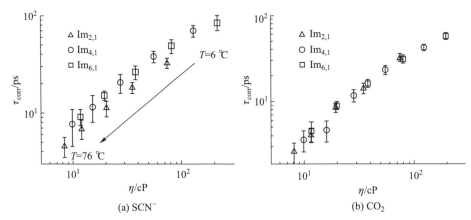

(a) SCN$^-$　　　　　　　　　　(b) CO$_2$

图 6.2　H—O 声子弛豫时间与(a)SCN$^-$ 和(b)CO$_2$ 溶液黏度的关系[26,79]
由于极化效应,溶液冷却和溶质浓度升高可增加弛豫时间和黏度

与溶液黏度成正比,这表示 H—O 声子蓝移与分子运动减慢有关,或者说能量耗散率与声子频率成反比。然而,尽管 H—O 声子蓝移仍然存在,但由于热涨落和氢键网络破坏,加热和酸水合反应并不遵循这一趋势[58,71]。

盐溶液的黏度是将水溶性盐分为结构保护型和结构破坏型的重要宏观参数之一。溶液黏度 η 随溶液浓度 C 变化,满足 Jones-Dole 表达式[18,19]:

$$\Delta\eta(C)/\eta(0)=AC^{1/2}+BC \tag{6.3}$$

式中,A 和 B 为权重系数,$\eta(0)$ 为纯水的黏度。线性项描述溶质离子间的相互作用,非线性项反映溶质-溶剂分子间的相互作用。近年研究进展揭示[80],Jones-Dole 黏滞系数的线性部分为阳离子全屏蔽极化的贡献,非线性部分为阴离子非全屏蔽即包含阴离子间排斥作用的贡献[52,81]。

为研究溶液黏度的微观机理,Omta 等采用飞秒泵探针光谱法研究了离子对 $Mg(ClO_4)_2$、$NaClO_4$ 和 Na_2SO_4 溶液中水分子重定向弛豫时间的影响[82]。他们发现,离子的加入对离子第一水合层外的水分子的旋转运动没有影响,离子的存在不会导致液态水中氢键网络的增强或破坏。然而,在中子衍射[83]和黏度测量[84]的辅助下,Tielrooij 等[85]发现某种盐可以在较远距离或多个水合胞中改变水分子的取向。使用太赫兹与飞秒红外光谱的水动力学研究则有所不同,特别是对于 Mg^{2+}、Li^+、Na^+、Cs^+ 阳离子和 S^{2-}、Cl^-、I^- 阴离子,结果表明离子和其反电荷离子对水的影响具有强烈的相互依赖性及非叠加性,其影响在某些情况下甚至超过对直接围绕离子的第一水合层中水分子的影响。

Nickolov 和 Miller 使用傅里叶红外光谱在全浓度范围内检测了含 4%(质量分数)D_2O 的(K,Cs)F、(Na,K)I 和 CsCl 溶液中 D—O 声子的频移 $\Delta\omega_D$[86]。他们将 $\Delta\omega_D$ 与使结构形成($B>0$)和破坏($B<0$)的溶质特征关联起来,将 KI、NaI 和 CsCl 在 2 500 cm^{-1} 处的 $\Delta\omega_D$ 红移归因于溶剂氢键网络结构的破坏,而(K,Cs)F 的 $\Delta\omega_D$ 蓝移归因于氢键网络结构的加固。

低配位水分子构成的表皮和离子水合胞可形成具有高弹性、高溶解度和高黏度等特征的超固态[87]。在超固态中,分子运动较慢,H—O 声子弛豫时间较长;H—O 较短,O:H 较长;T_N 较低,T_m 较高。超固态的性质决定了水表皮的疏水性和冰表面的自润滑特性。超固态表皮的高热扩散系数主导姆潘巴效应——热水速冷[88,89]。

6.1.4　盐水合溶液性能的机制

Collins 在 20 世纪 90 年代提出了"匹配亲水性"观点[34,35],他认为具有相似水合自由能的带电离子在水中容易配对。由于静电相互作用,离子之间、离子与带相反电荷的表面之间的相互作用形成一个系统。盐水合反应不仅取决于单个离子的作用,而且还体现出系统各组分之间的相互作用。作为离子协同作用的来源之一,离子配对对水溶液的许多方面都有影响,如反应活性、表面应力、蛋白溶解性等。现今普遍的观点认为,霍夫迈斯特序列是源于不同盐离子在非极性分子或宏观表层取代水的能力不同。空气-溶液界面的表面电位差和表面应力可以解释离子如何通过蛋白质-溶液界面的间接相互作用影响蛋白质的化学溶解稳定性[84]。

仅基于静电作用而不考虑量子力学、离子色散以及与其他离子和水分子的相互作用,不足以解释电解质溶液的离子特性[36]。基于 Collins 规则的计算从色散相互作用扩展到离子相互作用,许多令人费解的电解质溶液性质可以得到解释[35],例如不同大小的离子在水合反应时能量上存在差异、碘离子与气液界面间存在小的斥力以及在水中的离子彼此间存在较大的亲和力。

Liu 等观察到在较广的离子强度范围下,Ca^{2+}/Na^+ 在带电表面的交换过程中呈现很强的霍夫迈斯特效应[38]。考虑到伦敦色散力、诱导力、离子大小或水合效应,他们认为应将观测结果归因为离子表面诱导的一种新的作用力。这种作用力的强度是经典诱导力的 10^4 倍,可以和库仑力相媲美。库仑相互作用、色散和水合作用似乎与诱导力交织在一起。观察到强力的非经典诱导力的存在,意味着界面上离子或原子的非键电子的能量可能被低估了,而正是这些被低估的非键电子的能量决定了霍夫迈斯特效应。Xie 等认为[39],经常被忽略的阴-阳离子间的协同性在霍夫迈斯特效应中起重要作用。当尿素与兼有强水合阳离子和弱水合阴离子的盐等氢键供体浓度增加时,它们往往可作为二级结构的变性剂溶解蛋白质;而在氢键供体缺乏但氢键受体丰富的环境中,情况则相反。

人们很难用单一的概念来描述离子水合效应。Zangi 等在考虑离子与直径 0.5 nm 的疏水颗粒相互作用时发现,高电荷密度的离子通过促进疏水相互作用来聚集粒子,从而导致盐析[90]。低电荷密度的离子也可能存在盐析或盐溶现象,这取决于它们的浓度。这些作用与颗粒表面离子的优先吸引或排斥有关,但并非单纯依靠某种简单的方式进行。高电荷浓度离子倾向于在疏水粒子团簇表面耗散,但在其他位置又与水分子紧密结合,从而减少用以溶解这些粒子的水分子数量。在高离子浓度下,低电荷的离子在粒子表面被优先吸收,由于疏水粒子形成簇状,周围的离子呈胶束状排列,从而导致盐析。在较低的浓度下,离子不能以这种方式溶解或聚集而发生盐析。

关于 Kosmotropes-Chaotropes 结构固化-破坏的理论解释至少存在两个问题[31]。首先,这种解释无法呈现蛋白质或其他水合溶质表面的详细化学过程。其次,离子可能只影响其第一水合胞,而不影响水分子的长程有序性[82,91]或其他水合胞[85]。此外,阴离子可能倾向于优先占据具有极化性质的溶剂-空气界面[92]。如果不考虑蛋白质本身的性质和溶剂-蛋白质的相互作用,就不可能使离子的规则排列或霍夫迈斯特序列解释合理化。

为了在理解生物系统中离子特异性效应方面取得进一步进展,可能需要超越单一的阴离子或阳离子的霍夫迈斯特序列的思考[31]。无论是在蛋白质周围还是在水溶液中,盐溶液的性能不仅取决于单个离子在蛋白质表面的行为,在不同程度上还取决于盐离子间的相互作用。这种效应在高浓度盐中更为显著,但其与非特异性的静电相互作用不同。

6.1.5 现存问题

将水分子作为基本结构单元,人们只能在水合尺度范围内研究溶质分子的运动学、水的结构、声子寿命等。而解释溶质能力、溶质-溶质和溶质-溶剂分子间相互作用及其对氢键网络结构与电荷极化的影响仍然存在巨大挑战。分子内 H—O 或 D—O 键与分子间 O∶H 非键的相互作用与声子频移、声子寿命、分子运动、溶质扩散率、溶液黏度、表面应力以及相变临界压力和温度之间必然存在相关性。

化学键的性质是连接物质结构和性能的桥梁[93]。化学键和非键的形成与弛豫以及相应的电子转移、极化、局域化、致密化是调整物质结构和性能的基础[94]。键长和键能弛豫决定声子频移,电子极化决定溶液黏度、表面应力、疏水性和溶解度[95,96];键的振动频率和局部配位环境决定其能量耗散;键弛豫和电荷极化协同作用决定冰水及水溶液各方面的性能[93,94]。分子间的相互作用并不涉及电子交换或电荷共享,因此分子间非键的功能应是研究的重点。

将研究重点从水合反应分子动力学扩展到水合氢键动力学是本卷作者所一直秉持的观点。研究分子间的 O∶H 范德瓦耳斯键、H↔H 反氢键和 O∶⇔∶O 超氢键的相互作用以及离子极化与分子内共价键协同弛豫间的作用关系是十分必要的。水溶剂应呈晶态有序结构,而非高度动态的随机无序结构。从电极化诱导产生的阴离子-水分子 X·H—O 或阳离子-水分子 Y·O—H 和水合次层中 O∶H—O 氢键分段弛豫以及从极化角度考虑水溶剂的反常特性是十分必要的[29,48,97]。

Na(F,Cl,Br,I)[42] 和 (Li,Na,K,Rb Cs)I[67] 的水合动力学研究进展证实了上述观点。盐被水解为最小电荷载体——离子,其电场聚集、排列、拉伸和极化周围水分子,形成超固态水合胞。超固态是指低配位和被极化的水分子呈现的状态,如水团簇、冰水表皮、液滴和纳米气泡等,其中 H—O 收缩与 O∶H 伸长与强极化有关。盐水合引起的 O∶H—O 弛豫和极化与水分子低配位效果相同[88,98]。

6.2 盐水合反应：溶质的极化能力

6.2.1 钠盐 NaX(X=F,Cl,Br,I)

在各 NaX 水合溶液中,阳离子 Na+ 对水合氢键的极化作用基本相同,所以检测 NaX 水合反应的目的是区别阴离子 X- 的作用效果。图 6.3 展示了摩尔分数为 0.06 的 NaX/H$_2$O 溶液和不同浓度的 NaI/H$_2$O 溶液的全频拉曼光谱。在 298 K 温度下,比较盐溶液与去离子水的光谱可知,盐的水合反应刚化 ω_H 声子、软化 ω_L 声子,与升温或分子低配位效果相同。离子对水合氢键极化的声子丰度与溶质浓度成正比。虽然盐水合的极化作用与分子低配位时的成因不同,但离子水合胞与冰水表皮 H—O 键的声子振动频率重合,表明两者 O:H—O 长度和键能的弛豫效果相同,升温情况与之类似。这表明分子间的相互作用与分子内的键弛豫密切相关,理应综合考虑,澄清起因。

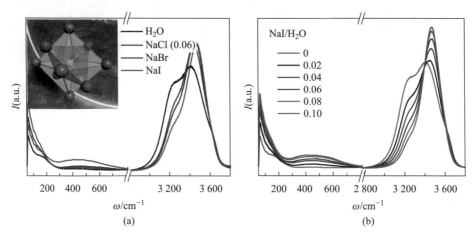

图 6.3　(a) 摩尔分数为 0.06 的 NaX/H$_2$O 溶液和(b) 不同浓度 NaI/H$_2$O 溶液的全频拉曼光谱[42](参见书后彩图)

(a)中插图所示为离子以填隙形式占据水分子的四面体空位并极化近邻,形成超固态水合胞,±·4H$_2$O:6H$_2$O 水合胞及胞内极化 H$_2$O 分子对离子电场存在屏蔽作用

基于图 6.4 和图 6.5 中不同条件下 H—O 振动谱峰的差分声子谱(DPS)结果,可以比较 NaX 盐溶液中各阴离子 X$^-$ 对水合氢键的极化能力。极化驱使溶剂 O:H—O 氢键的丰度(峰面积)、刚度(频移)和结构序度(半高宽)从常规水状态向水合超固态的转换。可见,X$^-$ 离子的极化能力遵循 I$^-$>Br$^-$>Cl$^-$ 序列,即原子序数增加、离子半径越大、电负性越小的 X$^-$ 离子,极化能力越强。阴阳离子在本质上都具有对水合氢键的极化作用,区别在于极性和作用程。但拉曼光谱无法区分 Y$^+$ 和 X$^-$ 极性对声子弛豫的影响。极化拉伸软化 O:H 非键,缩短硬化 H—O 键。DPS 谱峰中,$\Delta\omega_x$ 随浓度增加略有减小,表明阴离子间的排斥作用弱化了水合胞内的离子电场。

图 6.6 比较了不同浓度 NaX 溶液的键态转换系数,并基于 $f_{Na}(C)=f_{NaX}(C)-f_{HX}(C)$ 给出并比较了 Na$^+$ 的极化能力。在 NaCl 和 NaBr 溶液中,Na$^+$ 的键态转换系数 $f_{Na}(C)$ 偏离线性趋势(二阶导数为正),表明 Na$^+$-X$^-$ 吸引作用存在,略微增

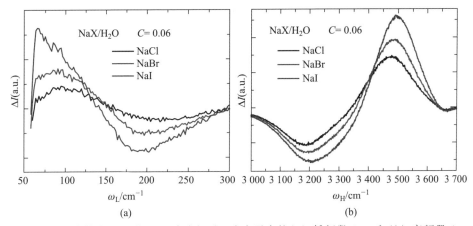

图 6.4 摩尔分数为 0.06 的 NaX 溶液相对于去离子水的(a) 低频段 $\Delta\omega_L$ 和(b) 高频段 $\Delta\omega_H$ 的 DPS[42](参见书后彩图)

离子极化使 O:H—O 氢键从普通体相状态(200 cm^{-1}、3 200 cm^{-1})转换至水合状态(75 cm^{-1}、3 500 cm^{-1}),氢键的丰度(峰面积)、刚度(频移)和结构序度(半高宽)随之发生转变。键刚度和结构序度的转变随溶质类型变化,遵循 I>Br>Cl 序列

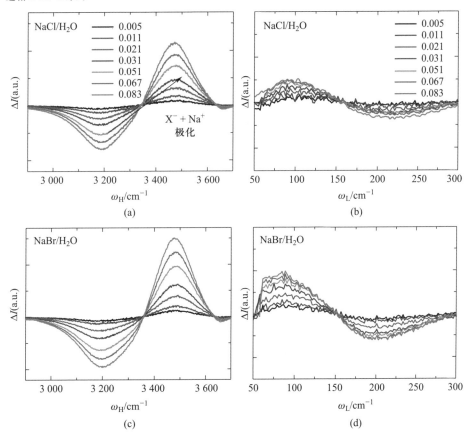

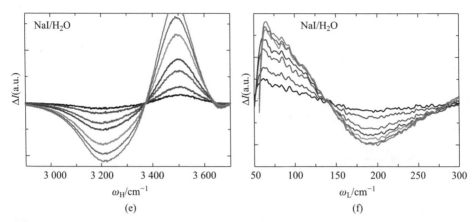

图 6.5　不同浓度(a,b) NaCl、(c,d) NaBr 和 (e,f) NaI 溶液的 DPS[42](参见书后彩图)
Na^+ 和 X^- 极化与电场极性无关,都能刚化水合胞中的 H—O 键并软化 O:H 非键。DPS 中 $\Delta\omega_x$ 谱峰随浓度微弱变化,表示阴离子间的排斥作用减弱了水合胞内的电场强度

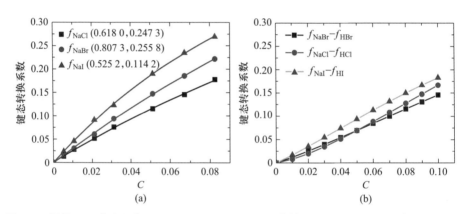

图 6.6　根据 DPS 谱峰积分和 $f_{Na}(C)=f_{NaX}(C)-f_{HX}(C)$ 估算的 (a) NaX 和 (b) Na^+ 的键态转换系数[42]

强了 Na^+ 溶质的局部电场。阴离子的非线性 $f_X(C) \propto C^{1/2}$ 趋势源于 $X^- \leftrightarrow X^-$ 的排斥作用,它削弱了阴离子的电场,从而降低 X^- 的极化能力。卤素离子对水合氢键的极化能力随溶质类型变化,服从 $I^->Br^->Cl^->F^-$ 序列[99]。

通过测量声子谱可以分辨各卤素离子的极化能力,总结而言:

(1) 盐水合反应与表皮水分子的低配位状态对 O:H—O 氢键的弛豫和极化具有相同的作用效果,且离子极化的作用更为强烈。离子极化拉伸 O:H 非键,可软化其声子频率从 200 cm^{-1} 红移到 75 cm^{-1},同时通过减弱 O—O 间的排斥调制 H—O 键缩短,刚化其声子频率从 3 200 cm^{-1} 至 3 500 cm^{-1}。

（2）离子极化转换氢键声子丰度、刚度、序度等的能力随溶质类型和浓度而发生变化。较高浓度下,阴离子间的排斥作用将削弱阴离子的局部电场和极化能力。$f_{Na}(C)$呈准线性表明,由于水合胞中偶极水分子的屏蔽作用,其离子电场和水合胞体积守恒。

（3）电负性较低和半径较大的阴离子,极化作用比较明显。NaF 水合对光谱的影响超过了光谱分辨范围,表明 Na^+ 和 F^- 离子形成了接触式离子对而形成强局域化偶极子。这就解释了 NaF 的最大溶解度为何仅为 0.022(摩尔分数)。

（4）阴离子 X^- 极化对声子弛豫的影响能力遵循霍夫迈斯特序列,即 $X(R/\eta)$ = I(2.2/2.5)>Br(1.96/2.8)>Cl(1.81/3.0)>F(1.33/4.0) ≈ 0,R 为 X^- 离子的半径,η 为离子的电负性。阴阳离子的极化能力差异表明,阴离子 X^- 水合偶极水分子的数量不足以屏蔽其他离子对于 X^- 的干扰,随着离子半径 R 的增加,这一点变得更加显著。

6.2.2 碘盐 YI(Y = Na , K , Rb , Cs)

若 YI 碘盐溶液中 I^- 的作用相同,我们也可以分辨 Y^+ 对氢键的极化能力。图 6.7 给出了 298 K 时摩尔分数为 0.036 的 YI/H_2O 溶液的全频拉曼光谱。各碘盐溶液中都呈现出 ω_H 蓝移、ω_L 红移的现象且趋势几乎等同,表明碘盐中溶质水合反应时,阴、阳离子皆导致 O：H—O 氢键协同弛豫,而且 O：H—O 弛豫对碱金属阳离子种类不敏感。在高频段,3 450 cm^{-1} 附近的声子对应于表皮组分,它随着溶质的增加变得更为显著,表明溶液中形成了更多的离子水合胞。与同条件下去离子水的拉曼光谱相比,YI 溶液没有其他新的特征峰,这意味着阴、阳

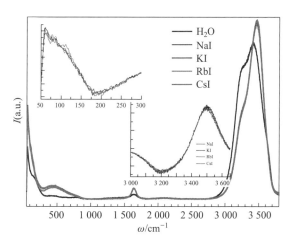

图 6.7 298 K 温度下摩尔分数为 0.036 的 YI/H_2O 溶液的全频拉曼光谱,O：H—O 弛豫对碱金属阳离子种类呈现低敏感性[67](参见书后彩图）

离子皆为分立的电荷中心,离子与水分子间没有形成任何共价键或离子键,NaX 溶液亦是如此。碱金属离子的半径和电负性之比决定了它们的极化能力,即 $Y(R/\eta)$:Li$^+$(0.78/1.0)、Na$^+$(0.98/0.9)、K$^+$(1.33/0.8)、Rb$^+$(1.49/0.8)、Cs$^+$(1.65/0.8)[100]。

图 6.8 所示为不同浓度 KI、RbI 和 CsI 溶液中 ω_x 的 DPS。可见,由于各 Y$^+$ 阳离子半径相近(0.8~0.9 Å)且电负性几乎相同,仅从 DPS 结构很难分辨各阳离子的极化能力差异。积分 DPS 曲线波峰的面积可以得到离子引起氢键键态转换的情况,表明离子引起氢键转变的能力,如图 6.9 所示。

图 6.9 中,不同 YI 溶质的键态转换系数基本相同。浓度相同时,这些阳离子极化和改变表面应力的能力遵循霍夫迈斯特序列,即 Na$^+$>K$^+$>Rb$^+$>Cs$^+$。对于同一类型的盐,极化程度随溶质浓度的增大而增强。阳离子极化率是由较小的阳离子最外层轨道的局部电荷密度所决定的。通过水合氢键键态转换系数和表面应力测量可以推断出碱金属离子通道激活或失活现象以及阳离子相关的高血压药物和血压控制所蕴藏的机制[101]。例如,氯化钠会加重高血压,而氯化钾则减轻之。

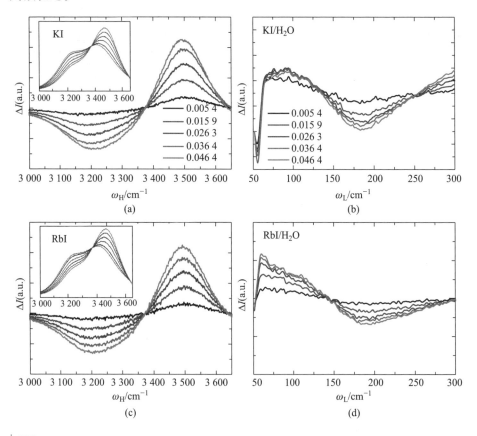

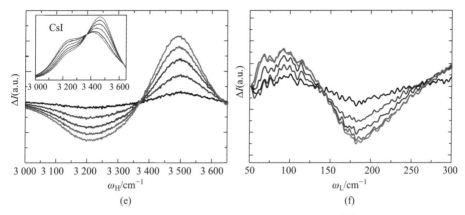

图 6.8 不同浓度(a,b)KI、(c,d)RbI 和(e,f)CsI 溶液中 ω_x 的 DPS[67](参见书后彩图)

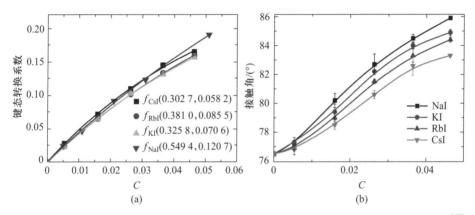

图 6.9 (a)不同浓度 YI 溶液离子的键态转换系数及(b)常温时玻璃基底各溶液的接触角[67] 阳离子溶液具有相近的氢键键态转换能力,它们通过极化改变表面应力的能力遵循 $Na^+>K^+>Rb^+>Cs^+$ 的序列

6.2.3 络合盐 $Na\Omega$($\Omega=ClO_4,NO_3,HSO_4,SCN$)

水合反应将 YX 碱金属卤化物溶解成一价 Y^+ 碱性阳离子和 X^- 卤素阴离子,其电荷呈球形分布在离子周围。这些离子不会形成偶极子或与近邻水分子成键,而是产生从正极指向负极的径向电场,各自作为点电荷中心极化相邻的氢键。$Na\Omega$ 络合盐也可溶解形成 Na^+ 和带负电的络合阴离子 Ω^-,后者体积远大于卤素阴离子。钠离子的作用与其在钠盐溶液中的相同。电负性较小的 H(2.2)和 Na(0.9)倾向于与络合盐中电负性较强的元素原子结合。

络合阴离子 Ω^- 含有电负性原子 O(3.5)、S(2.5)、N(3.0)、P(2.1)、

Cl(3.0)和 C(2.5)。这些离子经过 sp^3 轨道杂化，产生不同数量的孤对电子。杂化轨道被 0~4 个孤对电子占据。在溶液中，络合阴离子是一个被孤对电子包围的个体[69]。表 6.1 和图 6.11 中的插图描绘了对传统络合阴离子构型的修订[69]。例如，图 6.11(a)中的插图表明，传统上认为 $NaClO_4$ 水解成为 $Cl^{7+}+3O^{2-}+NaO^-$，并不产生孤对电子。相比之下，修订后的构型可产生孤对电子，这决定了溶质-溶剂界面氢键和非键的形成[69]。具体步骤如下，Na 与 Cl 结合形成一个 NaCl，随后 Cl 发生 sp^3 轨道杂化，产生 3 对围绕 Cl 的孤对电子。水合反应后，NaCl 溶解成 Cl^- 和 Na^+。Na^+ 将其价电子留给 Cl^-，使 Cl^- 具有 4 对孤对电子，完全占据其 4 条 sp^3 轨道。Cl(3.0)和 O(3.5)的 sp^3 轨道杂化和电负性的差异决定了 Cl^- 倾向于向 4 个 O 原子各提供一个电子而变为 Cl^{3+}。然后，O^- 离子发生共价配对，使得其 sp 轨道杂化并分别形成两对指向 ClO_4^- 团簇外侧的孤对电子。该过程符合 sp^3 轨道杂化的方向性和饱和性。此外，将 Cl^- 转化为 Cl^{3+} 比直接转化为 Cl^{7+} 更为容易。

表 6.1　考虑孤对电子产生和四面体几何要求的络合盐常规及修订后的构型[69]

络合盐		结构	备注
$Na^+[ClO_4]^-$ (8":")	常规	$Cl^{7+}+3O^{2-}+NaO^-$	图 6.11(a)中插图：中心 Cl^- 从 Na^+ 中获得一个电子后，其 sp^3 轨道杂化；Cl^- 与 4 个 O 原子结合，并使自己转变为 Cl^{3+}。而后 $O^- -O^-$ 以共价键结合，每个 O 原子上产生两个":"，共 8 对":"围绕着阴离子团簇
	修订	$Na^+ + Cl^{3+} + 2(O^- -O^-)$	
$Na^+[NO_3]^-$ (8":")	常规	$N^{5+}+2O^{2-}+NaO^-$	图 6.11(b)中插图：中心 N 与 3 个 O 原子以四配位形式键合，并使其 sp^3 轨道杂化产生一对":"，两个 O 原子形成共价键产生四对":"。第三个 O 从 Na 中获得电子，产生三对":"。阴离子被 8 对孤对电子所围绕
	修订	$N^{3+}+(O^- -O^-)+[Na^+ + O^-]$	
$Na^+[HSO_3]^-$ (7":")	常规	$S^{4+}+O^{2-}+NaO^-+HO^-$	图 6.11(c)中插图：中心 HS^{3+} 与三个 O 原子形成共价键，并使其 sp 轨道杂化。一个 O 从 Na 中获得一个电子，产生 3 对":"。剩下的两个 O^- 共价配对形成 2 对":"。阴离子被 7 对孤对电子所围绕
	修订	$HS^{3+}+(O^- -O^-)+[Na^+ + O^-]$	

续表

络合盐		结构	备注
$Na^+[HSO_4]^-$ (10":")	常规	$S^{6+}+2O^{2-}+NaO^-+HO^-$	图6.11(c)中插图:S^{4+}与4个O以四面体结构结合。两个O原子共价配对,其余两个O原子分别与H和Na键合,每个O原子生成两对":";NaO^-不饱和,将其电子留给O原子后,生成一对":"。阴离子团簇被10对孤对电子围绕
	修订	$S^{4+}+(O^--O^-)+[Na^++O^-]+$ HO^-	
$4[Na^+(SCN)^-]$ (12":")	常规	$N^{3-}+C^{4+}+NaS^-$	图6.11(d)中插图:S、N、C均进行sp^3轨道杂化。每个C与它相邻的两个C以及一个N和一个S成键。然后两个S原子以共价方式键合,形成2对":"。每个N从Na中获得一个电子,并与两个相邻的N和一个C成键分别生成一对":"。阴离子团簇被12对":"所围绕
	修订	$4(Na^++N^{3-}+C^{4+}+S^{2-})$ 只有4个分子的集合符合结合标准	

注:每个O原子都与团簇的中心原子成键,然后每个O^-离子共价配对形成O^--O^-,且每个O^-离子可形成两对":"。

同样,$NaNO_3$的构型也可以由常规的$N^{5+}+2O^{2-}+NaO^-$修订为$N^{3+}+(O^--O^-)+$ $[Na^++O^-]$,包含了sp^3轨道杂化和$1(N^{3+})+2\times2(O^--O^-)+3(O^-)=8$对孤对电子的形成。如图6.11(b)中插图所示,N与3个O原子成四面体键,进行sp^3轨道杂化后形成一对孤对电子;两个O^-以共价方式成键,进行sp^3轨道杂化,每个O^-离子产生两对孤对电子;第三个O^-从Na中获得一个电子,并产生3对孤对电子。此时的NO^-与碱溶液中HO^-形成的情况相似。最终,N和O进行sp^3轨道杂化,阴离子团簇被8对孤对电子包围。

图6.11(d)中插图所示的NaSCN情况更为复杂,它需要四个分子结合在一起。$NaSCN \rightarrow N^{3-}+C^{4+}+NaS^-$的常规构型被修订为$4NaSCN \rightarrow 4(NaN^{3-}+C^{4+}+S^{2-})$。在这个阴离子团簇中,所有的S、N、C原子都进行$sp^3$轨道杂化。每一个C都与它相邻的两个C以及一个N原子和一个S原子结合。然后,两个S原子以共价方式成键,形成两对孤对电子。每个N与相邻的一个C和一个N以及Na键合。N在水合反应后从Na中获得一个电子,并使其进行sp轨道杂化,然后与另一个相邻的N结合,形成一对孤对电子。因此,阴离子团簇被$4\times[2(S)+1(N)]=12$对孤对电子所围绕。该团簇符合上述sp^3轨道杂化的

方向性和饱和性。

需要注意的是,较大半径的团簇表面的多个孤对电子分布使得络合阴离子团簇的有效电荷数远大于卤素离子。络合钠盐和卤化钠盐的这些特征可以从极化、使溶液氢键网络与溶液性质转变的能力上加以区分。对络合盐而言,采用修订后进行 sp 轨道杂化的阴离子团簇远比传统认识中维持价态平衡的结构更具意义。尽管络合阴离子团簇的尺寸和电荷量比卤素离子更大,但两者作为电荷中心在本质上是一样的。阴离子团簇通过极化周围水分子,形成 X:H—O 键,且并没有其他键合的产生。这种经 sp^3 轨道杂化产生孤对电子的结构修订[94,102,103]可以扩展到其他由电负性元素原子组成且被不同数量质子和孤对电子所围绕的复杂分子中。

图 6.10 所示为浓度 0.016 的络合盐 $Na\Omega$ 溶液的全频和络合离子拉曼光谱[69]。除络合离子内的配位键特征和水的 H—O 和 O:H 谱峰变形外,声子谱中没有显示任何新键所形成的特征峰。络合盐水合调制 H—O 和 O:H 振动频率的方式与一价盐相同。

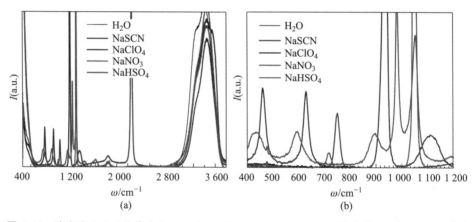

图 6.10　浓度为 0.016 的络合盐 $Na\Omega$($\Omega=ClO_4,NO_3,HSO_4,HSO_3$)溶液的(a)全频和(b)络合离子拉曼光谱[69](参见书后彩图)

图 6.11 和图 6.12 所示为不同摩尔浓度 $Na(SCN,HSO_4,NO_3,ClO_4)$ 络合盐溶液氢键双段的 DPS。络合盐水合将部分 O:H—O 氢键从块体水状态转变为水合状态,水合胞中 H—O 键的声子从块体时的 3 200 cm^{-1} 蓝移至约 3 500 cm^{-1},O:H 键受 O—O 排斥调制从 180 cm^{-1} 红移至约 75 cm^{-1}。这与碱金属卤化物水合作用效果相同。当浓度从 0.010 7 增至 0.082 6 时,各络合盐水合导致 H—O 声子频率从 3 200 cm^{-1} 分别蓝移至 3 550 cm^{-1}(NaClO$_4$)、3 520 cm^{-1}(NaHSO$_4$)、3 520 cm^{-1}(NaNO$_3$)、3 480 cm^{-1}(NaSCN)。H—O 声子随浓度的增加而略有软

化,表明阴离子间的排斥作用逐渐增强,削弱了水合胞内的电场。络合盐溶液中 H—O 键刚度比一价卤盐溶液中的强,意味着前者水合胞内电场强度高。络合钠盐阴离子体积越大,表面电荷密度越高,氢键弛豫对溶液浓度的敏感性就越高。

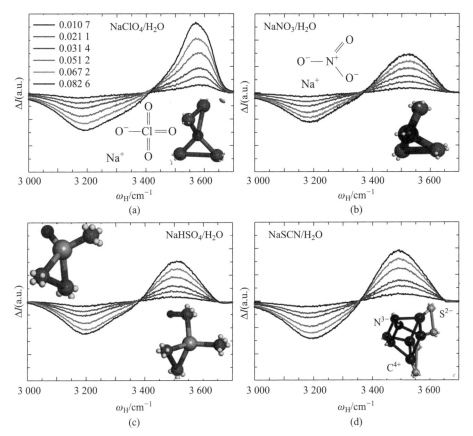

图 6.11 不同浓度(a) NaClO$_4$、(b) NaNO$_3$、(c) NaHSO$_4$ 和(d) NaSCN 络合盐溶液中 ω_H 的 DPS[69](参见书后彩图)
插图描述了考虑价态平衡和轨道杂化两种情况的络合负离子的结构和表面孤对电子分布

DPS 谱图中 x 轴以上的谱峰表示从块体状态向水合状态转变的声子丰度,其面积等于 x 轴以下表示块体状态损失的波谷面积。与碱卤化物相同,络合盐水合反应使 H—O 声子蓝移,而使 O:H 声子红移。图 6.12 比较了不同浓度 Na(SCN, HSO$_4$, NO$_3$, ClO$_4$)络合盐溶液低频段的 DPS,其 O:H 声子频率对溶质极化变得敏感,其变化范围为 70~80 cm^{-1},分子结构有序度更高(半峰宽减小)。

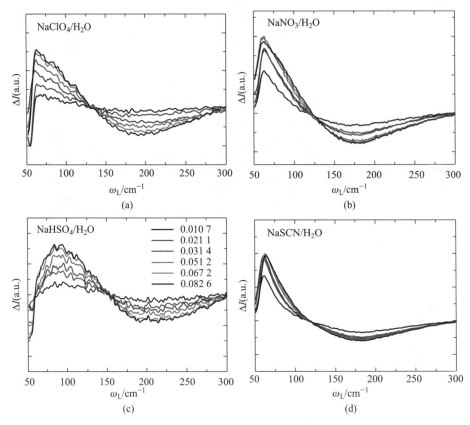

图 6.12 不同浓度(a) $NaClO_4$、(b) $NaNO_3$、(c) $NaHSO_4$ 和(d) NaSCN 络合盐溶液中 ω_L 的 DPS[69](参见书后彩图)

图 6.13 比较了 $Na(ClO_4, NO_3, HSO_4, SCN)$ 络合盐溶液的氢键极化能力,结果表明:

(1) $f_X(C)$ 与盐的种类相关,并随着溶质浓度的增加呈指数变化规律,甚至可缓慢达到饱和。

(2) 浓度变化造成的络合钠盐溶液中水合胞 H—O 声子的频移较之碱卤化物溶液更为明显。两者键态转换系数随浓度的变化趋势各不相同。络合阴离子由于离子体积较大,局部电场的变化更为明显,但阴离子团簇的水合胞尺寸仍基本不变。相比之下,碱卤化物溶液的阴离子水合胞尺寸和局部电场的变化趋势为随浓度的增大而逐渐变小。

(3) 与 NaX[图 6.6(a),$C_0 = 0.11 \sim 0.25$]、YI[图 6.9(a),$C_0 = 0.06 \sim 0.12$] 盐相比,络合钠盐的饱和常数 C_0 为 $5.6 \sim 37.2$[图 6.13(a)],随浓度增长保持近

线性趋势。饱和常数越大,阴离子的排斥力就越弱。而声子频率的偏移量越大,其水合胞内的局部电场就越强。络合钠盐溶液中的阴离子具有短程的、较强的局部电场。

因此,在研究水合反应时,从 O:H—O 氢键丰度、刚度、结构序度和表面应力等方面考虑溶质使氢键发生转变的能力将更加深刻且全面。统筹考虑分子间非键相互作用和分子内 H—O 键协同弛豫以及水合氢键的屏蔽效应是必要且合理的。分子内和分子间的相互作用以及氢键弛豫决定了溶液的性质,如表面应力、溶液温度、临界压力和相变温度等。

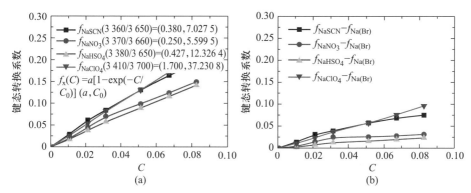

图 6.13 (a) Na(HSO₄,NO₃,ClO₄,SCN)络合盐溶液及(b)络合阴离子 Ω⁻ 的氢键极化能力[69] 络合阴离子 Ω⁻ 的键态转换系数由 $f_{NaX}-f_{Na(Br)}$ 分解获得,该系数呈弱非线性

6.2.4 二价盐(Mg,Ca,Sr)(Cl,Br)₂

ZX₂ 溶液网络是由有序四面体结构的 ZX₂ 和 H₂O 网络套构而成。图 6.14(b)中插图示意了 2ZX₂ 的结构单元。ZX₂ 分解成 Z²⁺ 和 2X⁻ 离子,每个离子都是电场的中心源。离子通过极化和拉伸相邻的水分子形成超固态水合胞,并不与水形成任何新键。阳离子和阴离子的水合胞形成一个类似于 2H₂O 的均匀四面体单元 2ZX₂。较小的二价 Z²⁺ 阳离子占据四面体的中心和四个顶点。四个较大的 X⁻ 阴离子位于两个 Z²⁺ 阳离子之间连线的中点。2ZX₂ 中离子的间距由溶质浓度决定。在套构的溶质晶格和溶剂氢键网络中,X⁻↔X⁻ 排斥或与 Z²⁺~X⁻ 吸引和 Z²⁺↔Z²⁺ 排斥共存,但其程度取决于溶质浓度和水合层中偶极水分子的数目。与单价 YX 溶液相比,ZX₂ 溶液中双倍 X⁻ 数目与 Z²⁺ 的置换区别了二价与一价盐溶液的行为。

图 6.14 所示的 ZX₂ 溶液全频拉曼光谱中仅 O:H 和 H—O 谱峰发生了形变,并未出现任何新键特征。与一价盐效果相同,ZX₂ 的水合反应刚化 H—O

声子、软化 O：H 声子。在 300~3 000 cm^{-1} 的振频范围内，因键角弯曲和旋转振动引起的谱线特征值变化很小。

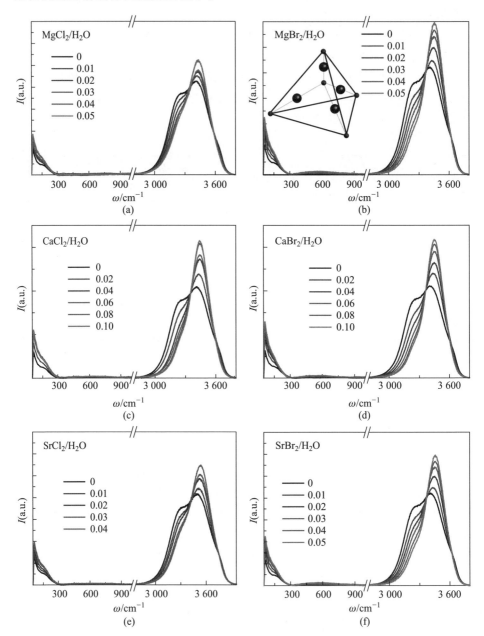

图 6.14 （a）MgCl$_2$、（b）MgBr$_2$、（c）CaCl$_2$、（d）CaBr$_2$、（e）SrCl$_2$ 和（f）SrBr$_2$ 溶液的全频拉曼光谱[104]（参见书后彩图）

（b）中插图示意了 2H$_2$O 结构的 2ZX$_2$ 复合胞，二价离子占据中心和顶角位置而卤盐离子居于两个正离子中间

图 6.15 和图 6.16 所示为不同浓度二价盐溶液 H—O 和 O:H 声子的 DPS。离子极化使 H—O 键缩短,声子由 3 200 cm^{-1}(谱谷)增强至约 3 450 cm^{-1}(谱峰);O:H 非键对离子极化的反应相反,ZCl$_2$ 的 O:H 声子从约 200 cm^{-1}红移至

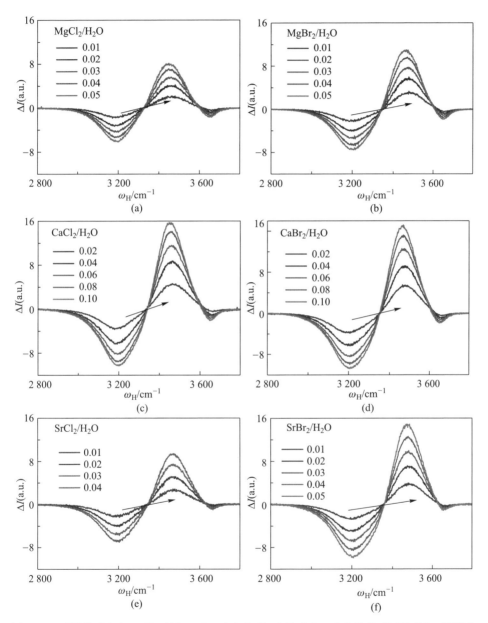

图 6.15 不同浓度(a) MgCl$_2$、(b) MgBr$_2$、(c) CaCl$_2$、(d) CaBr$_2$、(e) SrCl$_2$ 和(f) SrBr$_2$ 溶液中 H—O 声子的 DPS[104](参见书后彩图)

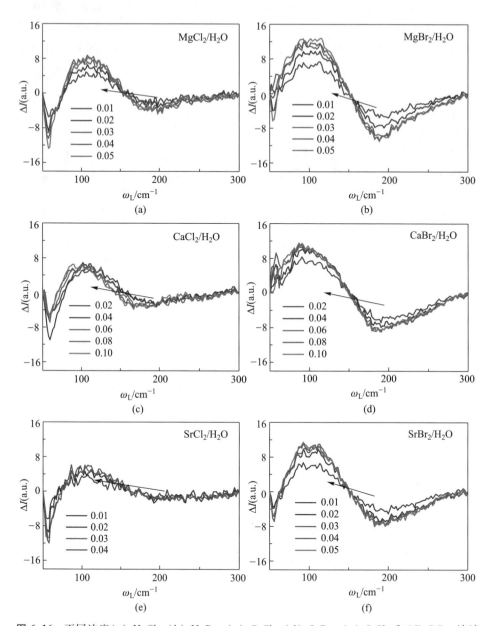

图 6.16　不同浓度(a) MgCl$_2$、(b) MgBr$_2$、(c) CaCl$_2$、(d) CaBr$_2$、(e) SrCl$_2$ 和(f) SrBr$_2$ 溶液 O∶H 声子的 DPS[104](参见书后彩图)

二价盐水合将 O∶H 非键从 200 cm^{-1} 块体水模式转变为约 100 cm^{-1} 的水合状态,而一价盐可使之红移至 75 cm^{-1},这意味着 Z^{2+} 并未被完全屏蔽

约 110 cm^{-1},ZBr$_2$ 的红移量更多,振频减小至约 100 cm^{-1}。位于 3 620 cm^{-1} 处的第二个谱谷对应于 H—O 悬键的振动。在一价盐溶液中,极化将 H—O 声子从 3 200 cm^{-1} 蓝移至约 3 500 cm^{-1},而 O:H 声子从 200 cm^{-1} 红移至 75 cm^{-1}。可见 ZX$_2$ 溶质的极化作用较之一价盐稍弱,这是因为同类离子间的排斥作用和异性离子间的吸引作用相叠加,使 ZX$_2$ 溶液中离子周围的局部电场减弱。所以,不能轻易排除二价盐溶液中异性离子间存在吸引作用的可能性。ZCl$_2$ 和 ZBr$_2$ 溶液 O:H 和 H—O 声子频移的差异表明 Br$^-$ 离子比 Cl$^-$ 离子的极化能力更强[105]。二价阳离子的极化能力也遵从半径依赖性规则,负离子较之阳离子的极化能力占优。

图 6.17 所示二价盐溶液的水合键态转换系数 $f_{ZX_2}(C)$ 可分解为 $f_{ZX_2}(C) - f_{2[HX]}(C) = f_Z(C)$、$f_{X_2}(C) = f_{2[HX]}(C)$。根据二价盐 $f_{ZX_2}(C)$ 的指数式饱和极化曲线及其分解情况,可得出如下规律:

(1) 离子对水合氢键极化的能力与其半径成正比:[$R(Mg^{2+}) = 0.49$ Å、$R(Ca^{2+}) = 0.99$ Å、$R(Sr^{2+}) = 1.12$ Å;$R(Br^-) = 1.96$ Å、$R(Cl^-) = 1.80$ Å]。

(2) 阴离子间存在 X$^-$↔X$^-$ 排斥作用。

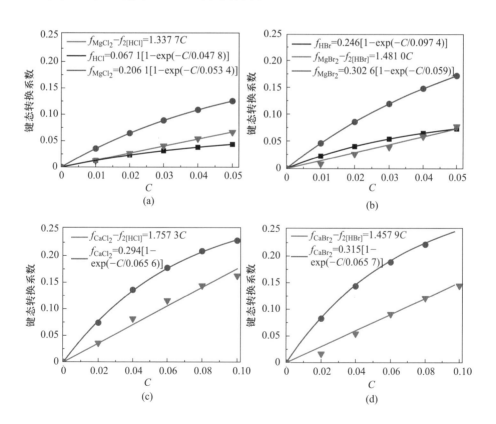

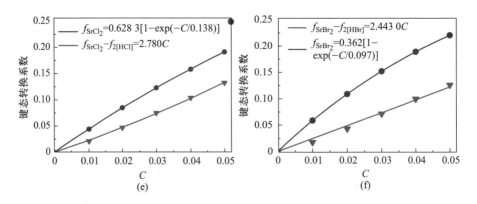

图6.17 不同浓度(a) $MgCl_2$、(b) $MgBr_2$、(c) $CaCl_2$、(d) $CaBr_2$、(e) $SrCl_2$ 和(f) $SrBr_2$ 溶液中二价卤盐离子水合键态转换系数 $f_x(C)$ [104](参见书后彩图)

$f_{2[HX]} = 2f_{2[HX]} = 2f_X$ 表示一对卤盐离子水合氢键键态转换系数

（3）在有限浓度范围内，Z^{2+} 离子的键态转换系数与溶质浓度线性正相关，表明在低浓度（<0.05）二价盐溶液中不存在阳离子与其他离子间的相互作用，见图6.18。临界浓度 $C = 0.05 = 1/20$，意味着 20 个 H_2O 分子围绕一组 Z^{2+} + $2X^-$ 离子。在此浓度或更低的浓度下，Z^{2+} 近乎可被其周围的偶极水分子完全屏蔽，$Z^{2+} \leftrightarrow Z^{2+}$ 排斥或 $Z^{2+} \sim X^-$ 吸引可以忽略不计。但在较高浓度下，$Z^{2+} \leftrightarrow Z^{2+}$ 距离较短，会存在排斥作用。而一价盐溶液中不存在 $Y^+ \leftrightarrow Y^+$ 排斥信息，这也可说明 Z^{2+} 的电场作用程更长。Z^{2+} 和 Y^+ 的差异以及 X^- 离子个数的倍数可以造成相同浓度下一价和二价盐溶液氢键信息的差别。

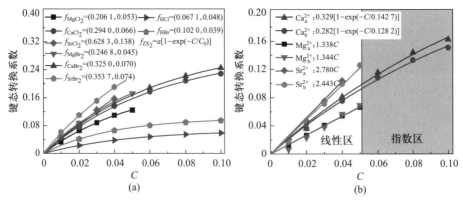

图6.18 （a）ZX_2 和 HX 溶液的键态转换系数 $f_{ZX_2}(C)$ 与 $f_{HX}(C)$ 及（b）Z^{2+} 的 $f_Z(C)$ [58,104]

6.3 小结

由于偶极水分子的全屏蔽,体积较小的一价和二价阳离子的键态转换系数 $f_Y(C)$ 与溶质浓度成线性正比。阳离子的水合胞体积 $f_Y(C)/C$ 恒定,与溶质浓度无关,故阳离子水合胞内的局域电场强度不受其他离子干扰。而由于非全屏蔽效应,负离子间的排斥将弱化其水合胞内的电场强度,大体积负离子的氢键极化能力与溶质浓度以 $C^{1/2}$ 方式相关,有效水合胞体积正比于 $f_X(C)/C \propto C^{-1/2}$。超大体积络合负离子的水合胞内具有较强的短程极化电场,可蓝移 H—O 振动频率至 $(3\,500\pm20)\,cm^{-1}$,且对络合离子间的排斥作用敏感,但其极化能力相对较弱。

参 考 文 献

[1] Sun C. Q., Huang Y., Zhang X., et al. The physics behind water irregularity. Physics Reports, 2023, 998: 1-68.

[2] Sun C. Q. Water electrification: Principles and applications. Advances in Colloid and Interface Science, 2020, 282: 102188.

[3] Sun C. Q., Huang Y., Zhang X. Hydration of Hofmeister ions. Advances in Colloid and Interface Science, 2019, 268: 1-24.

[4] Lide D. R. CRC Handbook of Chemistry and Physics. 80th ed. Boca Raton: CRC Press, 1999.

[5] Zhao S., Jiang C., Fan J., et al. Hydrophilicity gradient in covalent organic frameworks for membrane distillation. Nature Materials, 2021, 20: 1551-1558.

[6] Chen L., Shi G., Shen J., et al. Ion sieving in graphene oxide membranes via cationic control of interlayer spacing. Nature, 2017, 550(7676): 380-383.

[7] Izutsu K. I. Applications of freezing and freeze-drying in pharmaceutical formulations. Advances In Experimental Medicine And Biology, 2018, 1081: 371-383.

[8] Miyawaki O. Water and freezing in food. Food Science and Technology Research, 2018, 24 (1): 1-21.

[9] Hauptmann A., Podgoršek K., Kuzman D., et al. Impact of buffer, protein concentration and sucrose addition on the aggregation and particle formation during freezing and thawing. Pharmaceutical Research, 2018, 35(5): 1-16.

[10] Demrozi F., Bacchin R., Tamburin S., et al. Toward a wearable system for predicting freezing of gait in people affected by parkinson's disease. IEEE Journal of Biomedical and Health Informatics, 2019, 24(9): 2444-2451.

[11] Morelle X. P., Illeperuma W. R., Tian K., et al. Highly stretchable and tough hydrogels below water freezing temperature. Advanced Materials, 2018, 30(35): 1801541.

[12] Guo J. J., Tucker Z. D., Wang Y., et al. Ionic liquid enables highly efficient low temperature desalination by directional solvent extraction. Nature Communications, 2021, 12: 437.

[13] Di Vincenzo M., Tiraferri A., Musteata V. E., et al. Biomimetic artificial water channel membranes for enhanced desalination. Nature Nanotechnology, 2021, 16(2): 190−196.

[14] Chen W., Chen S. Y., Liang T. F., et al. High-flux water desalination with interfacial salt sieving effect in nanoporous carbon composite membranes. Nature Nanotechnology, 2018, 13(4): 345−350.

[15] Amann-Winkel K., Böhmer R., Fujara F., et al. Colloquium: Water's controversial glass transitions. Reviews of Modern Physics, 2016, 88(1): 011002.

[16] Hofmeister F. Zur lehre von der wirkung der salze. Archiv für Experimentelle Pathologie und Pharmakologie, 1888, 25(1): 1−30.

[17] Alduchov O., Eskridge R. Improved magnus form approximation of saturation vapor pressure. Journal of Applied Meteorology and Climatology, 1997, 35: 601−609.

[18] Jones G., Dole M. The viscosity of aqueous solutions of strong electrolytes with special reference to barium chloride. Journal of the American Chemical Society, 1929, 51(10): 2950−2964.

[19] Wynne K. The mayonnaise effect. Journal of Physical Chemistry Letters, 2017, 8(24): 6189−6192.

[20] Araque J. C., Yadav S. K., Shadeck M., et al. How is diffusion of neutral and charged tracers related to the structure and dynamics of a room-temperature ionic liquid? Large deviations from Stokes−Einstein behavior explained. Journal of Physical Chemistry B, 2015, 119(23): 7015−7029.

[21] Eigen M. Proton transfer, acid-base catalysis, and enzymatic hydrolysis. Part I: Elementary processes. Angewandte Chemie, 1964, 3(1): 1−19.

[22] Schuster P., Zundel G, Sandorfy C. The Hydrogen Bond. Recent Developments in Theory and Experiments. Amsterdam: North-Holland Publishing Co., 1976.

[23] Thämer M., De Marco L., Ramasesha K., et al. Ultrafast 2D IR spectroscopy of the excess proton in liquid water. Science, 2015, 350(6256): 78−82.

[24] Branca C., Magazu S., Maisano G., et al. Anomalous translational diffusive processes in hydrogen-bonded systems investigated by ultrasonic technique, Raman scattering and NMR. Physica B, 2000, 291(1): 180−189.

[25] Sellberg J. A., Huang C., McQueen T. A., et al. Ultrafast X-ray probing of water structure below the homogeneous ice nucleation temperature. Nature, 2014, 510(7505): 381−384.

[26] Ren Z., Ivanova A. S., Couchot-Vore D., et al. Ultrafast structure and dynamics in ionic liquids: 2D-IR spectroscopy probes the molecular origin of viscosity. Journal of Physical

Chemistry Letters, 2014, 5(9):1541-1546.

[27] Park S., Odelius M., Gaffney K. J. Ultrafast dynamics of hydrogen bond exchange in aqueous ionic solutions. Journal of Physical Chemistry B, 2009, 113(22):7825-7835.

[28] Zhang Y., Cremer P. S. Chemistry of Hofmeister anions and osmolytes. Annual Review of Physical Chemistry, 2010, 61:63-83.

[29] Li X. P., Huang K., Lin J. Y., et al. Hofmeister ion series and its mechanism of action on affecting the behavior of macromolecular solutes in aqueous solution. Progress in Chemistry, 2014, 26(8):1285-1291.

[30] Hofmeister F. Concerning regularities in the protein-precipitating effects of salts and the relationship of these effects to the physiological behaviour of salts. Archiv Fur Experimentelle Pathologie Und Pharmakologie, 1888, 24:247-260.

[31] Jungwirth P., Cremer P. S. Beyond Hofmeister. Nature Chemistry, 2014, 6(4):261-263.

[32] Cox W. M., Wolfenden J. H. The viscosity of strong electrolytes measured by a differential method. Proceedings of the Royal Society of London Series-A, 1934, 145(855):475-488.

[33] Collins K. D., Washabaugh M. W. The Hofmeister effect and the behaviour of water at interfaces. Quarterly Reviews of Biophysics, 1985, 18(4):323-422.

[34] Collins K. D. Charge density-dependent strength of hydration and biological structure. Biophysical Journal, 1997, 72(1):65-76.

[35] Collins K. D. Why continuum electrostatics theories cannot explain biological structure, polyelectrolytes or ionic strength effects in ion-protein interactions. Biophysical Chemistry, 2012, 167:43-59.

[36] Duignan T. T., Parsons D. F., Ninham B. W. Collins's rule, Hofmeister effects and ionic dispersion interactions. Chemical Physics Letters, 2014, 608:55-59.

[37] Zhao H., Huang D. Hydrogen bonding penalty upon ligand binding. Plos One, 2011, 6(6):e19923.

[38] Liu X., Li H., Li R., et al. Strong non-classical induction forces in ion-surface interactions: General origin of Hofmeister effects. Scientific Reports, 2014, 4:5047.

[39] Xie W. J., Gao Y. Q. A simple theory for the Hofmeister series. Journal of Physical Chemistry Letters, 2013, 4(24):4247-4252.

[40] O'Dell W. B., Baker D. C., McLain S. E. Structural evidence for inter-residue hydrogen bonding observed for cellobiose in aqueous solution. PLoS One, 2012, 7(10):e45311.

[41] Sun C. Q., Sun Y. The Attribute of Water: Single Notion, Multiple Myths. Singapore: Springer Nature Singapore, 2016.

[42] Zhou Y., Huang Y., Ma Z., et al. Water molecular structure-order in the NaX hydration shells (X=F, Cl, Br, I). Journal of Molecular Liquids, 2016, 221:788-797.

[43] Sedlák E., Stagg L., Wittung-Stafshede P. Effect of Hofmeister ions on protein thermal stability: Roles of ion hydration and peptide groups? Archives of Biochemistry and Biophysics, 2008, 479(1):69-73.

［44］ Agmon N. Liquid water: From symmetry distortions to diffusive motion. Accounts of Chemical Research,2012,45(1):63−73.

［45］ Li R.,Jiang Z.,Chen F.,et al. Hydrogen bonded structure of water and aqueous solutions of sodium halides:A Raman spectroscopic study. Journal of Molecular Structure,2004,707 (1−3):83−88.

［46］ Smith J. D.,Saykally R. J.,Geissler P. L. The effects of dissolved halide anions on hydrogen bonding in liquid water. Journal of the American Chemical Society,2007,129 (45):13847−13856.

［47］ Park S.,Fayer M. D. Hydrogen bond dynamics in aqueous NaBr solutions. Proceedings of the National Academy of Sciences of the United States of America, 2007, 104 (43): 16731−16738.

［48］ Lo Nostro P.,Ninham B. W. Hofmeister phenomena:An update on ion specificity in biology. Chemical Reviews,2012,112(4):2286−322.

［49］ Perelygin I. S.,Mikhailov G. P.,Tuchkov S. V. Vibrational and orientational relaxation of polyatomic anions and ion-molecular hydrogen bond in aqueous solutions. Journal of Molecular Structure,1996,381(1−3):189−192.

［50］ Bruni F.,Imberti S.,Mancinelli R.,et al. Aqueous solutions of divalent chlorides:Ions hydration shell and water structure. Journal of Chemical Physics,2012,136(6):137−148.

［51］ Jong P. H. K. D.,Neilson G. W.,Bellissent-Funel M. C. Hydration of Ni^{2+} and Cl^- in a concentrated nickel chloride solution at 100 ℃ and 300 ℃. Journal of Chemical Physics, 1996,105(12):5155−5159.

［52］ Fang H.,Liu X.,Sun C. Q.,et al. Phonon spectrometric evaluation of the solute-solvent interface in solutions of glycine and its N-methylated derivatives. Journal of Physical Chemistry B,2018,122:7403−7408.

［53］ Hess B.,Van der Vegt N. F. A. Cation specific binding with protein surface charges. Proceedings of the National Academy of Sciences,2009,106(32):13296−13300.

［54］ Uejio J. S.,Schwartz C. P.,Duffin A. M.,et al. Characterization of selective binding of alkali cations with carboxylate by X-ray absorption spectroscopy of liquid microjets. Proceedings of the National Academy of Sciences,2008,105(19):6809−6812.

［55］ Vrbka L.,Vondrášek J.,Jagoda-Cwiklik B.,et al. Quantification and rationalization of the higher affinity of sodium over potassium to protein surfaces. Proceedings of the National Academy of Sciences,2006,103(42):15440−15444.

［56］ Paterová J.,Rembert K. B.,Heyda J.,et al. Reversal of the Hofmeister series:Specific ion effects on peptides. Journal of Physical Chemistry B,2013,117(27):8150−8158.

［57］ Heyda J.,Hrobárik T.,Jungwirth P. Ion-specific interactions between halides and basic amino acids in water. Journal of Physical Chemistry A,2009,113(10):1969−1975.

［58］ Zhang X.,Zhou Y.,Gong Y.,et al. Resolving H(Cl,Br,I) capabilities of transforming solution hydrogen-bond and surface-stress. Chemical Physics Letters,2017,678:233−240.

［59］ Sun Q. Raman spectroscopic study of the effects of dissolved NaCl on water structure. Vibrational Spectroscopy,2012,62:110-114.

［60］ Aliotta F., Pochylski M., Ponterio R., et al. Structure of bulk water from Raman measurements of supercooled pure liquid and LiCl solutions. Physical Review B,2012,86 (13):134301.

［61］ Park S.,Ji M. B.,Gaffney K. J. Ligand exchange dynamics in aqueous solution studied with 2DIR spectroscopy. Journal of Physical Chemistry B,2010,114(19):6693-6702.

［62］ Gaffney K. J.,Ji M.,Odelius M.,et al. H-bond switching and ligand exchange dynamics in aqueous ionic solution. Chemical Physics Letters,2011,504(1-3):1-6.

［63］ Zhang X., Sun P., Huang Y., et al. Water's phase diagram: from the notion of thermodynamics to hydrogen-bond cooperativity. Progress in Solid State Chemistry,2015, 43:71-81.

［64］ Sun C.,Xu D.,Xue D. Direct in situ ATR-IR spectroscopy of structural dynamics of $NH_4H_2PO_4$ in aqueous solution. CrystEngComm,2013,15(38):7783-7791.

［65］ Zhang X.,Yan T.,Huang Y.,et al. Mediating relaxation and polarization of hydrogen-bonds in water by NaCl salting and heating. Physical Chemistry Chemical Physics,2014, 16(45):24666-24671.

［66］ Zeng Q.,Yan T.,Wang K.,et al. Compression icing of room-temperature NaX solutions (X＝F,Cl,Br,I).Physical Chemistry Chemical Physics,2016,18(20):14046-14054.

［67］ Gong Y.,Zhou Y.,Wu H.,et al. Raman spectroscopy of alkali halide hydration:Hydrogen bond relaxation and polarization. Journal of Raman Spectroscopy, 2016,47(11):1351- 1359.

［68］ Zhang X.,Xu Y.,Zhou Y.,et al. HCl,KCl and KOH solvation resolved solute-solvent interactions and solution surface stress. Applied Surface Science,2017,422:475-481.

［69］ Zhou Y.,Yuan Zhong,Liu X.,et al. NaX solvation bonding dynamics:Hydrogen bond and surface stress transition (X ＝ HSO_4, NO_3, ClO_4, SCN). Journal of Molecular Liquids, 2017,248:432-438.

［70］ Chen Y., Okur H. I. I., Liang C., et al. Orientational ordering of water in extended hydration shells of cations is ion-specific and correlates directly with viscosity and hydration free energy. Physical Chemistry Chemical Physics, 2017, 19 (36): 24678 - 24688.

［71］ Sun C. Q.,Zhang X.,Fu X.,et al. Density and phonon-stiffness anomalies of water and ice in the full temperature range. Journal of Physical Chemistry Letters,2013,4:3238-3244.

［72］ Wang L.,Guo Y.,Li P.,et al. Anion-specific effects on the assembly of collagen layers mediated by magnesium ion on mica surface. Journal of Physical Chemistry B,2014,118 (2):511-518.

［73］ Gong Y.,Xu Y.,Zhou Y.,et al. Hydrogen bond network relaxation resolved by alcohol hydration (methanol, ethanol, and glycerol). Journal of Raman Spectroscopy, 2017, 48

(3):393-398.

[74] Yan C., Xue Z., Zhao W., et al. Surprising Hofmeister effects on the bending vibration of water. ChemPhysChem, 2016, 17(20):3309-3314.

[75] Yin Z., Inhester L., Thekku Veedu S., et al. Cationic and anionic impact on the electronic structure of liquid water. Journal of Physical Chemistry Letters, 2017, 8:3759-3764.

[76] Wei Q., Zhou D., Bian H. Negligible cation effect on the vibrational relaxation dynamics of water molecules in $NaClO_4$ and $LiClO_4$ aqueous electrolyte solutions. RSC Advances, 2017, 7(82):52111-52117.

[77] Deng T., Zhang W., Zhang H., et al. Anti-freezing aqueous electrolyte for high-performance $Co(OH)_2$ supercapacitors at $-30\ ℃$. Energy Technology, 2018, 6(4):605-612.

[78] Van der Post S. T., Hsieh C. S., Okuno M., et al. Strong frequency dependence of vibrational relaxation in bulk and surface water reveals sub-picosecond structural heterogeneity. Nature Communications, 2015, 6:8384.

[79] Brinzer T., Berquist E. J., Ren Z., et al. Ultrafast vibrational spectroscopy (2D-IR) of CO_2 in ionic liquids: Carbon capture from carbon dioxide's point of view. Journal of Chemical Physics, 2015, 142(21):212425.

[80] Chen J., Yao C., Zhang X., et al. Hydrogen bond and surface stress relaxation by aldehydic and formic acidic molecular solvation. Journal of Molecular Liquids, 2018, 249:494-500.

[81] Sun C. Q., Huang Y., Zhang X. Hydration of Hofmeister ions (Historical Perspective). Advances in Colloid and Interface Science, 2019, 268:1-24.

[82] Omta A. W., Kropman M. F., Woutersen S., et al. Negligible effect of ions on the hydrogen-bond structure in liquid water. Science, 2003, 301(5631):347-349.

[83] Mancinelli R., Botti A., Bruni F., et al. Hydration of sodium, potassium, and chloride ions in solution and the concept of structure maker/breaker. Journal of Physical Chemitry B, 2007, 111:13570-13577.

[84] Collins K. D. Ions from the Hofmeister series and osmolytes: Effects on proteins in solution and in the crystallization process. Methods, 2004, 34(3):300-311.

[85] Tielrooij K., Garcia-Araez N., Bonn M., et al. Cooperativity in ion hydration. Science, 2010, 328(5981):1006-1009.

[86] Nickolov Z. S., Miller J. Water structure in aqueous solutions of alkali halide salts: FTIR spectroscopy of the OD stretching band. Journal of Colloid and Interface Science, 2005, 287(2):572-580.

[87] Huang Y. L., Zhang X., Ma Z. S., et al. Potential paths for the hydrogen-bond relaxing with $(H_2O)_N$、cluster size. Journal of Physical Chemistry C, 2015, 119(29):16962-16971.

[88] Zhang X., Huang Y., Ma Z., et al. A common supersolid skin covering both water and ice. Physical Chemistry Chemical Physics, 2014, 16(42):22987-22994.

[89] Zhang X., Huang Y., Ma Z., et al. Hydrogen-bond memory and water-skin supersolidity resolving the Mpemba paradox. Physical Chemistry Chemical Physics, 2014, 16(42): 22995-23002.

[90] Zangi R., Berne B. Aggregation and dispersion of small hydrophobic particles in aqueous electrolyte solutions. Journal of Physical Chemistry B, 2006, 110(45): 22736-22741.

[91] Funkner S., Niehues G., Schmidt D. A., et al. Watching the low-frequency motions in aqueous salt solutions: The terahertz vibrational signatures of hydrated ions. Journal of the American Chemical Society, 2012, 134(2): 1030-1035.

[92] Levin Y. Polarizable Ions at Interfaces. Physical Review Letters, 2009, 102(14): 147803.

[93] Pauling L. The Nature of the Chemical Bond. Ithaca, NY: Cornell University Press, 1960.

[94] Sun C. Q. Relaxation of the Chemical Bond. Heidelberg: Springer-Verlag, 2014.

[95] Sun C. Q., Sun Y., Ni Y. G., et al. Coulomb repulsion at the nanometer-sized contact: A force driving superhydrophobicity, superfluidity, superlubricity, and supersolidity. Journal of Physical Chemistry C, 2009, 113(46): 20009-20019.

[96] Zhang X., Huang Y., Ma Z., et al. From ice supperlubricity to quantum friction: Electronic repulsivity and phononic elasticity. Friction, 2015, 3(4): 294-319.

[97] Johnson C. M., Baldelli S. Vibrational sum frequency spectroscopy studies of the influence of solutes and phospholipids at vapor/water interfaces relevant to biological and environmental systems. Chemical Reviews, 2014, 114(17): 8416-8446.

[98] Sun C. Q., Zhang X., Zhou J., et al. Density, elasticity, and stability anomalies of water molecules with fewer than four neighbors. Journal of Physical Chemistry Letters, 2013, 4: 2565-2570.

[99] Levering L. M., Sierra-Hernández M. R., Allen H. C. Observation of hydronium ions at the air-aqueous acid interface: Vibrational spectroscopic studies of aqueous HCl, HBr, and HI. Journal of Physical Chemistry C, 2007, 111(25): 8814-8826.

[100] Sun C. Q. Size dependence of nanostructures: Impact of bond order deficiency. Progress in Solid State Chemistry, 2007, 35(1): 1-159.

[101] Ostmeyer J., Chakrapani S., Pan A. C., et al. Recovery from slow inactivation in K channels is controlled by water molecules. Nature, 2013, 501(7465): 121-124.

[102] Sun C. Q. Oxidation electronics: Bond-band-barrier correlation and its applications. Progress in Materials Science, 2003, 48(6): 521-685.

[103] Zheng W. T., Sun C. Q. Electronic process of nitriding: Mechanism and applications. Progress in Solid State Chemistry, 2006, 34(1): 1-20.

[104] Fang H., Tang Z., Liu X., et al. Discriminative ionic capabilities on hydrogen-bond transition from the mode of ordinary water to $(Mg, Ca, Sr)(Cl, Br)_2$ hydration. Journal of Molecular Liquids, 2019, 279: 485-491.

[105] Zhou Y., Huang Y., Ma Z., et al. Water molecular structure-order in the NaX hydration shells (X = F, Cl, Br, I). Journal of Molecular Liquids, 2016, 221: 788-797.

第 7 章
盐水合 II : 超固态特性

要点提示

- ✓ 表皮分子低配位和离子极化导致类胶状、高反光、高稳定、高热导超固态

- ✓ 冷致准固态 H—O 键收缩吸收能量,而液态、固态和超固态 H—O 键反之

- ✓ 离子极化和限域界面反射主导溶液黏滞系数、表面应力、电子和声子寿命

- ✓ 高价离子极化和异性离子吸引使盐溶液的黏滞行为偏离 Jones-Dole 表述

内容摘要

类胶状极化超固态具有高熔点、高黏弹性、高反光率、高热扩散率、高稳定性、低密度、低扩散率、低变形率、低功函数、低冰点和沸点等特征。表面应力和溶液黏度与电子极化及溶质间的相互作用密切相关。

7.1 极化超固态的形成机制

盐通过水解反应将离子注入溶剂的氢键网络,各自形成水合胞,并按各自块体溶质的结晶规则形成与溶剂氢键网络套构的有序子晶格,并非随机分布在溶液中。离子晶格间距与溶质浓度成反比。离子形成 ± · 4H_2O：6H_2O 水合胞[1],并不会与其相邻水分子结合成键。所以盐水合是纯粹物理过程。与离子最近的相邻的两个水分子的 H^+ 和另外两个分子的":"分别径向指向外侧。由于局域电场的非均匀特性,离子占据四面体的偏心位置。离子的电场极化且拉伸其相邻水分子形成半刚性[2,3]或类胶状极化超固态[4]水合胞。因此,离子水合可通过屏蔽极化扭曲 O：H—O 氢键网络。

YX 盐水合将 H_2O 分子的 n_Y+n_X 部分转换成水合偶极子,而其余 n_r 部分仍处于原始的水分子状态。其中,n_Y 指水合阳离子,n_X 指水合阴离子。相比之下,HX 酸水解将 X^- 和 H^+ 注入溶剂中。H^+ 与 H_2O 结合形成 H_3O^+ 水合氢质子,通过 H↔H 反氢键排斥与其四个 H_2O 近邻之一相互作用。HX 和 YX 的水合反应可以通过下式表述($n=n_r+n_X+n_Y$):

$$YX+nH_2O \Rightarrow [Y^++X^-+(n_Y+n_X)H_2O(偶极子)]+n_rH_2O$$

$$HX+nH_2O \Rightarrow H_3O^++X^-+(n_X-1+n_r)H_2O$$

$$\Rightarrow [HO(H↔H)H_2O^+(反氢键)]+[X^-+n_XH_2O(偶极子)]+(n_r-2)H_2O$$

盐溶液的摩尔分数为 $C=N_{solute}/(N_{solute}+N_{water}) \propto 1/(1+n)$,其中 $N=W/M_A$ (质量/摩尔质量)是分子数。使用摩尔分数 C 或 $1/C=1+n_Y+n_X+n_r$ 比使用摩尔浓度(mol/L)更方便,可以此关注每个离子的水合分子数 n_Y 和 n_X 。

此外,离子的静电极化可以缩短硬化 H—O 键,拉伸软化 O：H 非键[5]。DFT 计算揭示[6],I^- · H^+ 间距比常规 O：H 非键增长约 40%,而 H—O 键则收缩约 1%。在第二水合层中,H—O 键收缩 0.9%,O：H 膨胀 29%。分子动力学计算显示[1],(Li,Na,K)：O 间距分别为(1.99,2.37,2.69)Å,与中子衍射结果(1.9,2.34,2.65)Å[7,8]基本相同。相比之下,4 ℃水中 O：H 非键的间距仅 1.70 Å。

离子水合将声子频率(ω_H,ω_L)从(3 200,200) cm^{-1} 转移到(3 450,75 ~ 120)cm^{-1}。相应地,氢键的长度、能量和频率(d,E,ω)_x 也随之发生变化,H—O 键自(1.0 Å,4.0 eV,3 200 cm^{-1})_H 变为(<1.0 Å,>4.0 eV,3 500 cm^{-1})_H、O：H 键则自(1.7 Å,0.1 eV,200 cm^{-1})_L 变为(>1.7 Å,<0.1 eV,75 ~ 100 cm^{-1})_L[5]。分段能量和振动频率决定各自的比热容,而分段比热容曲线的交点决定了冰水在常压下的各相边界以及熔点 T_m、冰点 T_N 和沸点 T_V。离子极化可提高 T_m、降低 T_N 和 T_V。这就是为何"撒盐"可以除冰。电致水桥在330 K温度下可以保持稳定,氧化石墨烯层间

的离子水合胞可以撑大层间距[9,10],这都是氢键协同弛豫与电子极化的结果。

对不同浓度 Na(Cl,Br,I) 和 H(Cl,Br,I) 溶液的差分声子谱(DPS)谱峰进行积分,可以分辨 Y^+ 和 X^- 离子对 O:H—O 氢键从原始态转变至第一水合层极化态的转换系数 $f_{YX}(C)$ [11]。对碱卤盐溶液 DPS 谱峰的积分揭示了如下事实:① 离子偏心地占据水分子的四面体配位间隙,形成了 $\pm \cdot 4H_2O:6H_2O$ 水合胞,并不会与 H_2O 分子结合成键;② 离子极化缩短强化 H—O 键,而拉伸弱化 O:H 非键;③ 水合偶极水分子的全屏蔽使阳离子水合胞保持恒定;因水合胞偶极子的非全屏蔽,阴离子之间的相互排斥可削弱离子的长程电场,减小其水合胞体积;④ 一价阳离子全屏蔽极化和阴离子部分屏蔽极化分别决定了 Jones-Dole 的溶液黏滞系数和表面应力的线性及非线性部分;⑤ 高价盐离子间的相互作用致使其黏滞系数偏离 Jones-Dole 表述。

7.2 超固态水合胞的尺寸与形状

图 7.1 所示为 $(Na,H)(Cl,Br,I)/H_2O$ 溶液中 H—O 声子的 DPS 及溶质与水解离子的氢键键态转换系数。离子极化将 H—O 声子从 3 200 cm^{-1} 蓝移至约 3 500 cm^{-1},H—O 键长收缩硬化[12]。NaX 盐和 HX 酸两种溶液的 DPS 特征差异仅在于谱峰面积,后者小于前者,表明 HX 酸中存在 $H \leftrightarrow H$ 且其不具备极化效应。值得关注的是,酸溶液在 3 050 cm^{-1} 以下出现了一个源于 $H \leftrightarrow H$ 排斥对其近邻 H—O 键施压所致的声子弱化漫峰,其强度随 X 自 Cl 到 I 因极化效果增强而变弱。此外,酸溶液在 3 700 cm^{-1} 出现了一个明显的波谷,它源于阴离子的表面优先占据效应。表面阴离子的电场极化导致表面悬键收缩刚化,从常规 3 610 cm^{-1} 蓝移至 3 700 cm^{-1}。表面阴离子同时也会屏蔽拉曼信号的采集。

由图 7.1 可知,$f_Y(C) \propto C$、$f_X(C) \propto C^{1/2}$,而 $f_{YX}(C) = aC + bC^{1/2}$,与 Jones-Dole 的黏滞系数表达式相同[14]。常数式 $f_{Na}(C)/C$ 表示单个正离子水合胞体积

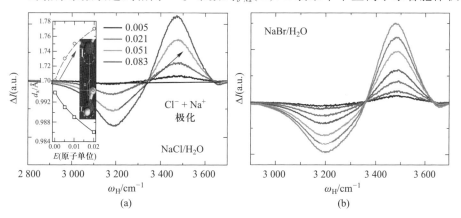

(a)   (b)

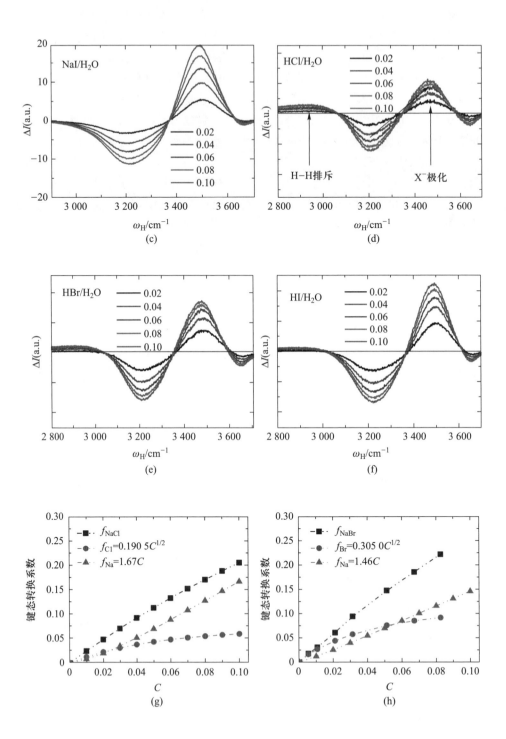

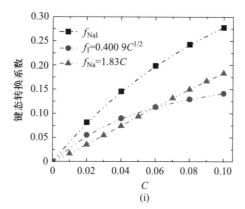

(i)

图 7.1 (a~c) NaX(X=Cl,Br,I) 和 (d~f) HX(X=Cl,Br,I) 溶液中 H—O 声子的 DPS 及 (g~i) 溶质与水解离子的氢键键态转换系数[13](参见书后彩图)

Na⁺极化导致的氢键键态转换系数呈线性即 $f_{Na}(C) \propto C$,所以,单离子的有效水合分子数目 $f_{Na}(C)/C$ 为常数,这表明 Na⁺离子的水合呈现全屏蔽效应。阴离子的非线性 $f_X(C) \propto C^{1/2}$ 表示阴离子间因非完全屏蔽而相互排斥

与溶质浓度无关,与溶质 YX 组合有关。电负性较低且半径较小的正离子水合胞内的电场强度和作用程不受近邻离子的干扰。所以,在一价盐溶液中,不存在正离子间的排斥或异性离子间的吸引。此外,Jones-Dole 黏滞系数的线性部分源于正离子的全屏蔽极化,非线性部分则源于负离子的部分屏蔽极化和负离子间的排斥,并非分别源于溶质间和溶质-溶剂间的作用。负离子对 O:H—O 氢键的极化能力服从 I⁻>Br⁻>Cl⁻ 序列。电负性较低且半径较大的负离子的极化能力较强。YF 溶液几乎不显示 DPS 谱学特征,所以它的极化能力几乎可以忽略,因为水难以水解分离电负性差值较大的 YF 盐溶质[15]。

图 7.2(a~d) 所示为不同浓度 YCl/H₂O 溶液 ω_H 的 DPS。这些无实质差异的谱线说明碱金属离子的极化能力没有明显区别。因为它们的半径和电负性都很相近。图 7.2(e) 和 (f) 示意了碱金属离子在氯盐和碘盐中所显示的极化能力 $n_Y(C)$,与和 Cl 还是 I 组合弱相关。

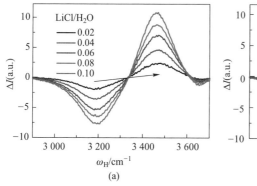

(a)

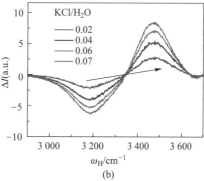

(b)

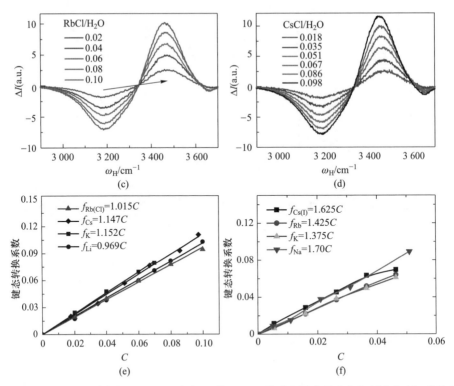

图 7.2　（a~d）不同浓度 YCl/H₂O 溶液 ω_H 的 DPS 以及碱金属离子在（e）氯盐和（f）碘盐中所显示的极化能力[13]（参见书后彩图）

随着溶质浓度的增加，DPS 谱峰稍有红移和变窄，说明负离子间的排斥弱化了水合胞内的电场，提高了极化超固态的结构序度。（Cs, Rb）I 溶液在浓度为 0.05 时达到饱和

　　图 7.3（a）和（b）显示，X^- 的极化能力完全服从 $f_X(C) \propto C^{1/2}$ 关系和 $I^- > Br^- > Cl^-$ 序列。$f_X(C)$ 的非线性特征体现了溶质浓度增加或离子间距减小引起的负离子间的排斥作用。$n_X(C)$ 表示 C 浓度时离子水合单胞最内层即第一水合层的相对偶极水分子数目，并非绝对数目。I^- 离子间距足够远时，$n_X(C) = f_X(C)/C = 3.0$；当溶液达到饱和时，$n_X(C)$ 减小至 1.75。对应地，Cl^- 离子的 $n_X(C)$ 从 1.75 减小到 0.5。DPS 只分辨出第一水合层的相对水合分子的数目，介于常态块体水和第一水合层的 H—O 键声子频率在 3 200~3 500 cm⁻¹ 之间。图 7.3（c）和（d）显示，Y（Cl, I）/H₂O 和 Z（Cl, Br）₂/H₂O 溶液的 $f_{Y/Z}(C)/C$ 为常数，这说明正离子的第一水合层乃至整个水合胞不受其他离子的影响。可见，仅需关注第一水合层的氢键及其电子行为具有普遍意义。一系列实验结果与分析表明，正离子水合胞内具有较强、短程和恒定的电场且水合与非水合边界清晰；负离子水合胞内的电场则具有长程和可变特性，且水合胞与常规水的边界相对模糊。所以，在一价和二价盐溶液

中,只存在负离子之间的排斥而正离子独立于其他离子存在,负离子具有模糊的水合胞边界而正离子水合胞的边界清晰。

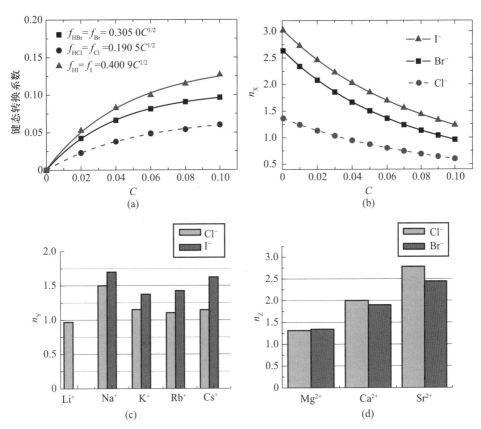

图 7.3 (a) 一价 HX 溶液中卤离子的氢键极化能力及其(b) 第一水合层的相对偶极水分子数目 $f_X(C)/C \propto C^{-1/2}$,(c) Y(Cl,I)溶液中碱金属离子 Y^+ 和(d) 二价 $Z(Cl,Br)_2$ 溶液中 Z^{2+} 离子第一水合层中相对偶极水分子数目 $n_{Y/Z}(C) = f_{Y/Z}(C)/C =$ 常数

$n_X(C)$ 和 $n_{Y/Z}(C)$ 也可反映第一水合层内的电场强度

7.3 温致准固态与超固态特征

7.3.1 超固态的性能

超固态的概念源于 2 K 温度下固体氦碎片之间的高弹性、相互排斥和无摩擦相对快速运动现象[16]。电致极化与分子低配位具有相同的氢键弛豫和电子极化特征[4]。在外加电场、电荷流动、注入离子或杂质带电时,其电场可以重排、

拉伸并极化水分子[5]，形成类胶状、低密度、高稳定性、高热扩散速率、高反光性和黏弹性的超固态[17,18]。表 7.1 汇总了水的极化超固态特性[5,18,19]。

表 7.1 水的极化超固态特性[5,18,19]

性能提升	性能降低	属性
液态-准固态转变温度 T_m[20]	比热容[25]	QS 相边界扩展——高 ω_H 低 ω_L[28]
力学与热学稳定性[21-23]	沸点 T_V[26]	330 K 电致水桥 16 MPa 弹性[24]
机械强度[10,24]	冰-准固态相变温度 T_N[27]	扩撑氧化石墨烯面间距[10]
热扩散系数[25]	质量密度[28]	H—O 收缩刚化而 O：H 反之[4]
相变速率[29]	热膨胀率[21]	O 1s 能级自陷[32]
电导，反光系数[30]	压缩系数[22,31]	电解液固氢[33]
反应活性，催化效率[34-36]	功函数[40]	非键电子局域极化[28,44]
介电性和带隙[37,38]	扩散系数[41,42]	长电子声子寿命[45]
黏性和弹性[39]	电子声子运动速率[43,44]	疏水，超流，润滑[46,47]

7.3.2 超固态的 DPS 谱学特征

YX 盐的水合可导致高频声子蓝移（$\Delta\omega_H>0$）和低频声子红移（$\Delta\omega_L<0$），亦即离子极化增强了 H—O 键（$\Delta E_H>0$），弱化了 O：H 非键（$\Delta E_L<0$）。若已知某条件下体相和表皮的特征峰，即可由谱峰频移得到氢键分段长度和能量的信息[48]，由此估算水合层中氢键的键长和能量。量子计算表明，第一水合层中的 X：H—O 键比次层中的弛豫程度更大[6]。

表 7.2 列出了纯水和 YX 盐溶液中 O：H—O 氢键的特性，足以说明溶液一些性能，如溶解度、表面应力、黏度和相变临界温度等。盐溶质的极化作用将水分子转变为超固态或半刚性的水合状态，这就是为何食用盐过量会升高血压。此外，盐还可以促进道路融雪，加速胶体溶液的溶胶-凝胶转变（即凝胶化）。理论上，人们可以通过极化弱化 O：H 非键实现绿色制氢，强化 H—O 键实现电解质溶液固氢，以实现绿色化学和高效的能源管理。

表 7.2 纯水和 YX 盐溶液中 O：H—O 氢键的特性

	H_2O（277 K）	H_2O（表皮）	YX（水合胞）
ω_L/cm^{-1}	200	75	65~90
ω_H/cm^{-1}	3 150	3 450	≥3 500
$d_L/\text{Å}$	1.70	2.075 7	≥2.0

续表

	H$_2$O (277 K)	H$_2$O（表皮）	YX（水合胞）
d_H/Å	1.00	0.889 3	≤0.89
E_L/meV	95	59	≤59
E_H/eV	3.98	4.97	≥4.43
d_{O-O}/Å	2.695[48]	2.965	≥2.965

7.3.3 表皮超固态的电子声子谱

利用水合电子的束缚能和电子寿命作为探针,可以探究水滴团簇尺寸变化或空间位点不同时的氢键和电子行为信息。Verlet 等应用超快泵浦探针紫外光电子能谱发现[44],水分子团簇表面和水/空气界面处存在过量的电子。(D$_2$O)$_{50}$团簇内部电子的束缚能约为−1.75 eV,局域于团簇表面的电子的束缚能仅为−0.90 eV,两者按反比于团簇尺寸的规律变化。而对于常规水,其内部电子的束缚能为−3.2 eV,表面电子的束缚能则为−1.6 eV[49-52]。

图 7.4(a)表示(H$_2$O)$_n^-$水合电子的束缚能随团簇尺寸与分子位点的变化,水合电子可以驻留于水/空气界面下方约 1 nm 范围内[49-52]。(H$_2$O)$_n^-$团簇 H—O 键的声子频率[图 7.4(a)中插图]和声子寿命[图 7.4(b)]与团簇尺寸成反比关系[53-56],而 H—O 声子的寿命与其振动频率成正比[57]。

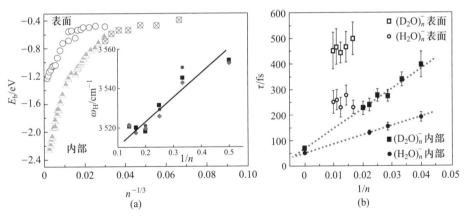

图 7.4 (a)(H$_2$O)$_n^-$水合电子的束缚能随团簇尺寸与分子位点的变化,(b)(H$_2$O)$_n^-$和(D$_2$O)$_n^-$团簇表面和内部水合电子的寿命[44,49-52]

(a)中插图所示为 H—O 声子频率的尺寸效应[53-56]。在 0.75 eV 激发出(H$_2$O)$_n^-$（圆形）和(D$_2$O)$_n^-$（正方形）表面电子（空心符号）,在 1.0 eV 激发出内部电子（实心符号）

团簇尺寸和分子位点引起的电子束缚能、声子刚度、声子寿命的差异证实了分子低配位诱导呈现了超固态特征。极化缩短 H—O 键使之刚化，拉长 O：H 非键使之软化，还降低了水合电子的束缚能并延长其寿命。极化程度与团簇尺寸成反比关系，且表皮的极化程度比内部的更显著。因此，超固态表皮的声子寿命更长[21]。

7.3.4　温致准固态与极化超固态的延时冷却

由于氢键分段比热容的差异，在液态和固体之间形成了一个具有负热胀系数的准固态[58]。在准固态中，H—O 共价键服从常规的热胀冷缩规则，而 O：H 非键反之。H—O 键冷缩吸收能量，后者因太弱，其膨胀时损失的能量微乎其微。在水的液态、固态和极化超固态中，H—O 键皆因冷膨胀而释放能量。

图 7.5(a) 所示为 NaCl 溶液相变的瞬时温度延迟曲线[59]。变温箱内的温度在 1 h 内由 20 ℃匀速降至 −20 ℃，然后静置 6 h，用热电偶监测变温箱内的盐溶液样品进行自然降温。溶质浓度 $C = 0$ 的常规水和 $C = 1/10$ 的饱和溶液的温度延迟行为证实了温致准固态和极化超固态的存在，分别具有如下相变和能量交换特征：

（1）**温致准固态**：常规水的温度变化 $\theta(C = 0, t)$ 在相变过程中经历了液态—准固态—固态三相。在液态和固态中，冷致 O：H 收缩而 H—O 伸长，后者放热导致温度随时间呈指数式衰减；在准固态中，H—O 键冷致收缩吸热而导致 $T_m(0) - T_N(0)$ 之间的平台。

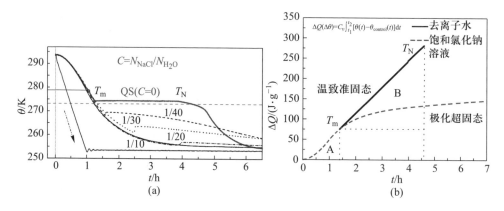

图 7.5　NaCl 溶液相变的(a) 瞬时温度延迟曲线 $\theta(C, t)$ 和(b) 相变潜热[59]
(a)中的灰线为控制温度，其余为溶液样品的实测温度。在冷却过程中，水经历了液态—准固态—固态相变。在准固态区，H—O 键冷致收缩而吸收能量，T_m 和 T_N 为相变温度。在给定的温区内，饱和 NaCl 溶液没有发生相变而只有因 H—O 键冷致膨胀对应的能量释放。(b)表示在温度延迟过程中，水的液态和极化超固态的能量释放（实线）和温致准固态能量吸收导致了温度偏离环境温度

（2）**极化超固态**：对于超固态饱和溶液，$\theta(1/10,t)$ 呈指数式衰减，平台和拐点消失。水合离子极化缩短 H—O 键而形成超固态，极化超固态的 H—O 键全程只有冷致膨胀而没有收缩，在 ± 20 ℃温度区间内没有吸热或相变发生。

（3）**相变温度**：冰点 T_N 为 $\theta(C,t)$ 曲线的拐点，随 NaCl 浓度的增加而减小。浓度达 $C=1/10$ 时，$T_N < 253$ K。溶液的 T_m 值应远高于水的熔点[8,9]。

（4）**相变潜热**：实测温度曲线 $\theta(C,t)$ 与控制温度曲线 $\theta_{control}(0,t)$ 之差与比热容的乘积的时间积分对应于能量交换。t_{T_m} 和 t_{T_N} 时间内所包围的面积与水的准固态中 H—O 键冷致收缩所吸收的能量正相关，而其他时区的积分对应于 H—O 冷致膨胀所释放的能量。样品的吸热和放热都显示出温度高于环境温度。图 7.5(b) 中温度延迟曲线之差的时间积分代表相变潜热，或延时期间 H—O 键能的交换量。

为了便于分析，将溶液分为两部分且 $f_s + f_0 = 1$。其中，$f_s = n_h C$ 表示极化超固态水分子，f_0 表示原始水分子，n_h 表示浓度为 C 的溶液中以摩尔分数计量的每对 Na$^+$+Cl$^-$ 离子的饱和水分子数。NaCl 溶液实际为原始态和超固态混合的液体，在准固态冷却过程中，能量吸收仅通过原始水分子中 H—O 键的收缩实现。吸收能量 E 正比于实测 $\theta(C,t)$ 和环境温度之差与比热容之积的时间积分。比重为 f_s 的极化超固态的 O∶H 非键能量主导冰点温度 $T_N(C)$。其中，$T_N(C)$ 为 $\theta(C,t)$ 曲线二阶微分为零时的取值。T_N 也是 H—O 键从冷却收缩过渡转变为冷却膨胀的过渡点[58]。在相变过程中，能量吸收 $E(f_0)$ 和冰点 $T_N(f_s)$ 随溶质浓度的变化可表述为[59]

$$\begin{cases} E(f_s) \propto \displaystyle\int_{T_m(f_s)}^{T_N(f_s)} C_p(f_s,\theta)\left[\theta(f_s,t)-\theta_{control}(f_s,t)\right]\mathrm{d}t \propto f_0\left[E_H(T_N(0))-E_H(T_m(0))\right] \\ \Delta T_N(f_s) = f_s\left[T_N(1)-T_N(0)\right] \propto f_s\left[E_L(1)-E_L(0)\right] \end{cases} \quad (7.1)$$

式中，$T_N(f_s)$ 是 $T_N(1)$ 和 $T_N(0)$ 的加权平均值，$T_N(1)$ 表示超固态，$T_N(0)$ 表示原始态，则 $T_N(f_s)=f_s T_N(1)+(1-f_s)T_N(0)$；$C_p(f_s,\theta)$ 为水的等压比热容。式(7.1)表示，原始水分子 H—O 键的相对数目及其在冰点和熔点之间亦即准固态温区内的键能变化决定能量吸收；水合超固态中 O∶H 非键的相对数目及其结合能由原始水到超固态的变化决定溶液的相变温度。

根据半经典的光谱分析计算，溶质达到饱和至少需要 21 个水分子[43]。溶质离子位于完整的水合壳内，其中第一水合层对应于当前讨论的偏心四面体空位。因 $T_N(0)=268.09$ K、$T_N(1)=253$ K，当 $C=0.025$ 时可测得 $T_N=261.05$ K，以此可估计不同浓度下 NaCl 溶质水合的水分子数 $n_h(C)$，即

$$f_N(f_s)=\frac{T_N(f_s)-T_N(0)}{T_N(1)-T_N(0)}=n_h(C)C \quad (7.2)$$

$$n_{\mathrm{h}}(0.025)=\frac{T_{\mathrm{N}}(0.025)-T_{\mathrm{N}}(0)}{C[T_{\mathrm{N}}(1)-T_{\mathrm{N}}(0)]}=\frac{261.05-268.09}{0.025\times(253-268.09)}\approx18.7 \quad (7.2\mathrm{a})$$

相应地,当 $C=0.1$ 时,NaCl 溶液的饱和数仅为 $n_{\mathrm{h}}=10$。

7.4　极化超固态与溶液的黏滞系数、电导率、表面应力和声子寿命

7.4.1　一价盐溶液

　　YX 溶液的黏滞系数 η、表面应力 γ 以及电子和 H—O 声子寿命 τ[47,60] 很大程度上与氢键键态转换系数即极化系数 $f(C)$ 正相关[19]。局域极化电场不仅提升了电子的能级,还制约着电子的运动。溶液中 H—O 声子的寿命是溶液黏度或扩散系数的函数[41,61]。斯托克斯-爱因斯坦扩散系数 $D(\eta,R,T)$、Jones-Dole 表述的溶液黏滞系数 $\eta(C)$[14] 和氢键键态转换系数 $f(C)$ 关联如下[62]:

$$\begin{cases} \dfrac{D(\eta,R,T)}{D_0}=\dfrac{k_{\mathrm{B}}T}{6\pi\eta R} & (\text{斯托克斯-爱因斯坦关系}) \\[3mm] \dfrac{\Delta\eta(C)}{\eta(0)}=A\sqrt{C}+BC & (\text{Jones-Dale 表述}) \\[3mm] f_{\mathrm{YX}}(C)=a\sqrt{C}+bC & (\text{声子丰度跃迁}) \end{cases} \quad (7.3)$$

式中,R 为扩散粒子的半径,k_{B} 为玻尔兹曼常量。

　　图 7.6 比较了水合溶液溶质种类和浓度对液滴接触角的影响,还探讨了温度引起的 NaCl 液滴接触角的变化。实验观测揭示如下事实:

　　(1) 离子极化可以弱化 O:H 非键而缩短强化 H—O 键,盐溶液的表面应力和溶液黏度由其离子极化作用主导。

　　(2) 由于络合钠盐阴离子尺寸较大,其极化率较 Na(Cl,Br,I) 和 (Na,K,Rb,Cs)I 的略弱。

　　(3) 碱水合收缩溶质的 H—O 键,拉伸部分溶剂的 H—O 键,溶液中 O:⇔:O 排斥和孤对电子的韧性主导其表面应力和黏度。

　　(4) 酸水合与加热和盐水合具有相同的 O:H—O 弛豫效果,而溶液中 H↔H 的点致脆效应会破坏氢键网络,降低表面应力和溶液黏度。

　　(5) 加热可造成 O:H 膨胀和 H—O 收缩,O:H 的弱化会降低表面应力,与酸水合效果相同,但两者起因不同。

　　所以,相比于氢键弛豫,表面应力更大程度上由电子极化主导。因此,在水合反应中,表面应力是标志电子极化能力的主要特征。

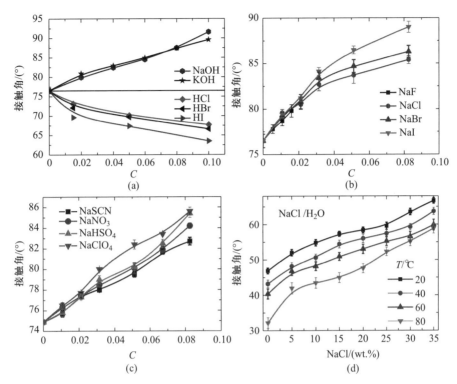

图 7.6　一价(a) 酸碱、(b) 盐和(c) 络合盐溶液的表面应力以及(d) 温度和离子极化对 NaCl 溶液表面应力的影响

图 7.7 所示为 LiBr/H$_2$O 溶液的表面应力 γ 和黏滞系数 η[63] 随浓度的变化。一价盐溶液的表面应力和黏滞系数与 $f_{\text{LiBr}}(C)$ 的变化方式基本相同[64]。图中 $f_{\text{LiBr}}(C)$ 曲线函数包含线性与非线性两项,两者比重的差异可以区分体表的贡献。非线性项 $C^{1/2}$ 主导表面应力 γ,多于对溶液黏滞系数 η 的贡献。表层分子低配位效应和负离子的表面优先占据在表面应力中贡献显著。还可以澄清,溶液黏度的 Jones-Dole 表述的线性部分源于正离子的全屏蔽极化效应,非线性部分则源于负离子的非全屏蔽和相互排斥作用,而非原始定义的溶质间和溶质-溶剂间的相互作用[14]。

图 7.8 比较了 (H, Li) Cl 和 LiOH 水合溶液电导率随浓度的变化[65]。除 LiOH 溶液外,(H, Li) Cl 溶液电导率与其氢键键态转换系数 $f(C)$ 具有相同的变化趋势。LiOH 溶液的极化系数 $f(C)$ 与浓度呈线性[66],但电导率 $\sigma(C)$ 服从 Jones-Dole 的黏滞系数表述。(H, Li) Cl 溶液的黏滞系数与各自的 $f(C)$ 趋势一致。高浓度溶液的电导率服从 $\sigma_{\text{HCl}} > \sigma_{\text{LiOH}} > \sigma_{\text{LiCl}}$ 序列。溶液中 H↔H 和 O∶⇔∶O 键的存在或利于电荷输运。

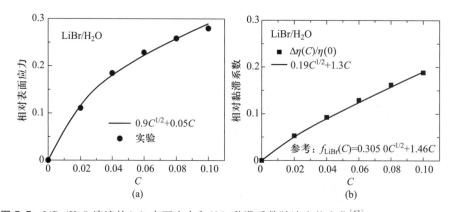

图 7.7　LiBr/H$_2$O 溶液的(a) 表面应力和(b) 黏滞系数随浓度的变化[63]

$f_{LiBr}(C)$ 曲线函数的两项系数差异可区分水分子低配位和负离子优先占据对表面应力的贡献

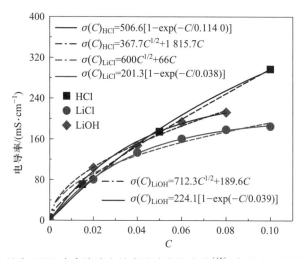

图 7.8　(H,Li)Cl 和 LiOH 水合溶液电导率随浓度的变化[65](参见书后彩图)

7.4.2　二价和络合盐溶液

　　图 7.9 所示为不同浓度二价卤盐 ZX$_2$ 水合溶液的氢键键态转换系数 $f_{ZX_2}(C)$、相对接触角(表面应力)和电导率[67]。三者显示出相近的随浓度增长的趋势,说明它们与极化超固态水合胞的体积和胞数目正相关。ZX$_2$ 溶液的电导率 $\sigma_{ZX_2}(C)$ 和接触角 $\theta_{ZX_2}(C)$ 与溶质浓度的关系类似于 $f_{ZX_2}(C)$ 的指数函数形式,且遵循相同的溶质顺序:$Sr^{2+} > Ca^{2+} > Mg^{2+}$;$Br^- > Cl^-$。这些趋势的一致性证明它们具有共同的极化起源。在高浓度下,黏稠的超固态的局域化特性可限制载

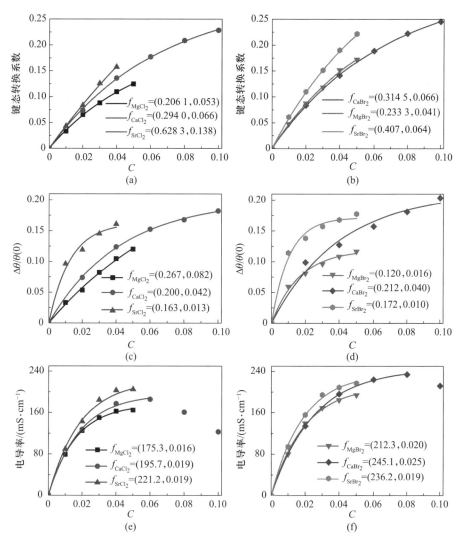

图 7.9　不同浓度二价卤盐水合溶液的(a,b)氢键键态转换系数、(c,d)相对接触角和(e,f)电导率[67]

流子的迁移。图 7.10 表明二价盐溶液的黏稠度随浓度指数式上升,引起溶液电导率降低。这一趋势偏离了一价盐溶液的 Jones-Dole 表述。这说明高浓度时,离子极化会导溶液表面应力和电导率趋于饱和,这是因为高浓度同性离子间存在排斥作用,弱化了水合胞内的电场。此外,YX_2 超固态水合胞晶格与氢键网络的套构会影响溶液的黏度。对于高浓度盐溶液,溶质相分离也会影响溶液的物化性质。

　　图 7.11 比较了一价 Na(I,Cl)、络合(Na,Li)ClO_4 和二价 $CaCl_2$ 盐溶液的 Jones-Dole 相对黏滞系数与极化系数 $f_{YX}(C)$ 的相关性。二价和络合盐不遵循一

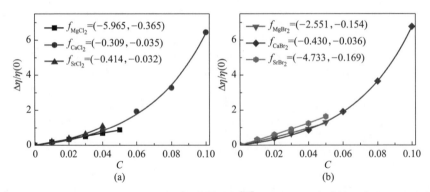

图 7.10　二价(a)氯盐和(b)溴盐溶液的黏滞系数[67] 黏稠的超固态降低了载流子的迁移率

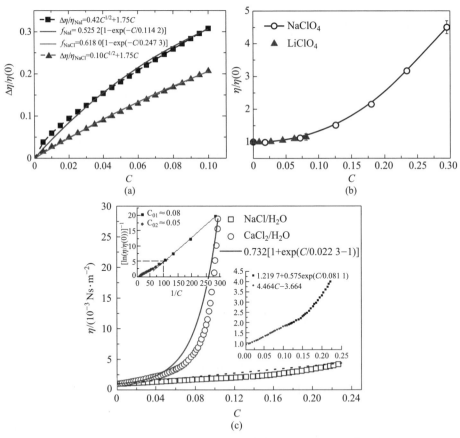

图 7.11　(a)一价 Na(I,Cl)、(b)络合(Na,Li)ClO$_4$[68] 和(c)二价 CaCl$_2$[67,69] 盐溶液的 Jones-Dole 相对黏滞系数与极化系数 $f_{YX}(C)$ 的相关性(参见书后彩图)

二价和络合盐溶液的黏滞系数偏离了 Jones-Dole 表述，这是因为异性离子间存在吸引作用

价盐溶液的 $f_{YX}(C)$ 饱和增长趋势[59]，而是呈现指数形式，偏离 Jones-Dole 模式。这种指数式增长趋势源自异性溶质离子间的 Z^+-$2X^-$ 吸引作用。高电量 Ca^{2+} 和高密度 $2Cl^-$ 离子以及络合 ClO_4^- 离子的行为与碱卤金属中一价离子的行为不同。图 7.11(c) 中插图表示，$CaCl_2$ 溶液的黏滞系数变化趋势（$[\ln(\eta/\eta_0)]^{-1}-1/C_0$）显示有两个 C_0 值，即 0.08 和 0.05。$(Li,Na)ClO_4$ 溶液的黏滞系数变化趋势与 $CaCl_2$ 溶液的相近。表 7.3 总结了 HX、YX、YOH 和 H_2O_2 溶液中 H—O 键极化系数随溶质浓度的变化情况，可反映出溶质的极化能力及对溶液性能的影响。

表 7.3 HX、YX、YOH 和 H_2O_2 溶液中 H—O 键极化系数随溶质浓度的变化

溶质	特征	极化系数	表达式	功能
HX[6, 70]	过量的 H^+ 和 Y^+ 极化	f_H(3 500 cm^{-1})	= 0	H_3O^+ 形成和 H↔H 排斥作用
		f_{OH}(<3 100 cm^{-1})	≥0	H↔H 排斥拉伸溶剂 H—O 键[37, 71]
YX[30, 72, 73]	离子极化	$f_{HX}=f_X$(3 500 cm^{-1})	$a[1-\exp(-C/C_0)]\propto C^{1/2}$	由于溶质电场被屏蔽，X^- 水合层尺寸减小，ω_H 频移恒定
		$f_{YX}-f_X=f_Y$(3 500 cm^{-1})	小的 C_0 对应于 X 稳定的 ω_H	Y^+ 水合层尺寸恒定，离子分辨表面应力
NaX[74]		$f_Y=C$（约 3 500 cm^{-1}）	更大的 C_0 ω_H 反向频移	较大的络合盐阴离子 Z^-
YOH[71]	过剩的孤对电子	f_Y 湮灭 f_{OH}(3 610 cm^{-1})	$a[1-\exp(-C/C_0)]$ 更大的 C_0	HO^- 溶质的 H—O 键（H—O 悬键[4, 48]）
H_2O_2[76]		f_{OH}(<3 100 cm^{-1})		O:⇔:O 压缩使溶剂 H—O 键伸长（机械压缩[71, 75]）
		f_{OH}(3 550 cm^{-1})		H_2O_2 溶质的 H—O 键（键序缺失[4, 77, 78]）

注：H—O 声子以体相的 3 200 cm^{-1} 作为初始频率，C_0 是表征溶质-溶质屏蔽效应的衰减常数。

7.4.3 离子极化与低配位效应

盐水合离子极化[63] 和分子低配位[4,79,80] 对氢键弛豫与电子极化作用效果相同，皆可使分子内共价键收缩、分子间非键伸长，同时伴随高频声子蓝移、低频声子红移。极化会导致离子水合胞内[63,70] 和冰水表皮[4,78] 呈现超固态特性。图 7.12 展示了 NaBr 溶液和纳米液滴高频声子 DPS、声子寿命和键态转换系数。超快红外光谱检测证实，在质量比为 10% 的 NaBr 溶液中，伴随着 D—O 键刚度

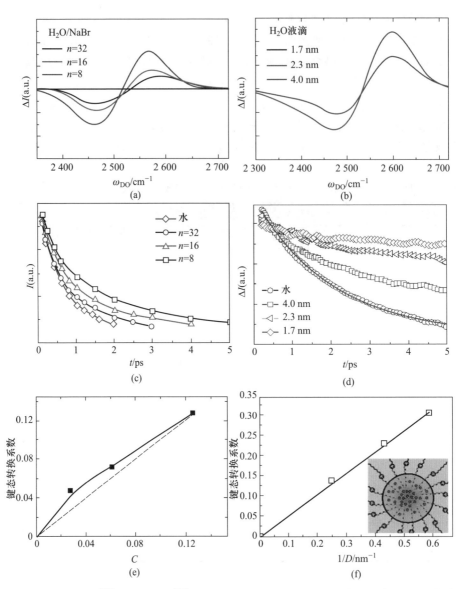

图 7.12　NaBr 溶液[43]和纳米液滴[84]的(a,b)高频声子 DPS、(c,d)声子寿命和(e,f)键态转换系数[63](参见书后彩图)

自 2 480 cm^{-1}蓝移至 2 560~2 580 cm^{-1},声子寿命缩短了 2/3[43,81,82]。溶质浓度升高后,Br$^-$↔Br$^-$斥力增强,削弱了阴离子的局部电场,D—O 键从 2 580 cm^{-1}红移至 2 560 cm^{-1}[6]。基于 DPS 半高宽和声子丰度的变化可以判定,NaBr 溶液中水分子的结构序度随浓度而增加。随着一个 NaBr 溶质分子平均水分子数目从

32 减少到 8 时,水分子弛豫的时间也从 2.6 ps 增加至 3.6 ps 甚至 6.7 ps。

离子反胶束内的受限水分子比离子水合胞中的水分子弛豫更慢,其 D—O 声子可从 2 480 cm^{-1} 蓝移至 2 600 cm^{-1}。当液滴尺寸从 28 nm 减小至 1.7 nm 时,水分子的弛豫时间从 2.7 ps 增加到 50 ps[43,81,82]。在中性和离子反胶束中,直径 4 nm 的纳米液滴中水分子的动力学行为几乎相同,这说明界面的空间约束即分子低配位特征是控制纳米尺度水分子动力学的第一要素,而非界面上是否有带电基团,其次为界面的化学性质,但界面起到的具体作用目前尚不清楚[83]。

液滴的质子迁移率研究表明[42],质子(或电荷)的扩散速率随液滴尺寸的减小而减慢。小于 1 nm 的水滴,其扩散速率比在体相中低近两个数量级。低电荷迁移率可被归因于纳米受限水中氢键的高刚性或液滴的高黏度。另一方面原因则是低配位水分子的 H—O 键短而硬[48]。表 7.4 给出了不同浓度 NaBr 溶液和不同尺寸纳米液滴中 D—O 键的弛豫时间和键态转换系数。溶液中,极化造成 $\mathrm{d}\tau/\mathrm{d}f \approx 30$;纳米液滴中,液滴晶界的约束增大了弛豫时间,即 $\tau_{\mathrm{confinement}} = \tau_{\mathrm{droplet}} - \tau_{\mathrm{bulk}} - f_{\mathrm{droplet}}(\mathrm{d}\tau/\mathrm{d}f)_{\mathrm{solution}}$,将限制声子传播。

图 7.12(c) 和(f) 比较了键态转换系数与溶质浓度和液滴尺寸的依赖关系:

$$\begin{cases} f_{\mathrm{NaBr}}(C) \propto 0.196[1-\exp(-C/0.117)] \\ f_{\mathrm{droplet}}(D) = 0.54D^{-1} \end{cases} \tag{7.4}$$

其中,$f_{\mathrm{NaBr}}(C)$ 遵循盐溶液键态转换系数变化的一般形式[63,70,85],$f_{\mathrm{droplet}}(D)$ 与液滴纳米结构的表/体比相关[84]。

$f_{\mathrm{NaBr}}(C)$ 显示非线性趋势,此时弥散分布于水中的 Na$^+$ 被胞内偶极水分子完全屏蔽[63]。$f_{\mathrm{Na}}(C)$ 主导溶液黏度的线性项[63,86]。然而对于半径较大的 Br$^-$,胞内高度有序的偶极水分子的数量不足以完全屏蔽 Br$^-$ 离子的电场,因此 Br$^-$-Br$^-$ 间的排斥作用将削弱 Br$^-$ 的离子电场,故 $f_{\mathrm{Br}}(C)$ 在溶质浓度较高时接近饱和,主导溶液黏度的非线性项。

表 7.4　不同浓度 NaBr 溶液和不同尺寸纳米液滴中 D—O 键的弛豫时间和键态转换系数

样品		τ/ps	ω_{H}(DPS)/cm^{-1}	$f(x)$	$\tau_{\mathrm{polarization}}$	$\tau_{\mathrm{confinement}}$	$\Delta R = f(R)R/3$
纯水		2.6	0	—	0	—	—
NaBr (H$_2$O/NaBr)	$n=32$	3.9	2 586	0.053 5	1.3	—	—
	$n=16$	5.1	2 574	0.076 6	2.5	—	—
	$n=8$	6.7	2 568	0.130 6	3.9		
纳米液滴	4.0 nm	18	2 600	0.128 5	3.86	12.32	0.090
	2.3 nm	30	2 597	0.210 8	6.32	21.08	0.090
	1.7 nm	50	2 602	0.283 9	8.52	38.84	0.090

分子低配位引起的键态转换系数为 $f_{\text{droplet}}(D) = 0.54D^{-1}$,表明 H—O 键收缩决定了纳米液滴的性能。H—O 悬键键长约 0.90 Å,特征峰为 3 610 cm^{-1}[4],邻近最短的 H—O 键约 0.95 Å,特征峰为 3 550 cm^{-1}[87]。此外,$f_{\text{droplet}}(D)$ 的线性关系也证实了纳米液滴存在厚度恒定的超固态表皮。通过图 7.12(f) 可以推算出体积为 V 的液滴的表皮厚度 ΔR,即 $f(R) \propto \Delta V/V = \Delta N/N = 3\Delta R/R$,则可导出纳米液滴的表皮厚度 $\Delta R = f(R)R/3 = 0.90$ Å,与 H—O 悬键键长相等[48]。所以,利用 DPS 可获取第一水合层和表皮最外层厚度与氢键特征的信息。

7.4.4　极化和限域的声子寿命

图 7.13 所示为 NaBr 溶液和纳米液滴的 D—O 声子寿命与键态转换系数的关系。对于 NaBr 溶液,τ-$f(C)$ 曲线斜率保持 $d\tau/df \approx 30$ 不变,表明声子寿命与 O：H—O 键态转换系数成正比。水合胞超固态的黏滞特性阻碍了声子传播,延长其寿命。纳米液滴的 τ-$f(C)$ 关系则明显不同,其 $d\tau/df$ 并非常数值。尽管离子水合和分子低配位都可以形成超超态,但相比于 NaBr 溶液,液滴的 τ 值大得多[4,63]。

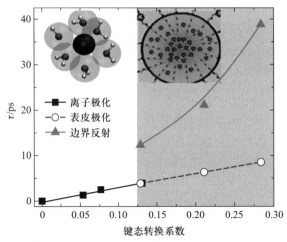

图 7.13　NaBr 溶液和纳米液滴的 D—O 声子寿命与键态转换系数的关系
空心圆连接的虚线外延溶液的超固态(实心方块连线),实心三角连线与虚线之差表示边界约束反射贡献。溶液和纳米液滴的声子寿命分别遵从 $\Delta\tau_{\text{solution}} = \tau_{\text{solution}} - \tau_{\text{bulk}}$ 及 $\Delta\tau_{\text{confinement}} = \tau_{\text{droplet}} - \tau_{\text{bulk}} - f_{\text{droplet}}(d\tau/df)_{\text{solution}}$ 的关系

除极化效应外,晶界的空间约束也会抑制声子传播。声子径向传播时部分向外传输,部分在边界处反射。由于反射波的强度较弱,传输和反射波的叠加会形成对时间依赖较弱的驻波。理想情况下,驻波的寿命是无限的。实际上这种驻波随时间的变化确实不大,声子呈现出更长的寿命。

若将离子水合胞的声子寿命 $\tau(f)$ 外延至纳米液滴区域,则可得到受限声子的额外寿命, $\tau(f)_{\text{droplet}} - f_{\text{droplet}}(d\tau/df)_{\text{solution}} = \tau(f)_{\text{confinement}}$,以区分液滴边界的束缚和反射。由此可见,纳米液滴中 D—O 声子寿命包含两部分:一部分源于本征表皮超固态,另一部分则源于液滴边界的几何约束和反射。

7.5 单胞分辨水合氢键稳定性

7.5.1 力学稳定性

氢键受激极化与协同弛豫(HBCP)理论预测,离子水合胞或冰水表皮超固态中 H—O 键具有力学和热学稳定性,而 O:H 非键具有弹性和柔韧性。H—O键越短,O:H 非键就越弱,弹性也将越强。通过检测性能 Q 随微扰量 q 变化的斜率 $dQ/dq = (dd_x/dq)(\partial Q/\partial d_x)$ 可以确定 Q 对变量 q 的稳定性。如果 Q 随 q 变化的速率较低,则键长 d_x 的刚性较高,难于变形。图 7.14(a) 表示单胞分辨稀释 LiCl 溶液 H—O 声子频率的压致变化[31]。曲线斜率代表 H—O 键受激形变的能力。与水合单胞外的非极化 H—O 键相比(虚线),离子极化胞内 H—O 键收缩刚化的斜率较小,不易变形(实线)[71,88-90]。图 7.14(b) 比较了 LiCl 和 NaCl 水合胞内外 O-O 间距(即 O:H—O 长度)的压致变化[22]。离子水合胞内的 O:H—O 氢键总是长于胞外氢键(实心符号)。当压力达到 60 GPa 时,水合胞外的O:H—O氢键可实现质子中心对称化,而对于水合胞内的 O:H—O 氢键,即使压力增至 180 GPa 都难以实现对称化[37]。这些结果进一步证实了离子极

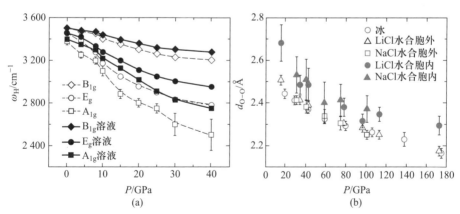

图 7.14 单胞分辨(a) 稀释 LiCl 溶液 H—O 声子频率[31]及(b) LiCl 和 NaCl 溶液水合胞内外O-O 间距的压致变化[22]

水合胞内 H—O 声子频率(实线)和 O-O 间距(实心)随压强变化的斜率小于胞外,表明水合胞内 H—O 键不易受压变形,O-O 间距较长且相对稳定

化与机械压强对 O：H—O 氢键弛豫具有相反效果。水合胞内 H—O 键自发收缩刚化,O-O 间距增大,难于压缩。因此,极化超固态具有比常规水参考态更强的力学稳定性。

7.5.2　热学稳定性

图 7.15 比较了不同浓度 NaCl 溶液与去离子水受热的红外光谱 DPS[30],光谱采集范围为 400~3 800 cm^{-1}。由图可见,溶质浓度增大或纯水升温可使 ω_{B1}(600 cm^{-1},$\angle$O：H—O 弯曲)振动模红移,高频声子 ω_H 蓝移。25%(质量分数)的 NaCl 溶液中,离子水合将 ω_{B1} 从 600 cm^{-1} 红移至 520 cm^{-1},较之去离子水升温红移至约 470 cm^{-1} 的程度稍弱。50 cm^{-1} 的差异表明,O：H 非键热膨胀后的刚

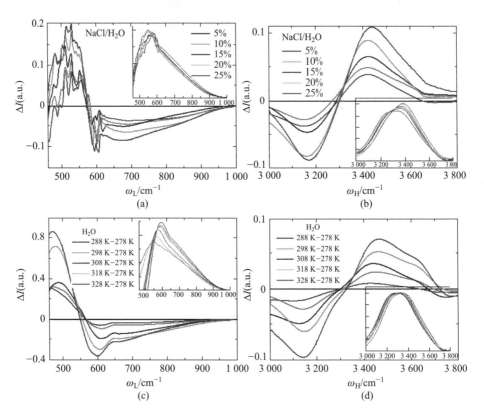

图 7.15　(a,b)不同浓度 NaCl 溶液和(c,d)去离子水受热的红外光谱 DPS[30]
盐溶液的浓度以质量分数计。插图皆为原始光谱特征峰。盐水合将 ω_{B1} 模从 600 cm^{-1} 红移至 520 cm^{-1},加热使之红移至 470 cm^{-1}。加热和盐水合将 ω_H 从 3 150 cm^{-1} 蓝移至 3 450 cm^{-1},但加热在 3 650 cm^{-1} 处形成一个肩峰,对应于热致 H—O 悬键收缩。低频区的强度差异反映了极化超固态对红外线的高反射率

度比极化时的低。盐溶液比热水具有较小的 ω_{B1} 红外吸收系数,意味极化超固态水合胞内水分子的结构序度更高。结构有序和强极化分子对光的反射能力较强。此外,盐溶液较高的结构序度还可使 ω_H 峰变窄。去离子水升温至 328 K 时,高频声子 ω_H 自体相的 3 170 cm^{-1} 转变至 3 450 cm^{-1},呈现表皮超固态特征[28,91-93];另一个位于 3 650 cm^{-1} 的高频肩峰,对应于 H—O 悬键[21],较宽的半高宽源于热涨落。

虽然盐水合与升温造成的 ω_{B1} 频移量存在差异,但两者引起的声子频率弛豫趋势相同。溶液浓度增大和温度升高都造成 O：H 键伸长和 ∠O：H—O 弯曲声子红移。盐水合的极化作用调节了离子间的库仑排斥[71]。水的 O：H—O 氢键分段声子受热频移对应于 O：H 非键热膨胀和 H—O 键热收缩[58]。加热与离子注入使 O：H—O 协同弛豫的趋势类似,但两者的物理机制完全不同。

图 7.16 比较了去离子水和浓度为 0.1 的 NaI 溶液的变温全频拉曼光谱,温度范围为278~358 K。从声子频移情况可以看出,盐离子注入增强了加热效应。ω_H 高频峰可以分解为体相(3 200 cm^{-1})、表皮或水合层(约3 500 cm^{-1})和 H—O 悬键(3 610 cm^{-1})三个组分。表皮与离子水合胞内的 ω_H 声子频率在 3 450 cm^{-1} 处重合,说明水合胞内极化水分子与表皮低配位水分子共享超固态。

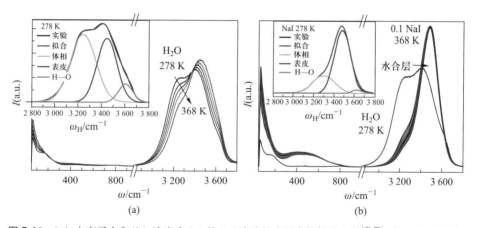

图 7.16 （a）去离子水和(b)浓度为 0.1 的 NaI 溶液的变温全频拉曼光谱[21,72]（参见书后彩图）(a)中插图示意高频谱峰可分解成体相、表皮(纯水)或水合层(盐溶液)与 H—O 悬键三个组分。盐溶液升温时,加热与盐离子极化协同促进 H—O 声子蓝移与键态转换

通过加热盐溶液可以评估 ω_H 峰三个组分所代表的配位分辨耦合氢键的热稳定性。当溶液从 5 ℃升温至 95 ℃时,H—O 表皮组分(3 443 cm^{-1})刚化 0.38%,体相组分(3 239 cm^{-1})刚化 1.48%,而 H—O 悬键(3 604 cm^{-1})软化了

$0.40\%^{[21]}$。加热还改变三个组分的结构序度和声子丰度,体相改变了 $-8.4\%/$ -19.7%（结构序度/声子丰度）,表皮变化 $4.9\%/-2.6\%$,而悬键增加了 $13.0\%/$ 137.0%。这些变化证明,O：H—O 氢键受热弛豫与分子低配位类似,但结构序度和表面应力的变化趋势相反。

图 7.17 为浓度为 0.1 的 NaI 溶液 ω_L 与 ω_H 频段的变温 DPS。结果表明,加热和盐水合皆使 O：H 声子红移而 H—O 声子蓝移。NaI 溶质的注入将部分体相水分子极化为离子水合胞内的偶极水分子,这些极化超固态水分子的运动速度减缓,反光能力强,热扩散系数大$^{[30]}$。相应的,水合胞和水表皮的谱峰较窄。因为 O：H—O 键双段的比热容差异$^{[58]}$,加热通过不同的机制增强溶质的电极化效应,也加强了 O：H 的伸长和 H—O 的收缩。

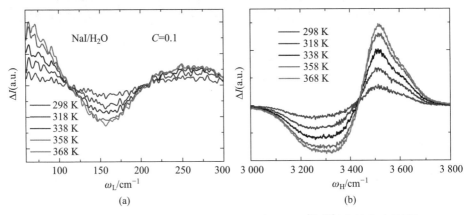

图 7.17　浓度为 0.1 的 NaI 溶液（a）ω_L 与（b）ω_H 的变温 DPS$^{[21,72]}$（参见书后彩图）
DPS 分析以 278 K 的溶液拉曼光谱作为参考。加热促使高频峰形非对称化

图 7.18 所示为 NaI 溶液 H—O 键声子各组分的温致变化及相应的声子刚度、结构序度和声子丰度信息,相关数据汇总于表 7.5。结果表明,加热可以增强体相 H—O 声子蓝移,H—O 悬键和表皮特征峰变化并不明显。这是因为超固态属性,水表皮和离子水合层具有较高的热稳定性$^{[21,30]}$。外部激励可改变 H—O 的键态,对于特定组分而言,其键态增益与损失可能并不相等,但总体的 H—O 声子转变保持守恒。

图 7.19 示意了温度自 278 K 升至 368 K 时去离子水的全频拉曼光谱及各组分振频的相对偏移情况$^{[21]}$,可探知各组分的热稳定性。表皮 H—O 悬键在 300 K 以下显示热致收缩,而在 300 K 以上则呈现热胀特征。热胀主要源于氢键网络终端缺少 O-O 排斥作用的耦合。超固态表皮 H—O 键的热致收缩速率低于体相,直至温度达到 340 K 后,不再出现热膨胀情况。而体相 H—O 键则一直保持热致收缩趋势。可见,超固态表皮具有较高的热稳定性。

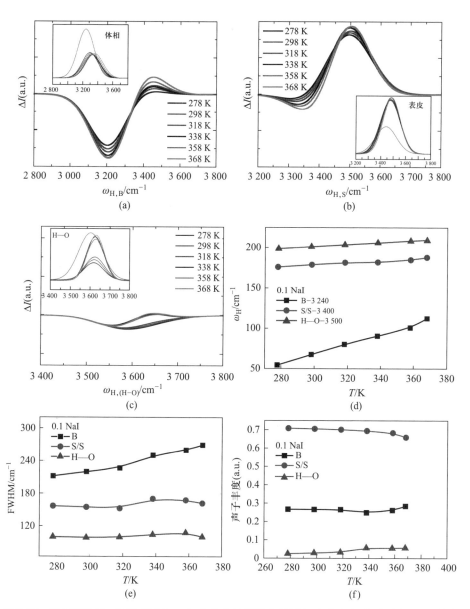

图 7.18 NaI 溶液 H—O 键声子(a~c) 各组分的温致变化及相应的(d) 声子刚度、(e) 结构序度和(f) 声子丰度[21,72](参见书后彩图)

(a~c)横坐标下标中,B、S 和 H—O 分别表示体相、表皮或水合层以及悬键组分

表 7.5　不同温度下 H—O 声子谱各组分的振频峰值、半高宽（FWHM）与声子丰度[21]

		体相	表皮	悬键	特征
ω_H/cm^{-1}	278 K 水	3 239.0	3 442.6	3 603.0	• 加热和盐水合可中和 H—O悬键的温致软化和电致极化
	278 K NaI 溶液	3 294.6	3 476.0	3 618.7	
	298 K NaI 溶液	3 307.4	3 478.9	3 621.2	
	318 K NaI 溶液	3 320.4	3 481.6	3 623.8	• 水合胞内的超固态比水表皮的热稳定性更高
	328 K NaI 溶液	3 333.8	3 483.3	3 624.7	
	338 K NaI 溶液	3 330.6	3 481.9	3 626.0	• 耦合作用使体相 H—O 键的刚度在 278 K 时就开始迅速增强
	358 K NaI 溶液	3 340.6	3 485.0	3 628.6	
	368 K NaI 溶液	3 352.5	3 488.0	3 629.7	
FWHM/cm^{-1}	278 K 水	217.1	167.5	121.8	• 水合胞内水分子的惰性比水表皮的高，对温度也更不敏感
	278 K NaI 溶液	212.0	157.0	100.2	
	298 K NaI 溶液	220.0	155.0	98.7	
	318 K NaI 溶液	226.7	152.7	99.6	
	328 K NaI 溶液	236.4	150.6	102.3	
FWHM/cm^{-1}	338 K NaI 溶液	250.4	170.4	104.4	• 体相水分子在 318 K 及以上温度时更为活跃，但 H—O 迁移能力降低
	358 K NaI 溶液	259.9	167.9	107.9	
	368 K NaI 溶液	269.2	162.2	100.2	
声子丰度	278 K 水	0.532	0.385	0.083	
	278 K NaI 溶液	0.267	0.708	0.025	
	298 K NaI 溶液	0.266	0.705	0.029	• 温度高于 318 K 时，水合胞体积会因热涨落而变小
	318 K NaI 溶液	0.266	0.701	0.033	
	328 K NaI 溶液	0.283	0.681	0.036	• 加热使表皮 H—O 键的声子丰度略有下降
	338 K NaI 溶液	0.249	0.695	0.056	
	358 K NaI 溶液	0.262	0.683	0.055	
	368 K NaI 溶液	0.284	0.660	0.056	

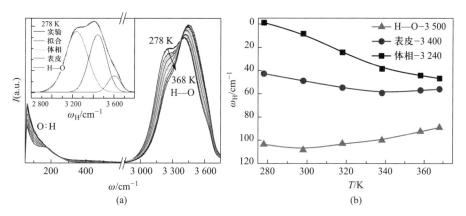

(a)   (b)

图 7.19 温度自 278 K 升至 368 K 时(a)去离子水的全频拉曼光谱和(b)各组分振频的相对偏移情况[21,72](参见书后彩图)

加热使高低频声子发生反向频移。表皮 $\omega_H(T)$ 组分的热稳定性比体相的更好,H—O 悬键先后经历热缩和热胀过程,因其缺少 O—O 排斥作用的耦合调制

7.5.3 XAS 和 DPS：H—O 键热稳定性

    氧的 X 射线 K 边吸收光谱(XAS)检测和分析结果表明[23],Li^+、Na^+ 和 K^+ 阳离子对 XAS 吸收峰组分能量的影响比 Cl^-、Br^- 和 I^- 阴离子的强。图 7.20 比较

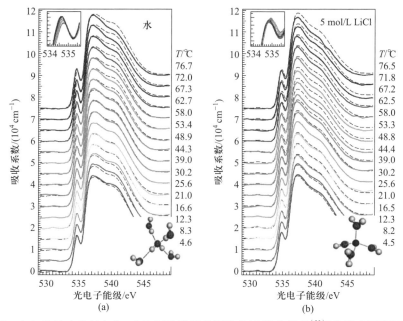

(a)   (b)

图 7.20 (a)块体水和(b)5 mol/L LiCl 溶液的温致 XAS 吸收能移[23](参见书后彩图)

插图示意吸收谱峰的负能移和水合胞结构

了块体水和 5 mol/L LiCl 溶液的温致 XAS 吸收能移,发现样品加热使水的吸收边向负方向移动的幅度大于盐溶液,这可能源自水与盐溶液中 O：H 非键热膨胀率的差异[23]。

图 7.21 所示为 LiCl 溶液离子水合单胞内各水合层的 K 边 XAS 吸收峰及其温驱负向能移。Li+ 离子第一水合层 O_{fw} 热稳定性更强,其能量变化比水合外层更多[21]。在 298 K 时,氯盐溶液的阳离子对 534.67 eV 的吸收峰的能移影响显著,分别为 Li+(0.27 eV)、Na+(0.09 eV)和 K+(0.00 eV)。在 5 mol/L LiCl 溶液中,Li+ 造成的能量偏移(0.30 eV)接近于 3 mol/L 溶液中的能移。另外,在 NaX 溶液中,阴离子引起的能移很小:Cl-(0.09 eV)、Br-(0.04 eV)和 I-(0.02 eV)。K 边吸收峰的能量变化趋势与拉曼光谱的声子频移 $\Delta\omega_H$ 趋势相同[21]。表 7.6 列出了分子动力学计算和中子衍射实验获得的 YX 溶液中 O：Y+ 与 O↔X- 的距离。

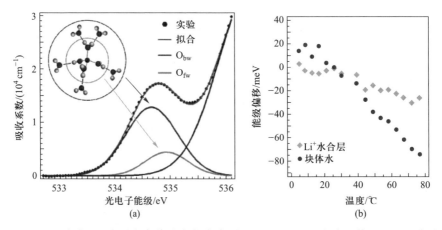

图 7.21　LiCl 溶液(a)离子水合单胞内各水合层的 K 边 XAS 吸收峰及其(b)温驱负向能移[23](参见书后彩图)

水合胞内的 K 边吸收能量较低且相对温度稳定

表 7.6　分子动力学计算和中子衍射实验获得的 YX 溶液中各离子间的距离[7,8,23]

	Y+：O 键长/Å		
	Li+：O(5 mol/L LiCl)	Na+：O	K+：O
MD[23]	2.00 (5 ℃)	—	—
	1.99 (25 ℃)	2.37	2.69
	1.98 (80 ℃)	—	—
中子衍射[7,8,23]	1.90	2.34	2.65

续表

	X$^-$↔O 键长/Å		
	Cl$^-$·H—O	Br$^-$·H—O	I$^-$·H—O
MD[23]	3.26	3.30	3.58

	X$^-$·(H—O:H)应变/%		
	Cl$^-$·(H—O:H)	Br$^-$·(H—O:H)	I$^-$·(H—O:H)
DFT[6] 第一壳层:ε_H;ε_L	−0.96;26.1	−1.06;30.8	−1.10;41.6
第二壳层:ε_H;ε_L	−0.73;19.8	−0.78;22.8	−0.83;28.6

XAS (5 mol/L LiCl)[23]	Li$^+$:(第一层的 O:H—O)	Li$^+$:(第二层的 O:H—O)	O:H—O(H$_2$O)
5 ℃	d_{OO} = 2.71 Å(4 ℃时,d_{OO}=d_H+d_L = 1.000 4 Å+1.694 6 Å = 2.695 Å[94])		
80 ℃	2.76 Å		

图 7.22 所示为嵌于石英管内的 KCl/H$_2$O 溶液 H—O 声子的温致频移[95]。3 200 cm^{-1}处的峰对应于体相组分,3 450 cm^{-1}处的峰则是表皮组分。在环境温度下,离子极化将体相峰 3 200 cm^{-1}部分蓝移至 3 450 cm^{-1}。极化与加热相互增强,协同缩短刚化 H—O 键。温度低于 373 K 时,液体的 H—O 振频及其丰度随温度和溶质浓度发生改变。在 373 K 或更高的温度下,液体部分气化直至达到饱和压强 100 MPa。水合层中的 H—O 键因极化缩短刚化,因此难于受热变形,比常规的体相氢键具有更高的热稳定性。

7.5.4 盐溶液 XAS:离子极化超固态

图 7.23 和图 7.24 比较了不同浓度的 LiCl 溶液和 3 mol/L 的 YCl 与 NaX 溶液中氧的 K 边 XAS 谱。盐水合与加热效果相反,前者导致吸收峰正向偏移。与吸收峰能移不同,加热和极化皆使 H—O 键收缩。通常,键收缩导致电子能级正向偏移,且偏移量与键能增量成正比[96]。

7.5.5 XAS 与 XPS:电子自陷与极化

DPS 测量表明温致和极化引起的 O:H—O 弛豫方向一致,而 XAS 测量则显示 K 边 XAS 吸收峰温致负能移、极化正能移,两种测量结果实际可以揭示水合反应过程中氢键和电子的弛豫信息:

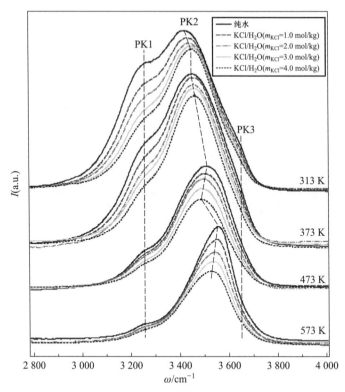

图 7.22　KCl/H$_2$O 溶液 H—O 声子的温致频移[95]（参见书后彩图）

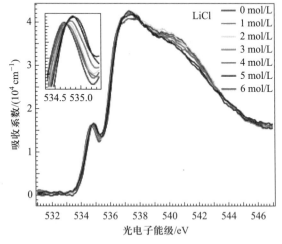

图 7.23　在 298 K 温度下，LiCl 溶液 O 的 XAS 吸收峰正向深移（插图为放大的吸收峰）[97]（参见书后彩图）

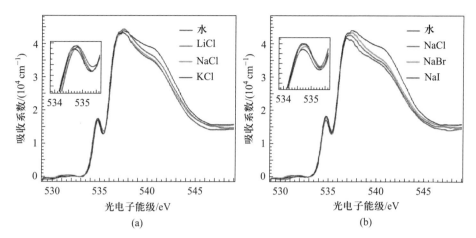

图 7.24 在 298 K 温度下,浓度为 3 mol/L 的(a)YCl 和(b)NaX 溶液 O 的 XAS 吸收峰正向深移(插图为放大的吸收峰)[23](参见书后彩图)

$$\begin{cases} \Delta\omega_H > 0, \Delta d_H < 0 \begin{cases} (\text{液态升温}) \\ (\text{电场极化}) \end{cases} \\ \Delta E_{edge} = \Delta E_{1s} - \Delta E_{vb} = \begin{cases} < 0 (\text{液态升温}) \\ > 0 (\text{电场极化}) \end{cases} \end{cases} \tag{7.5}$$

电场极化与液态升温具有相同的 O:H—O 弛豫效果。极化与升温均伸长软化 O:H 键、缩短刚化 H—O 键,即 $\Delta d_L > 0$、$\Delta\omega_L < 0$、$\Delta d_H < 0$、$\Delta\omega_H > 0$。O 的 K 带边吸收峰源于 O 1s 能级中电子过渡到价带上边缘时所吸收的能量,其峰移取决于价带(占据 $4a_1$ 轨道)和 O 1s 能级相对于孤立单原子的偏移:$\Delta E_{edge} = \Delta E_{1s} - \Delta E_{vb}$。在不存在极化的情况下,因 O:H 能量变化微小可以忽略,H—O 键能变化主导各能级的偏移,其收缩会引起各能级向深层能级移动。由于外层电子的屏蔽,$\Delta E_{1s} < \Delta E_{vb}$。所以,温致 H—O 键收缩导致 K 边吸收峰负向能移:$\Delta E_{edge} = \Delta E_{1s} - \Delta E_{vb} < 0$。极化同样缩短 H—O 键,但极化提升了 E_{1s} 和 E_{vb} 能级,则 $\Delta E_{1s} < 0$、$\Delta E_{vb} < 0$。因 $|\Delta E_{vb}|/|\Delta E_{1s}| > 1$,故 $\Delta E_{edge} = -(|\Delta E_{1s}| - |\Delta E_{vb}|) > 0$。

因此,XAS 边缘偏移对局部能量环境敏感,可以用于区分能移是键收缩的电子自陷影响还是与电荷极化有关。如果自陷和极化程度相当,则 XAS 边缘不会发生峰值偏移。

7.6　准固态相边界电致色散：抗冻

7.6.1　盐溶液结冰

氢键两段的比热容曲线叠加将全温区划分为气相、液相、准固态相（QS相）、冰 I 相和冰 XI 相，冰水密度在各相区间发生振荡[58]。由于负热膨胀（NTE）特征，QS 相 H—O 键冷致自发收缩，幅度小于 O：H 非键的冷膨胀，因此冰的体积膨胀。QS 相的两个边界分别邻近冰点 T_N 和熔点 T_m，对应于冰水密度极值 $0.92\ \mathrm{g \cdot cm^{-3}}$ 和 $1.0\ \mathrm{g \cdot cm^{-3}}$。在液相和冰 I 相中，O：H 键冷致收缩，H—O 分段受 O—O 排斥反向小幅伸长。通常，H—O 键收缩时吸收能量，伸长时释放能量，与之相比，伴随 O：H 键弛豫的能量变化非常微弱[25]。冰水表皮的水分子处于低配位状态，离子水合层中的水分子处于电致极化状态[17]，两种情况下氢键都呈现 H—O 键变短变强、O：H 键变长变弱的现象[4]。因此，电致极化或分子低配位都能使冰或水转变成低密度、凝胶状、黏弹性的超固态。

图 7.25 为在 253 K 温度下，沉积于 Cu 衬底上的去离子水和不同浓度 NaCl 溶液的结冰过程。结冰时，固-液-气三相连线和冰/水界面曲线逐步上移。当液滴顶部出现尖锥时，表明结冰结束。锥体的锐度与衬底温度和液滴与衬底的接触角无关，与基底材料的热导率和溶液性质有关。

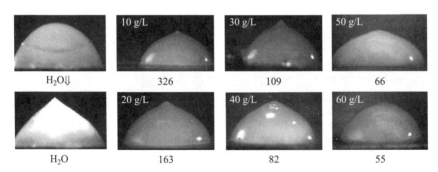

图 7.25　在 253 K 温度下，沉积于 Cu 基底上的去离子水和不同浓度 NaCl 溶液的结冰过程[98]

第一排第一幅图展示了固-液-气三相连线（黑线）和弯曲的冰/水界面。结冰时因体积膨胀，该界面会向上移动，直至结冰过程结束，最终在顶部留下一个尖锥。当分子数量比 $N_{\mathrm{H_2O}}/N_{\mathrm{NaCl}} \leqslant 109$ 时，溶液的冰点 T_N 降低到 253 K 以下。液滴表面的水分子处于低配位状态，再叠加离子的极化作用，使得氢键 H—O 分段收缩、O：H 非键伸长，呈现超固态特征。随着溶液浓度增大，顶部的锥痕将逐渐模糊当溶液浓度增大，N_{H_2O}/N_{NaCl} 降至 82 时，液滴顶部的尖锥变钝；进一步降至 55 时，液滴顶部不再出现尖锥。离子水合作用通过极化使 H—O 共价键收缩硬化[69]。也因此，它在冷却过程中不易变形，表现出惰性[23]。伸长的 O：H 非键使冰点 T_N 降低至 253 K 以下，这一变化减缓甚至可消除冰鞘的形成，对于活细胞的低温保存非常有利。

7.6.2 盐溶液抗冻

撒盐化雪改善交通状况是冬季的日常现象，盐的加入降低了冰点 T_N。图 7.26 所示为 NaCl 和 $CaCl_2$ 水合离子极化导致溶液冰点 T_N 降低[69]。ΔT_N 随 NaCl 和 $CaCl_2$ 浓度（摩尔浓度）的增加而增大。$Ca^{2+} + 2Cl^-$ 三体溶质比 $Na^+ + Cl^-$ 双体溶质对冰点 T_N 的抑制作用更加明显，其变化遵循 $C^{-1/2}$ 指数关系。分子动力学研究表明[99]，石墨表面上 LiCl 水溶液的 T_N 值更低。

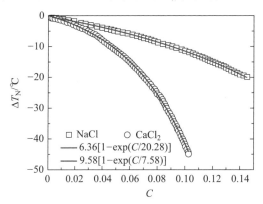

图 7.26 NaCl 和 $CaCl_2$ 水合离子极化导致溶液冰点降低[69]（参见书后彩图）

盐溶剂化使得 ω_H 从 3 200 cm^{-1} 蓝移至 3 500 cm^{-1}，ω_L 从 200 cm^{-1} 红移至 75 cm^{-1}；德拜温度 Θ_{DH} 上升至 3 000 K 以上，Θ_{DL} 从 192 K 降低至约 80 K。相应地，H—O 键从 1.0 Å 缩短至 0.95 Å，E_H 增至 4.0 eV 以上；O：H 从 1.70 Å 伸长至 1.95 Å，E_L 降至 0.095 eV 以下。冰点 T_N 降低，熔点 T_m 升高。因此，-20 ℃ 左右的雪呈现类似凝胶的准固态状态。

盐溶剂化的电荷注入可以使准固态相边界向外扩展。确切地说，盐融冰是冰点下降、熔点升高的结果，而并非在压缩下发生的熔点降低[75]。从拉曼声子的频移信息可以推断，水表皮或疏水界面上处于低配位状态的水分子也应该能发生抗结冰现象[100]。其他溶液和水-蛋白质界面同样存在这一机制。

Mamontov 等利用中子背散射谱研究了在直径 2.7 nm、1.9 nm 和 1.4 nm 的二氧化硅基质孔中受限 LiCl 和 $CaCl_2$ 溶液的水分子动力学[101]，发现 2.7 nm 的孔径足够使受限水表现出块体状态时的行为,比如结冰-融化转变、相分离等现象。另外,1.4 nm 孔隙中的液体未显示出明显的结冰-融化转变,它们在低温下的动力学行为逐渐变慢,无法达到实验要求的纳秒级分辨率。$CaCl_2$ 溶液中的水分子迁移率降低最甚,这表明阳离子的电荷和水合环境对水分子动力学具有重要影响。准弹性中子散射检测 1.9 nm 孔隙中受限纯水和 1 mol/L LiCl 溶液在 225~226 K 温度下的动态转变,发现室温下溶液分子的运动速度比纯水的低一个数量级。

7.7　小结

比较碱金属卤化物 YX、钠基络合盐 NaΩ 和二价盐 ZX_2 的水合反应动力学,可获得以下信息:

(1)盐溶解成较小的阳离子和阴离子,各自形成一个极化中心。它们排列、聚集、拉伸周围的 O：H—O 氢键,形成超固态水合胞。

(2)离子极化具有与分子低配位相同的作用,可使 H—O 键缩短、声子变硬,O：H 非键拉伸、声子软化,同时提高熔点 T_m、降低冰点 T_N,使 QS 相边界向外扩展。

(3)从普通水状态转变为水合状态的极化系数 $f_X(C) \propto C^{1/2} \propto 1-\exp(-C/C_0)$ 趋于饱和,可分解为阳离子的线性和阴离子的非线性贡献。离子极化也是盐溶液黏度和表面应力变化的原因。

(4)Y^+ 和 Z^{2+} 阳离子 $f_{Y/Z}(C)$ 保持近线性增长,它们对溶液表面应力和溶液黏度的贡献遵循 $Na^+>K^+>Rb^+>Cs^+$ 和 $Sr^{2+}>Ca^{2+}>Mg^{2+}$ 的霍夫迈斯特序列。DPS 与 XAS 检测都证实,阳离子水合层尺寸保持恒定。线性增长的 $f_Y(C)$ 决定了溶液黏度和表面应力的线性变化部分。

(5)阴离子 X^- 的键态转变能力遵循 $I^->Br^->Cl^->F^-$ 序列,这与水合偶极水分子对离子的屏蔽程度有关。X^- 水合层中起屏蔽作用的水分子数量不足。

(6)较大的络合阴离子 Ω^- 在水合层中具有短程且较强的局部电场,其浓度变化易引起声子频移,但不易改变其水合层尺寸。较高的溶质浓度也不会改变水合层尺寸,但会削弱水合层中的电场。

(7)由于离子浓度和电荷量的差异,二价盐降低冰点和提高溶液黏度的能力比一价盐更强。

(8)不同浓度下,溶液表面应力和黏度遵循与键态转换系数 $f_{YX}(C)$ 相似的变化趋势。$\partial^2\eta/\partial C^2$ 提供衡量溶质-溶质相互作用的标准,即 $\partial^2\eta/\partial C^2=0$ 为溶质分离(如碱金属阳离子)、$\partial^2\eta/\partial C^2>0$ 为溶质排斥(如卤化物阴离子)、$\partial^2\eta/\partial C^2<0$ 则为溶质吸引(如二价和络合盐溶剂化)。

参 考 文 献

[1] Gao S., Huang Y., Zhang X., et al. Unexpected solute occupancy and anisotropic polarizability in Lewis basic solutions. Journal of Physical Chemistry B, 2019, 123 (40): 8512-8518.

[2] Sun J., Niehues G., Forbert H., et al. Understanding THz spectra of aqueous solutions: Glycine in light and heavy water. Journal of the American Chemical Society, 2014, 136 (13): 5031-5038.

[3] Tielrooij K., Van Der Post S., Hunger J., et al. Anisotropic water reorientation around ions. Journal of Physical Chemistry B, 2011, 115 (43): 12638-12647.

[4] Sun C. Q., Zhang X., Zhou J., et al. Density, elasticity, and stability anomalies of water molecules with fewer than four neighbors. Journal of Physical Chemistry Letters, 2013, 4: 2565-2570.

[5] Sun C. Q. Water electrification: Principles and applications. Advances in Colloid and Interface Science, 2020, 282: 102188.

[6] Zhang X., Zhou Y., Gong Y., et al. Resolving H (Cl, Br, I) capabilities of transforming solution hydrogen-bond and surface-stress. Chemical Physics Letters, 2017, 678: 233-240.

[7] Mancinelli R., Botti A., Bruni F., et al. Hydration of sodium, potassium, and chloride ions in solution and the concept of structure maker/breaker. Journal of Physical Chemistry B, 2007, 111: 13570-13577.

[8] Ohtomo N., Arakawa K. Neutron diffraction study of aqueous ionic solutions. I. Aqueous solutions of lithium chloride and cesium chloride. Bulletin of the Chemical Society of Japan, 1979, 52: 2755-2759.

[9] Abraham J., Vasu K. S., Williams C. D., et al. Tunable sieving of ions using graphene oxide membranes. Nature Nanotechnology, 2017, 12 (6): 546-550.

[10] Chen L., Shi G., Shen J., et al. Ion sieving in graphene oxide membranes via cationic control of interlayer spacing. Nature, 2017, 550 (7676): 380-383.

[11] Yang X., Peng C., Li L., et al. Multifield-resolved phonon spectrometrics: Structured crystals and liquids. Progress in Solid State Chemistry, 2019, 55: 20-66.

[12] Huang Y. L., Zhang X., Ma Z. S., et al. Hydrogen-bond relaxation dynamics: Resolving mysteries of water ice. Coordination Chemistry Reviews, 2015, 285: 109-165.

[13] Li L., Sun W., Tong Z., et al. Discriminative ionic polarizability of alkali halide solutions: Hydration cells, bond distortion, surface stress, and viscosity. Journal of Molecular Liquids, 2022, 348: 118062.

[14] Jones G., Dole M. The viscosity of aqueous solutions of strong electrolytes with special reference to barium chloride. Journal of the American Chemical Society, 1929, 51 (10):

2950-2964.

[15] Hou G. L., Wang X. B. Spectroscopic signature of proton location in proton bound HSO_4^- · H^+ · X^- (X = F, Cl, Br, and I) clusters. Journal of Physical Chemistry Letters, 2019, 10 (21):6714-6719.

[16] Kim E., Chan M. H. W. Probable observation of a supersolid helium phase. Nature, 2004, 427(6971):225-227.

[17] Sun C. Q., Huang Y., Zhang X. Hydration of Hofmeister ions. Advances in Colloid and Interface Science, 2019, 268:1-24.

[18] Sun C. Q. Rules essential for water molecular undercoordination. Chinese Physics B, 2020, 8(8):088203.

[19] Sun C. Q., Huang Y., Zhang X., et al. The physics behind water irregularity. Physics Reports, 2023, 998:1-68.

[20] James M., Darwish T. A., Ciampi S., et al. Nanoscale condensation of water on self-assembled monolayers. Soft Matter, 2011, 7(11):5309-5318.

[21] Zhou Y., Zhong Y., Gong Y., et al. Unprecedented thermal stability of water supersolid skin. Journal of Molecular Liquids, 2016, 220:865-869.

[22] Bronstein Y., Depondt P., Bove L. E., et al. Quantum versus classical protons in pure and salty ice under pressure. Physical Review B, 2016, 93(2):024104.

[23] Nagasaka M., Yuzawa H., Kosugi N. Interaction between water and alkali metal ions and its temperature dependence revealed by oxygen K-edge X-ray absorption spectroscopy. Journal of Physical Chemistry B, 2017, 121(48):10957-10964.

[24] Fuchs E. C., Wexler A. D., Paulitsch-Fuchs A. H., et al. The Armstrong experiment revisited. European Physical Journal-Special Topics, 2014, 223(5):959-977.

[25] Zhang X., Huang Y., Ma Z., et al. Hydrogen-bond memory and water-skin supersolidity resolving the Mpemba paradox. Physical Chemistry Chemical Physics, 2014, 16(42): 22995-23002.

[26] Toda S., Asakawa Y. Studies on the improvement of fuel combustion and vapour evaporation of small steam boiler: Effect of high voltage. Bulletin of the College of Agriculture and Veterinary Medicine Nihon University, 1976, 33:487-497.

[27] Chen J., Nagashima K., Murata K. I., et al. Quasi-liquid layers can exist on polycrystalline ice thin films at a temperature significantly lower than on ice single crystals. Crystal Growth & Design, 2018, 19(1):116-124.

[28] Zhang X., Huang Y., Ma Z., et al. A common supersolid skin covering both water and ice. Physical Chemistry Chemical Physics, 2014, 16(42):22987-22994.

[29] Ando K., Arakawa M., Terasaki A. Freezing of micrometer-sized liquid droplets of pure water evaporatively cooled in a vacuum. Physical Chemistry Chemical Physics, 2018, 20 (45):28435-28444.

［30］ Zhang X., Yan T., Huang Y., et al. Mediating relaxation and polarization of hydrogen-bonds in water by NaCl salting and heating. Physical Chemistry Chemical Physics, 2014, 16(45): 24666-24671.

［31］ Bove L. E., Gaal R., Raza Z., et al. Effect of salt on the H-bond symmetrization in ice. Proceedings of the National Academy of Sciences of the United States of America, 2015, 112(27): 8216-8220.

［32］ Wilson K. R., Schaller R. D., Co D. T., et al. Surface relaxation in liquid water and methanol studied by X-ray absorption spectroscopy. Journal of Chemical Physics, 2002, 117(16): 7738-7744.

［33］ Chen W., Chen S. Y., Liang T. F., et al. High-flux water desalination with interfacial salt sieving effect in nanoporous carbon composite membranes. Nature Nanotechnology, 2018, 13(4): 345-350.

［34］ Bregante D. T., Chan M. C., Tan J. Z., et al. The shape of water in zeolites and its impact on epoxidation catalysis. Nature Catalysis, 2021, 4(9): 797-808.

［35］ Wei Z., Li Y., Cooks R. G., et al. Accelerated reaction kinetics in microdroplets: Overview and recent developments. Annual Review Of Physical Chemistry, 2020, 71: 31-51.

［36］ Gong C., Li D., Li X., et al. Spontaneous reduction-induced degradation of viologen compounds in water microdroplets and its inhibition by host-guest complexation. Journal of the American Chemical Society, 2022, 144(8): 3510-3516.

［37］ Sun C. Q., Zhang X., Zheng W. T. Hidden force opposing ice compression. Chemical Science, 2012, 3: 1455-1460.

［38］ Zha C. S., Hemley R. J., Gramsch S. A., et al. Optical study of H_2O ice to 120 GPa: Dielectric function, molecular polarizability, and equation of state. Journal of Chemical Physics, 2007, 126(7): 074506.

［39］ Canale L., Comtet J., Niguès A., et al. Nanorheology of interfacial water during ice gliding. Physical Review X, 2019, 9(4): 041025.

［40］ Siefermann K. R., Liu Y., Lugovoy E., et al. Binding energies, lifetimes and implications of bulk and interface solvated electrons in water. Nature Chemistry, 2010, 2: 274-279.

［41］ Ren Z., Ivanova A. S., Couchot-Vore D., et al. Ultrafast structure and dynamics in ionic liquids: 2D-IR spectroscopy probes the molecular origin of viscosity. Journal of Physical Chemistry Letters, 2014, 5(9): 1541-1546.

［42］ Van der Loop T. H., Ottosson N., Vad T., et al. Communication: Slow proton-charge diffusion in nanoconfined water. Journal of Chemical Physics, 2017, 146(13): 131101.

［43］ Park S., Moilanen D. E., Fayer M. D. Water dynamics: The effects of ions and nanoconfinement. Journal of Physical Chemistry B, 2008, 112(17): 5279-5290.

［44］ Verlet J., Bragg A., Kammrath A., et al. Observation of large water-cluster anions with surface-bound excess electrons. Science, 2005, 307(5706): 93-96.

［45］ Park S., Fayer M. D. Hydrogen bond dynamics in aqueous NaBr solutions. Proceedings of

the National Academy of Sciences of the United States of America, 2007, 104 (43):
16731−16738.

[46] Klyuzhin I. S., Ienna F., Roeder B., et al. Persisting water droplets on water surfaces.
Journal of Physical Chemistry B, 2010, 114(44): 14020−14027.

[47] Zhang X., Huang Y., Ma Z., et al. From ice supperlubricity to quantum friction: Electronic
repulsivity and phononic elasticity. Friction, 2015, 3(4): 294−319.

[48] Huang Y. L., Zhang X., Ma Z. S., et al. Potential paths for the hydrogen-bond relaxing
with $(H_2O)_N$ cluster size. Journal of Physical Chemistry C, 2015, 119 (29): 16962−
16971.

[49] Sagar D., Bain C. D., Verlet J. R. Hydrated electrons at the water/air interface. Journal of
the American Chemical Society, 2010, 132(20): 6917−6919.

[50] Kim J., Becker I., Cheshnovsky O., et al. Photoelectron spectroscopy of the 'missing'
hydrated electron clusters $(H_2O)_n$, $n = 3, 5, 8$ and 9: Isomers and continuity with the
dominant clusters $n = 6, 7$ and $\geqslant 11$. Chemical Physics Letters, 1998, 297(1−2): 90−96.

[51] Coe J. V., Williams S. M., Bowen K. H. Photoelectron spectra of hydrated electron clusters
vs. cluster size: connecting to bulk. International Reviews in Physical Chemistry, 2008, 27
(1): 27−51.

[52] Kammrath A., Griffin G., Neumark D., et al. Photoelectron spectroscopy of large $(water)_n^-$
($n = 50−200$) clusters at 4.7 eV. Journal of Chemical Physics, 2006, 125(7): 076101.

[53] Ceponkus J., Uvdal P., Nelander B. Intermolecular vibrations of different isotopologs of the
water dimer: Experiments and density functional theory calculations. Journal of Chemical
Physics, 2008, 129(19): 194306.

[54] Ceponkus J., Uvdal P., Nelander B. On the structure of the matrix isolated water trimer.
Journal of Chemical Physics, 2011, 134(6): 064309.

[55] Ceponkus J., Uvdal P., Nelander B. Water tetramer, pentamer, and hexamer in inert
matrices. Journal of Physical Chemistry A, 2012, 116(20): 4842−4850.

[56] Buch V., Bauerecker S., Devlin J. P., et al. Solid water clusters in the size range of tens-
thousands of H_2O: A combined computational/spectroscopic outlook. International Reviews
in Physical Chemistry, 2004, 23(3): 375−433.

[57] Van der Post S. T., Hsieh C. S., Okuno M., et al. Strong frequency dependence of
vibrational relaxation in bulk and surface water reveals sub-picosecond structural
heterogeneity. Nature Communications, 2015, 6: 8384.

[58] Sun C. Q., Zhang X., Fu X., et al. Density and phonon-stiffness anomalies of water and ice
in the full temperature range. Journal of Physical Chemistry Letters, 2013, 4: 3238−3244.

[59] Shen Y. J., Wei X., Wang Y., et al. Energy absorbancy and freezing-temperature tunability
of NaCl solutions during ice formation. Journal of Molecular Liquids, 2021, 344: 117928.

[60] Tamimi A., Fayer M. D. Ionic liquid dynamics measured with 2D IR and IR pump-probe
experiments on a linear anion and the influence of potassium cations. Journal of Physical

Chemistry B,2016,120(26):5842-5854.

[61] Brinzer T.,Berquist E. J.,Ren Z.,et al. Ultrafast vibrational spectroscopy (2D-IR) of CO_2 in ionic liquids:Carbon capture from carbon dioxide's point of view. Journal of Chemical Physics,2015,142(21):212425.

[62] Araque J. C.,Yadav S. K.,Shadeck M.,et al. How is diffusion of neutral and charged tracers related to the structure and dynamics of a room-temperature ionic liquid? Large deviations from Stokes – Einstein behavior explained. Journal of Physical Chemistry B, 2015,119(23):7015-7029.

[63] Sun C. Q.,Chen J.,Gong Y.,et al. (H,Li)Br and LiOH solvation bonding dynamics: Molecular nonbond interactions and solute extraordinary capabilities. Journal of Physical Chemistry B,2018,122(3):1228-1238.

[64] Rommel S. H.,Helmreich B. Influence of temperature and de-icing salt on the sedimentation of particulate matter in traffic area runoff. Water,2018,10(12):1738.

[65] Sun C. Q.,Yao C.,Sun Y.,et al. (H,Li)Cl and LiOH hydration:Surface tension,solution conductivity and viscosity,and exothermic dynamics. Journal of Molecluar Liquids,2019, 283:116-122.

[66] Sun C. Q. Perspective:Unprecedented O:⇔:O compression and H↔H fragilization in Lewis solutions. Physical Chemistry Chemical Physics,2019,21:2234-2250.

[67] Fang H.,Tang Z.,Liu X.,et al. Discriminative ionic capabilities on hydrogen-bond transition from the mode of ordinary water to $(Mg,Ca,Sr)(Cl,Br)_2$ hydration. Journal of Molecular Liquids,2019,279:485-491.

[68] Wei Q.,Zhou D.,Bian H. Negligible cation effect on the vibrational relaxation dynamics of water molecules in $NaClO_4$ and $LiClO_4$ aqueous electrolyte solutions. RSC. Advances, 2017,7(82):52111-52117.

[69] Lide D. R. CRC Handbook of Chemistry and Physics. 80th ed. Boca Raton:CRC Press 1999.

[70] Zhang X.,Xu Y.,Zhou Y.,et al. HCl, KCl and KOH solvation resolved solute-solvent interactions and solution surface stress. Applied Surface Science,2017,422:475-481.

[71] Zeng Q.,Yan T.,Wang K.,et al. Compression icing of room-temperature NaX solutions (X = F,Cl,Br,I). Physical Chemistry Chemical Physics,2016,18(20):14046-14054.

[72] Zhou Y.,Huang Y.,Ma Z.,et al. Water molecular structure-order in the NaX hydration shells (X = F,Cl,Br,I). Journal of Molecular Liquids,2016,221:788-797.

[73] Gong Y.,Zhou Y.,Wu H.,et al. Raman spectroscopy of alkali halide hydration:Hydrogen bond relaxation and polarization. Journal of Raman Spectroscopy,2016,47(11):1351-1359.

[74] Zhou Y.,Yuan Zhong,Liu X.,et al. NaX solvation bonding dynamics:Hydrogen bond and surface stress transition (X = HSO_4,NO_3,ClO_4,SCN). Journal of Molecular Liquids,

2017,248:432−438.

[75] Zhang X., Sun P., Huang Y., et al. Water's phase diagram: From the notion of thermodynamics to hydrogen-bond cooperativity. Progress in Solid State Chemistry,2015, 43:71−81.

[76] Chen J.,Yao C.,Liu X.,et al. H_2O_2 and HO^- solvation dynamics:Solute capabilities and solute-solvent molecular interactions. ChemistrySelect,2017,2(27):8517−8523.

[77] Zhang X.,Sun P.,Huang Y.,et al. Water nanodroplet thermodynamics:Quasi-solid phase-boundary dispersivity. Journal of Physical Chemistry B,2015,119(16):5265−5269.

[78] Zhang X., Liu X., Zhong Y., et al. Nanobubble skin supersolidity. Langmuir, 2016, 32 (43):11321−11327.

[79] Zeng Q.,Li J.,Huang H.,et al. Polarization response of clathrate hydrates capsulated with guest molecules. Journal of Chemical Physics,2016,144(20):204308.

[80] Yang F.,Wang X.,Yang M.,et al. Effect of hydrogen bonds on polarizability of a water molecule in $(H_2O)_N$ (N = 6, 10, 20) isomers. Physical Chemistry Chemical Physics, 2010,12(32):9239−9248.

[81] Moilanen D. E., Levinger N. E., Spry D. B., et al. Confinement or the nature of the interface? Dynamics of nanoscopic water. Journal of the American Chemical Society, 2007,129(46):14311−14318.

[82] Fayer M. D. Dynamics of water interacting with interfaces,molecules,and ions. Accounts of Chemical Research,2011,45(1):3−14.

[83] Fenn E. E., Wong D. B., Fayer M. Water dynamics at neutral and ionic interfaces. Proceedings of the National Academy of Sciences,2009,106(36):15243−15248.

[84] Sun C. Q. Size dependence of nanostructures:Impact of bond order deficiency. Progress in Solid State Chemistry,2007,35(1):1−159.

[85] Zhou Y., Gong Y., Huang Y., et al. Fraction and stiffness transition from the H—O vibrational mode of ordinary water to the HI, NaI, and NaOH hydration states. Journal of Molecular Liquids,2017,244:415−421.

[86] Chen Y., Okur H. I. I., Liang C., et al. Orientational ordering of water in extended hydration shells of cations is ion-specific and correlates directly with viscosity and hydration free energy. Physical Chemistry Chemical Physics, 2017, 19 (36): 24678 − 24688.

[87] Wang B., Jiang W., Gao Y., et al. Energetics competition in centrally four-coordinated water clusters and Raman spectroscopic signature for hydrogen bonding. RSC Advances, 2017,7(19):11680−11683.

[88] Zeng Q.,Yao C.,Wang K.,et al. Room-temperature NaI/H_2O compression icing:Solute-solute interactions. Physical Chemistry Chemical Physics,2017,19:26645−26650.

[89] Goncharov A. F.,Struzhkin V. V.,Somayazulu M. S.,et al. Compression of ice to 210 gigapascals:Infrared evidence for a symmetric hydrogen-bonded phase. Science,1996,273

(5272):218-220.

[90] Goncharov A. F., Struzhkin V. V., Mao H. K., et al. Raman spectroscopy of dense H_2O and the transition to symmetric hydrogen bonds. Physical Review Letters, 1999, 83(10): 1998.

[91] Kahan T. F., Reid J. P., Donaldson D. J. Spectroscopic probes of the quasi-liquid layer on ice. Journal of Physical Chemistry A, 2007, 111(43): 11006-11012.

[92] Sun Q. Raman spectroscopic study of the effects of dissolved NaCl on water structure. Vibrational Spectroscopy, 2012, 62: 110-114.

[93] Baumgartner M., Bakker R. J. Raman spectroscopy of pure H_2O and NaCl-H_2O containing synthetic fluid inclusions in quartz—a study of polarization effects. Mineralogy and Petrology, 2008, 95(1-2): 1-15.

[94] Huang Y., Zhang X., Ma Z., et al. Size, separation, structure order, and mass density of molecules packing in water and ice. Scientific Reports, 2013, 3: 3005.

[95] Hu Q., Zhao H. Understanding the effects of chlorine ion on water structure from a Raman spectroscopic investigation up to 573 K. Journal of Molecular Structure, 2019, 1182: 191-196.

[96] Liu X. J., Bo M. L., Zhang X., et al. Coordination-resolved electron spectrometrics. Chemical Reviews, 2015, 115(14): 6746-6810.

[97] Nagasaka M., Yuzawa H., Kosugi N. Development and application of in situ/operando soft X-ray transmission cells to aqueous solutions and catalytic and electrochemical reactions. Journal of Electron Spectroscopy and Related Phenomena, 2015, 200: 293-310.

[98] Li J., Sun C. Q. Unique water H-bonding types on metal surfaces: From the bonding nature to cooperativity rules. Materials Today Advances, 2021, 12: 100172.

[99] Metya A. K., Singh J. K. Nucleation of aqueous salt solutions on solid surfaces. Journal of Physical Chemistry C, 2018, 122(15): 8277-8287.

[100] Sánchez M. A., Kling T., Ishiyama T., et al. Experimental and theoretical evidence for bilayer-by-bilayer surface melting of crystalline ice. Proceedings of the National Academy of Sciences, 2017, 114(2): 227-232.

[101] Mamontov E., Cole D. R., Dai S., et al. Dynamics of water in LiCl and $CaCl_2$ aqueous solutions confined in silica matrices: A backscattering neutron spectroscopy study. Chemical Physics, 2008, 352(1): 117-124.

第 8 章
有机溶质水合:固-液界面超固态

要点提示

- ✓ 有机溶质晶体水解成具有裸露孤对电子和质子的偶极分子
- ✓ 溶质-溶剂间通过 $O:H$、$H\leftrightarrow H$、$O:\Leftrightarrow:O$ 和偶极子相互作用
- ✓ 分子间非键与分子内共价键相互耦合发生氢键协同弛豫
- ✓ 固-液界面的非键和偶极子极化决定溶液的氢键网络与性能

内容摘要

　　醛和羧酸会破坏 DNA 链而致癌;甘氨酸及其 N-甲基化衍生物可改变蛋白质的性质;过量食用氯化钠(食盐)和谷氨酸钠(味精)可能导致高血压,而抗坏血酸(维生素 C)可以降低血压;糖的添加可降低水溶剂的冷冻温度,用于低温储存生物样品。然而,对这些典型有机分子的水合反应的理解仍处于起步阶段。有机溶质中 C、N、O 的 sp^2 和 sp^3 轨道杂化可以产生裸露于偶极溶质分子上的质子和孤对电子,它们与相邻水分子的同类或异类组合会相互作用,形成 $O:H$ 吸引以及 $H\leftrightarrow H$ 和 $O:\Leftrightarrow:O$ 排斥作用,并引起局部键合网络变形和断裂。分子水合界面的极化和 $H\leftrightarrow H$ 决定以 $3\,450\ cm^{-1}$ 为特征的界面超固态而主导氢键网络行为和溶剂的性能。对醇、醚、酸和糖类水合反应的谱学探索证实,$O:H-O$ 氢键使乙醇具有溶解性和亲水性,反氢键的形成引起界面结构扭曲而破坏氢键网络和表面应力,糖溶液的 $O:H$ 声子红移引起冰点降低而有利于预防结冰,等等。

8.1　醇水合：H↔H 反氢键与放热反应

8.1.1　醇的水合反应

醇类水合广泛应用于生物、医药、化学、化工及人们的日常生活，如饮料、溶剂、蛋白质水合、生物分子聚合等[1-4]。例如，乙醇可以调节伏特加、威士忌和烧酒中的氢键，以改变它们的口感[1,2]；酒精饮料中存在甲基 C—H$^+$ 和 O^{2-} 的孤对电子，过量饮用会使人感到晕眩，伴有燥热、胸闷和喉咙不适等醉酒症状。醇也是用于预防结冰和散热的重要媒介。甲醇、乙醇和甘油（即丙三醇）及许多药物如治疗疟疾的青蒿素[5]，它们的官能团包含大量裸露的孤对电子和质子。醇是最简单的两性分子，可以作为研究疏水和亲水相互作用的模型。从分子水平理解疏水和亲水现象可以更好地了解复杂系统如油−水、表面活性剂−水等混合物的物性。尽管醇−水混合物非常重要[6]，但醇分子如何与水分子相互作用并调制溶液氢键网络、调控溶液物性等问题仍需深入探究。

谱学测量和计算模拟已被广泛应用于乙醇溶液研究，如红外吸收光谱[7,8]、拉曼光谱[6,8-13]、布里渊散射[14]、中子散射[15]、X 光散射[16,17]、和频振动光谱[8,18-21]、核磁共振谱[22-25]、分子动力学模拟[18,26,27]等。Li 等[22]利用太赫兹和 PEG−核磁共振谱研究发现，在较稀的乙醇溶液中，水分子倾向于在疏水乙醇分子团簇周围形成水合层，导致水包油情形；而较浓的乙醇溶液则可促进醇和水分子之间扩展氢键网络，直至醇分子聚集。Rankin 等[28]利用飞秒红外偏振光谱、拉曼光谱和分子动力学模拟研究了叔丁醇水溶液的疏水作用，发现在水合胞内存在排斥作用，使碳氢化合物基团分离而非紧密聚集。叔丁醇水溶液的飞秒荧光上转换测试结果还显示[29]，叔丁醇分子宏观上是均匀的，但与水混合时，从微观角度来看，其分子聚集往往呈异质性，温度较高时聚集更明显。

Davis 等[11,12]利用拉曼散射研究疏水界面处的水分子结构时发现：温度较低时，水合胞中的分子四面体结构高度有序；温度较高时，疏水链长于 1 nm 的结构序度逐渐减小。他们还观察到，疏水界面促进 HO$^-$悬键形成，其概率与疏水基团的大小呈非线性关系。此外，Juurinen 等[9]结合实验观测与计算模拟研究了疏水链长度对水分子结构的影响，认为乙醇既不会破坏也不会改变乙醇分子周围的水分子四面体结构，或可在混合物中产生氢键[19]。

除疏水性外，醇的亲水基团与水分子之间的相互作用在醇−水体系的异常物性中也起到关键作用[7,17,30,31]。例如，Prémont−Schwarz 等[7]在研究 N−甲基苯胺 N—H 基团与液相二甲基亚砜以及丙酮中的氧形成氢键（N—O：H 或 N：H—O）时发现，N−甲基苯胺 N—H 键的伸缩振动模因与二甲基亚砜或丙酮羟基的相互作用而发生红移;分子内的 N—H 键伸长则是局部质子间反氢键 H↔H 或孤对电子间 X:⇔:Y 排斥引起的,如同酸和碱溶液中的 H↔H 和 O:⇔:O 作用效果[32]。

扩展 X 射线吸收精细结构光谱显示[33],与体相相比,液态甲醇表面 O-O 间距收缩 4.6%(体相间距 2.76 Å),与之相对,液态水表面的 O-O 间距则膨胀 5.9%(体相为2.85 Å)[34]。甲醇与液态水虽然在受热气化、沸点和偶极矩等方面具有相似的性质,但两者在表面氢键结构、液体表面张力($\gamma_{H_2O}/\gamma_{alcohol} = 75/22$)等方面存在显著差异。

关于醇与水分子之间疏水和亲水相互作用的微观机制众说纷纭。醇分子 C—H 键和水分子 H—O 键的拉伸振动受到广泛关注,只是人们忽略了 70～300 cm^{-1} 范围内分子间 O:H 非键的伸缩振动及其与 H—O 振动之间的协同弛豫。在前几章中已经证实,结合氢键受激极化与协同弛豫(HBCP)理论与差分声子谱(DPS)分析方法能从源头阐释酸、碱、盐溶液的氢键弛豫动力学与溶液氢键网络和性能的关联[35-37]。因此,从这一角度探究醇与水分子间的相互作用切实可行。现有测试结果表明,与酸[38]、碱[39]和盐[40,41]的水合作用不同,醇的水合作用可以同时软化 H—O 键和 O:H 非键,这与 HBCP 特征不符。羟基或孤对电子及 C—H$^+$ 具有同样的概率与水溶剂分子上的质子或孤对电子发生作用。O:H—O 氢键的存在赋予醇溶解性和亲水性。醇通过水合注入了过量质子,与水的质子形成具有排斥作用的 H↔H 反氢键,其作用效果是软化溶剂的 H—O键。而质子和孤对电子的非对称空间分布使醇分子成为偶极子,其局域非均匀电场极化周围 O:H—O 氢键,使 O:H 非键软化。H—O 软化释放热量、降低溶液熔点;O:H 软化则降低溶液冰点。

8.1.2 H↔H 反氢键形成

图 8.1(b—d)中的插图示意了甲醇、乙醇和甘油的分子结构,它们由多个 C—H 键和 H—O 键组成,每个 O^{2-} 与 C 和 H 原子成键后杂化自身 sp 轨道而产生两对孤对电子。非对称分布的孤对电子和质子能够通过形成 O:H 非键、H↔H 反氢键或 O:⇔:O 超氢键与近邻溶剂分子中的质子或孤对电子组合作用。

表 8.1 列出了醇类分子及其水溶液中质子、孤对电子、H↔H 反氢键和 O:H—O/C 氢键的数目。用 p 表示质子数、n 表示孤对电子数。当 $n<p$ 时,溶剂和溶质分子间形成 $2n+(p-n)/2$ 个 O:H 非键、$(p-n)/2$ 个 H↔H 反氢键,无 O:⇔:O 超氢键。对于无水乙醇,每个分子与其近邻形成 $2n$ 个 O:H 非键和 $(p-n)/2$ 个 H↔H 反氢键。H↔H 排斥和 O:H—O 拉伸协同平衡醇类分子间的相互作用,分子内的共价键因 O:H—O 拉伸和 H↔H 压力而收缩。

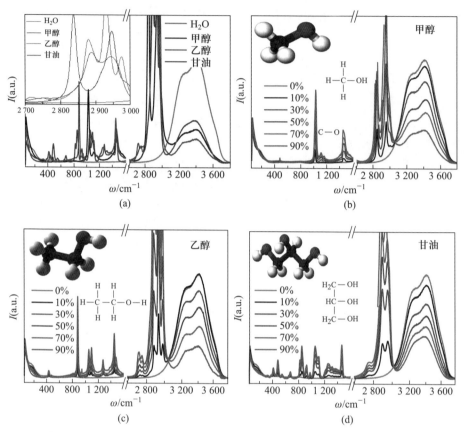

图 8.1 在 298 K 温度下,(a) 醇类和(b) 甲醇(CH_3OH)、(c) 乙醇(C_2H_5OH)及(d) 甘油 $[C_3H_5(OH)_3]$溶液的全频拉曼光谱[37](参见书后彩图)

(a)中插图示意各溶液中的 CH_3^+ 特征峰$[(2\,900\pm100)\,cm^{-1}]$。(b~d)中插图为各溶质分子的基本结构, 白色、黑色和红色小球分别对应 H、C 和 O 原子,每个 O 原子含有两对孤对电子。全频谱中,$800\sim$ $1\,400\,cm^{-1}$频段对应 C—O 和 C—C 振动,波数 $\geqslant 3\,000\,cm^{-1}$的谱峰代表溶剂 H—O 的伸缩振动,波数 $\leqslant 300\,cm^{-1}$的谱峰代表分子间 O:H 非键的伸缩振动。溶液浓度以体积分数计

表 8.1 醇类分子及其水溶液中质子、孤对电子、H↔H 反氢键和 O:H—O/C 氢键的数目

醇类	分子式	$p(H^+)$	$n(:)$	H↔H	O:H—O/C	H↔H*	O:H—O/C*
甲醇	CH_3OH	4	2	1	5	2	4
乙醇	C_2H_5OH	6	2	2	6	4	4
丙三醇	$C_3H_5(OH)_3$	8	6	1	13	2	12

注:* 表示各类醇分子间的 H↔H 反氢键和 O:H—O 氢键数目。

另外,醇水合将重新调整局部配位环境和醇-水分子的界面应力,引起水合胞内 O:H—O 氢键畸变。所以,溶质偶极子不仅会极化水合层中的 O:H—O 氢键、形成 H↔H 反氢键,还会引起局部氢键网络畸变。水合层内 H—O 和 O:H 双段发生协同伸缩振动,溶质中 C—H 键和 C—O 键的特征峰也会发生频移,这些都是溶液氢键网络弛豫的表象。

8.1.3　DPS 谱学特征

在图 8.1 所示醇类水溶液的全频拉曼光谱中,$(2\,900\pm100)\,cm^{-1}$ 处的声子对应于溶质分子内的-CH 部分的对称和非对称伸缩振动及弯曲振动模[10,42-44],其强度与浓度正相关。$3\,000\sim3\,700\,cm^{-1}$ 处对应于溶剂中 H—O 的伸缩振动,低于 $300\,cm^{-1}$ 的谱峰对应于 O:H 非键的伸缩振动。$800\sim1\,500\,cm^{-1}$ 频段的特征峰对应于 C—C 键($1\,330\,cm^{-1}$、$1\,500\,cm^{-1}$)和 C—O 键($1\,000\,cm^{-1}$、$1\,500\,cm^{-1}$)的振动。

醇类水合降低了 H—O 键的声子频率和刚度,其弛豫程度对碳链长度并不敏感,这意味着局部 O:H—O 畸变比 H↔H 排斥的作用效果更为显著。随着浓度的增大,ω_{H-C} 峰没有发生明显频移。Walrafen 认为氢键的拉伸和弯曲都可以产生拉曼特征峰,分别指相邻 H_2O 分子沿氢键和垂直于氢键方向的振动,两者的最大值分别为 $190\,cm^{-1}$(ω_{L2})和 $60\,cm^{-1}$(ω_{L1})[45]。图 8.1 中处于 $60\,cm^{-1}$ 的拉曼信号不易分辨。

8.1.4　氢键状态转换

图 8.2 比较了几种醇类溶液的高频和低频 DPS。醇类分子上非对称分布的孤对电子和质子形成 O:⇔:O 或 H↔H 排斥,前者比后者提供的压力大得多,后者还可以导致氢键网络脆化。排斥作用拉伸溶剂的 H—O 键,引起 ω_H 红移。DPS 谱中未出现 $3\,610\,cm^{-1}$ 特征峰,说明醇溶液的 H—O 悬键平行于液体表面,故醇水合对其刚度和丰度的影响可以忽略。

8.1.5　醇的水合放热反应

图 8.3 显示不同醇溶液的 H—O 声子丰度(即键态转换系数)随浓度的变化情况以及乙醇溶液随浓度变化的即时温度。图 8.3(a)为醇溶液的氢键键态转换系数 $f(C)$。甲醇和乙醇溶液的 $f(C)$ 曲线呈近线性,表示每个溶质分子形成的水合胞体积恒定,与溶质浓度无关。甘油溶液的 $f(C)$ 呈弱非线性趋势,表示溶液中存在甘油溶质之间的排斥作用,与盐溶液中卤族阴离子的行为相似[53]。除光谱强度的变化外[6,46],醇-水混合物的其他性质如熵、吸声系数、黏度等也受溶质浓度影响[47-52]。

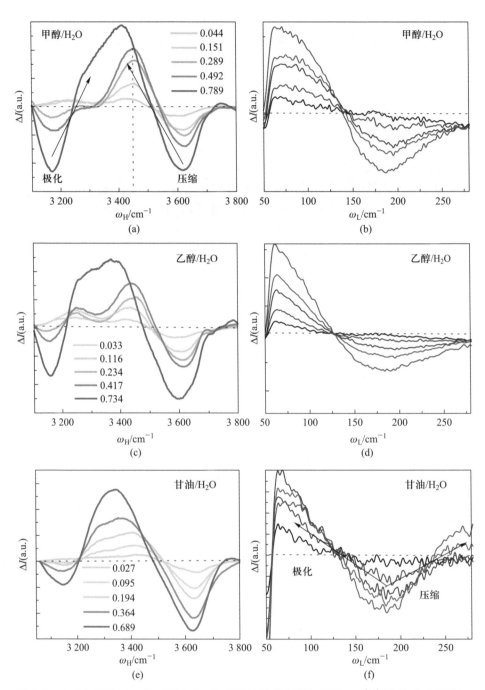

图 8.2　(a,b) 甲醇、(c,d) 乙醇和 (e,f) 甘油溶液的高频和低频 DPS[37] (参见书后彩图)
醇水合极化作用使 H—O 声子从 ≤3 200 cm⁻¹ 蓝移至 3 450 cm⁻¹、H↔H 排斥使界面极化 H—O 声子红移;
O∶H 声子从 180 cm⁻¹ 劈裂成 70 cm⁻¹ 和 250 cm⁻¹(甘油尤为明显),显示超固态特征

与 YOH 碱和 H_2O_2 双氧水的水合放热现象类似,乙醇水合也能升高溶液的即时温度,因此人们在饮酒时常有烧灼感。与 YOH 和 H_2O_2 等富孤对电子溶液中存在 O:⇔:O 超氢键强压缩作用不同,醇通过 H↔H 反氢键排斥和偶极分子界面极化变形可以使 O:H 和 H—O 键同时伸长。偶极溶质分子极化使 O:H 伸长,而 H↔H 排斥使 H—O 键伸长,后者释放能量,使溶液升温。因此,尽管物理起源不同,醇、YOH 和 H_2O_2 溶液的升温都源于溶剂 H—O 键的伸长。图 8.3(b)展示了乙醇溶液温度随溶质浓度的变化情况。溶液温度 $T(C)$ 自 25.5 ℃ 逐步升高至 33 ℃,随后趋于饱和。如果采用摩尔分数,温度与溶质浓度呈近线性关系。

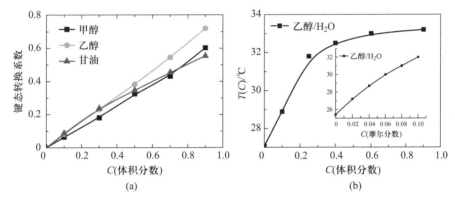

图 8.3 (a) 醇溶液的氢键键态转换系数和(b) 乙醇溶液温度随溶质浓度的变化
甲醇和乙醇溶液的 $f(C)$ 曲线呈近线性,表明水合胞体积守恒。甘油溶液 $f(C)$ 曲线呈弱非线性,意味着存在溶质-溶质间的排斥作用。(b)中插图采用摩尔分数得出的结果意义更为明显

H—O 键的软化不仅造成醇水溶液升温,还降低了溶液熔点[6,54],O:H 软化则降低溶液冰点[55-57]。普通体相水的液态—准固态—固态转变温度分别为 277 K 和 258 K,分别接近熔点和冰点温度。声子振频 ω_L 和 ω_H 分别决定 O:H—O 分段比热容的德拜温度,根据两比热容曲线交叠处的两个交点温度可以确定液态和固态之间的准固态相的存在[35,58]。

8.1.6 黏度、表面应力和电导率

图 8.4(a)表明溶液的黏度先随溶质浓度增大,在浓度为 0.3 时达到极值,随后减小。乙醇分子可形成两个 H↔H 反氢键,而甲醇分子仅可形成一个 H↔H 反氢键,故乙醇溶液的黏度较后者更高。当溶液浓度高于临界值时,水合溶剂分子的数目减少,亦即极化的水分子减少,从而溶液黏度降低,直至回归到纯醇的黏度值。

　　图 8.4(b)和(c)分别表示溶液的表面应力(液滴在不锈钢基底上的接触角)和电导率。两者皆随浓度增大而单调减小,这表明 H↔H 反氢键破坏了溶液的键合网络。表面应力从普通纯水的 73 J/m² 降至纯醇的 22 J/m²。乙醇溶液因形成的 H↔H 反氢键较甲醇溶液多,其表面应力的降幅更大,也进一步证实 H↔H 反氢键对溶液氢键网络的破坏作用。

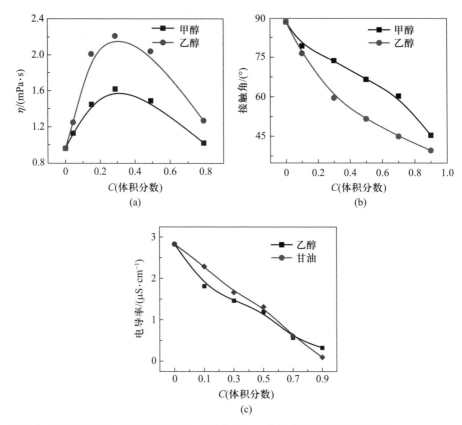

图 8.4　醇溶液的(a)黏滞系数、(b)接触角和(c)电导率随溶质浓度的变化

醇溶液的黏度反应溶质的极化能力,接触角减小源于氢键网络撕裂,电导率减小则表明水合胞的局域化

　　与酸碱盐不同,醇水合可以同时软化溶液中的高、低频声子。溶质周围非对称的质子和孤对电子使溶剂 O:H—O 氢键扭曲、极化。H↔H 反氢键排斥压致溶剂 H—O 键膨胀放热、溶液熔点降低,而溶质偶极子局域极化导致 O:H 伸长、溶剂冰点和沸点降低。界面处 O:H—O 键的弛豫和形变决定醇的亲水性,H↔H 的形成决定醇的疏水性。

8.2 醛和有机酸:DNA 损伤

8.2.1 醛类对 DNA 的损害

醛类毒性很高,且持续时间长久,是室内污染致癌的重要因素之一。醛可以破坏 DNA-蛋白质的交联及其中的化学键,在外周血淋巴细胞中形成加合物[59-62]。有机酸是生物医药和化妆品的重要成分[63],但也可在一定程度上损害人体。若受到高浓度乙酸污染,将会腐蚀口腔并进一步导致食道和胃黏膜受损,甚至胃穿孔[64]。人体一旦吸食了过量乙酸,极易发生溶血、急性肾功能和肝功能衰竭、弥漫性血管内凝血和循环休克等症状[65,66]。丙酸大量应用于食品和化学工业中,如食品保鲜以及增塑剂、香水和药品生产等[67,68]。虽然醛类与有机酸类都得到了广泛应用,并且人们已经意识到它们的危害性,但我们对其微观机制如从分子尺度理解 DNA-醛和醛-醛相互作用以及有机酸功能等的认知仍然有限。

从溶质对水合氢键键态转换的角度,Chen 等[69]通过 DPS 分析与接触角测量研究了醛和有机酸溶质对氢键网络的作用。结果证实,除分子间 O：H、H↔H 和 O：⇔：O 相互作用外,溶质偶极子对溶剂的极化和溶质-溶剂界面结构变形在破坏溶液氢键网络与表面应力中起到重要作用。

8.2.2 溶质-溶剂界面氢键构成

鉴于水合时 C 和 O 原子易发生 sp^3 轨道杂化,首先需要弄清醛和有机酸溶质的分子结构。对于甲酸、乙酸、丙酸以及甲醛、乙醛、丙醛溶质,水合作用将其分子晶体溶解成单个具有外悬质子和孤对电子的偶极分子,两者数目及类型的差异使各溶质水合时呈现不同的性质。

为满足 sp^3 轨道杂化条件,两个醛分子配对时将沿 CH_2 链构成镜像对称的几何结构。与醛不同,有机酸沿单链或成对 CH_2 链构成镜像结构而形成谱学特征在约 $900\ cm^{-1}$ 的 O-O 共价桥键。除了在溶质和溶剂之间形成 O：H—O 键之外,有机酸溶液中还同时形成 H↔H 反氢键和 O：⇔：O 超氢键,而醛溶液中仅形成 H↔H 反氢键。有机酸和醛的官能团差异使两者呈现不同的物化性质。

表 8.2 列出了几种有机酸和醛的几何结构及其水溶液中的作用类型与键的数目。每个溶质的质子和孤对电子都各有一半的概率与溶剂水分子上的质子或孤对电子组合作用。若溶质具有 n 对孤对电子(：)和 p 个质子(H^+),则溶质与周围溶剂分子之间将存在 $n+p$ 个非键相互作用,其中形成的 H↔H 反

氢键($p>n$ 时)或 O:⇔:O 超氢键($p<n$ 时)的数目为 $|p-n|/2$ 个。醛和有机酸这些同素异构偶极子的几何形状与极化性能的差异调控诱导溶剂氢键的键态转换及氢键网络结构和表面应力的变化。

表 8.2　几种有机酸和醛的几何结构及其水溶液中的作用类型与键的数目[69]

	有机酸			醛		
	甲酸	乙酸	丙酸	甲醛	乙醛	丙醛
分子式	CH_2O_2	$C_2H_4O_2$	$C_3H_6O_2$	$2[CH_2O]$	$2[C_2H_4O]$	$2[C_3H_6O]$
几何结构						
$p(H^+)$	2	4	6	4	8	12
$n(:)$	4	4	4	4	4	4
O:H—O 数目	5	8	9	8	10	12
H↔H 数目	0	0	1	0	2	4
O:⇔:O 数目	1	0	0	0	0	0

注:C 和 O 原子 sp³ 轨道杂化会产生两对孤对电子,溶质分子上附着裸露的质子和孤对电子。表中灰色球代表 C 原子,蓝色球代表 H 原子,红色球代表 O 原子,黄色小点代表孤对电子(参见书后彩图)。氧的键结构满足 sp³ 轨道杂化的方向性。

8.2.3　DPS 谱学特征

图 8.5 比较了几种有机酸和醛与纯水以及不同浓度乙酸和甲醛溶液的全频拉曼光谱。除分子内 C—H 和 O—O 键分别在 ($2\,900\pm100$)cm^{-1} 和 877 cm^{-1} 处呈现特征峰外,有机溶液其他谱峰的峰位和波形与纯水的基本一致。溶质浓度及 CH₂ 链长度对其谱峰强度都有影响。图 8.6 所示的不同浓度有机酸的 DPS 结果表明,水合胞中存在明显的极化效应,O:H 声子红移,H—O 声子蓝移,与无机盐溶液的情况相同。图 8.7 为不同浓度醛溶液的 DPS,与有机酸的声子频移趋势类似,只是醛类高频声子蓝移至 3 500 cm^{-1} 以上,而有机酸的高频声子频率低于 3 500 cm^{-1}[39]。故可证明,有机酸溶质对水合胞内氢键刚度的转换能力弱于醛类。

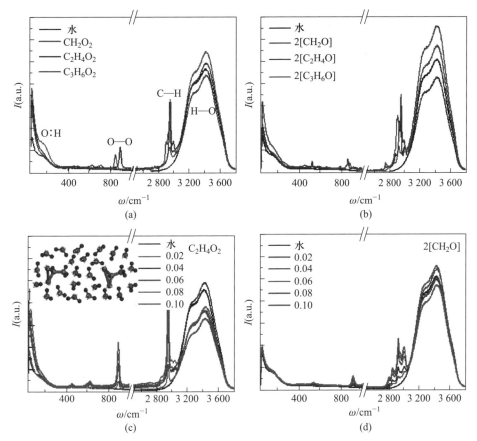

图 8.5 几种(a)有机酸和(b)醛与纯水以及不同浓度(c)乙酸和(d)甲醛溶液的全频拉曼光谱[69]（参见书后彩图）

(c)中插图示意乙酸分子水合时诱使近邻水分子重排、极化而形成水合胞

这些有机分子可以形成巨型偶极子,其孤对电子聚集于一端,质子聚集于另一端,各自极化并诱导水分子重排。图 8.6 和图 8.7 的 DPS 结果证实,溶质偶极分子极化引起了溶剂 O∶H 非键和 H—O 键协同弛豫,也证明了水合胞中存在较强的偶极子电场。

8.2.4 氢键状态转换

图 8.8 为铜箔基底上不同浓度有机酸和醛溶液液滴的接触角以及基于 DPS 获得的各溶质的键态转换系数。浓度增大时,液滴接触角减小,意味着氢键网络局域断裂,表面应力减小,呈现出与 HX 酸水合相似的效果。溶液表面应力的变化与极化程度直接相关。离子极化[39]和 O∶⇔∶O 排斥[39]分别提高了盐和碱

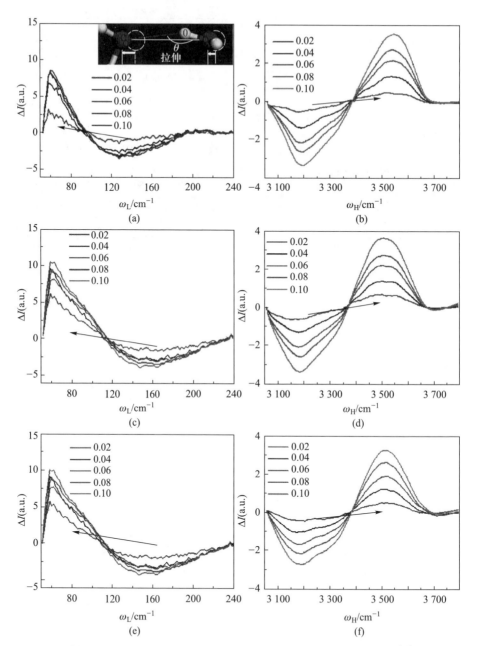

图 8.6　不同浓度(a,b) 甲酸、(c,d) 乙酸和(e,f) 丙酸的低频与高频 DPS[69](参见书后彩图)

极化作用使 H—O 声子从 3 200 cm^{-1}蓝移至 3 500 cm^{-1}或以上,同时使 O:H 从 160 cm^{-1}弱化至 75 cm^{-1}。

(a)中插图示意溶质偶极分子电场作用下 O:H—O 氢键的协同弛豫[39]

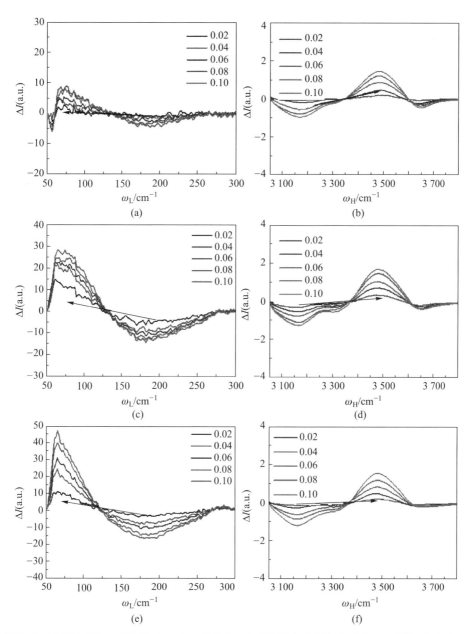

图 8.7 不同浓度(a,b)甲醛、(c,d)乙醛和(e,f)丙醛溶液的低频与高频 DPS[69](参见书后彩图)

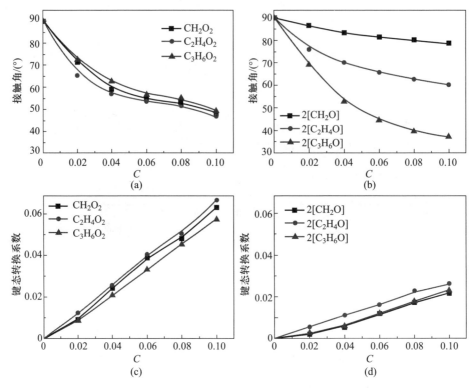

图 8.8　铜箔基底上不同浓度(a) 有机酸和(b) 醛溶液液滴的接触角以及基于 DPS 获得的(c) 有机酸和(d) 醛溶质的键态转换系数[69]

溶液的表面应力,而热涨落[40]和 H↔H 脆化[38]则破坏表面应力。虽然有机酸和醛的水合对 O∶H—O 声子弛豫的影响与盐相似,但其对表面应力的破坏却与 HX 酸相似。图 8.8 中所示的液滴接触角随溶液浓度的降幅和键态转换系数随溶液浓度的增幅基本与烷基链长度或质子数目成正比,这可以用于区分有机酸和醛两者表面应力的破坏方式。

　　键态转换系数表示溶质将溶剂水分子自常态体相水转变至水合极化状态的能力。图 8.8(c)和(d)中,所有溶质的键态转换系数皆随浓度呈线性变化趋势,表明溶质偶极子的局域电场守恒,水合胞体积恒定。实际上,偶极子电场短程有序且各向异性。醛的键态转换系数比有机酸的小,但其对表面应力的破坏能力更强,意味着醛破坏 DNA 的能力会更强。

　　有机酸和醛溶质分子上的质子与孤对电子的非对称镜像分布使其形成具有各向异性、短程和强局域电场的偶极子。溶质偶极子的极化和局域结构畸变对溶剂 O∶H—O 氢键弛豫及溶液表面应力破坏的作用效果与无机酸类似。溶质键态转换系数的线性趋势表明,溶质局部电场和水合层尺寸稳定。醛的键态转换系数比较小,但其对溶液表面应力破坏的能力很强,可以据此推断醛引起 DNA 链断裂的方式,或可为理解醛类何以诱发肿瘤提供参考与思路。

8.3 甘氨酸及其 N–甲基化衍生物：蛋白质变性

8.3.1 甘氨酸系列衍生物的水合作用

渗透剂是一种简单的有机化合物,通常存在于复杂易感的生物体中以帮助抵抗恶劣的外界环境[70]。甘氨酸(Gly)是生物形成所必需的最简单氨基酸,它与其 N–甲基化衍生物包括肌氨酸(NMG)、二甲基甘氨酸(DMG)和三甲基甘氨酸(TMG,又称甜菜碱)等是两性离子形式的一类小分子有机渗透剂,广泛应用于生物、医药、食品、工业、农业等诸多领域[71-73]。

通常,有机渗透剂直接或通过水合作用间接与蛋白质发生作用而改变其结构和性能。尿素通过静电作用使蛋白质变性,直接影响线性烃链[74]。研究人员在尿素和盐酸胍变性能力的研究中发现,蛋白质展开过程中伴随着变性剂与蛋白质分子的直接结合。蔗糖和甘油更倾向于在形成稳定结构后通过水分子的参与来影响蛋白质的水合作用[75]。

红外透射[76-78]、拉曼反射[79,80]、介电弛豫[81]等实验技术和量子力学从头算[82,83]、分子动力学[84,85]等理论计算方法已被广泛应用于蛋白质变性研究。氧化三甲胺(TMAO)被证实通过水分子结构固化来稳定蛋白质[81,86,87]。飞秒泵浦–探测红外光谱测试发现,TMAO 还在局部增强了溶剂氢键网络的定向迁移率[88]。甘氨酸及其 N–甲基化衍生物优选通过间接方式对蛋白质作用[89,90]。在此模式中,基于氢键网络结构和平均能量计算结果可知,氢键(通常指 O：H 相互作用)由于渗透剂的作用变得更为稳定[91]。尽管在有机渗透剂和蛋白质相互作用方面已开展了大量研究,但其物理机制仍然存在争议,溶质水合胞中氢键网络的弛豫动力学仍不确定[76,92-98]。

Fang 等[99]从耦合氢键协同弛豫的角度研究了甘氨酸及其甲基化衍生物的水合过程,在溶质–溶剂分子界面、溶质诱导氢键自体相状态向水合状态的转变以及相应的氢键刚度–丰度–序度等方面进行了深入分析。此外,还探讨了溶质的键态转换系数、溶液表面应力与黏度之间的相关性。结果证实,溶质偶极子电场极化 O：H—O 氢键,使 O：H 非键软化、H—O 共价键刚化。同时,溶质诱使与邻近水分子形成的 H↔H 反氢键排斥作用于溶剂氢键,但又作为点裂源破坏溶液表面应力,极化作用则增强溶液黏度。

8.3.2 界面氢键构成

从非键计数规则和 sp³ 轨道杂化的角度[100,101],在溶质–溶剂界面处并没有

形成共价键或发生电荷共享。另外,sp³轨道杂化规则也不容许在水溶液中形成
C═O 双键[102,103]。此外,两个 O 原子的共价配对是确保 O²⁻ 的 sp³ 轨道杂化的必
要条件。在这些约束之下,可以构建甘氨酸及其甲基化基团在水溶液中的最优
分子结构,如表 8.3 所示。溶质中质子和孤对电子的非对称分布确定了这些偶
极分子在水合时的几何形状与极性,从而调控溶质-溶剂界面的键合行为和溶液
性能。

表 8.3　甘氨酸及其甲基化衍生物的最优分子结构与所含质子、孤对电子以及在水溶液中形成
的 O:⇔:O、H↔H 和 O:H 的数目[99]

	Gly	NMG	DMG	TMG
分子式	$C_2H_5NO_2$	$C_3H_7NO_2$	$C_4H_9NO_2$	$C_5H_{11}NO_2$
分子几何结构				
$p(H^+)$	5	7	9	11
$n(:)$	5	5	5	5
O:⇔:O 数目	0	0	0	0
H↔H 数目	0	1	2	3
O:H 数目	10	11	12	13

注:甘氨酸及其甲基化衍生物的水溶液中没有形成 O:⇔:O 超氢键。灰色和蓝色小球分别代表 C
和 N 原子,红色小球代表 O 原子,白色小球代表 H 原子,成对的黄色小点代表孤对电子(参见书后彩图)。

8.3.3　DPS 谱学特征

图 8.9 为不同浓度甘氨酸及其 N-甲基化衍生物水溶液的全频拉曼光谱。
可见,弯曲振动模式对浓度变化不敏感。需要重点关注的是 50~300 cm⁻¹ 频段
O:H 非键和 3 100~3 800 cm⁻¹ 频段 H—O 共价键的拉伸振动频率。此外,
O—O 和 C—C 拉伸振动频率在 897 cm⁻¹ 处重叠,C—H 对称伸缩振动形成
2 800~3 100 cm⁻¹ 的特征峰。与纯水参考谱比较可以看出,水合使 H—O 高频段
特别是 3 420 cm⁻¹ 峰位对应的类表皮组分谱峰窄化,这是极化诱发形成了超固
态水合层的结果[99]。

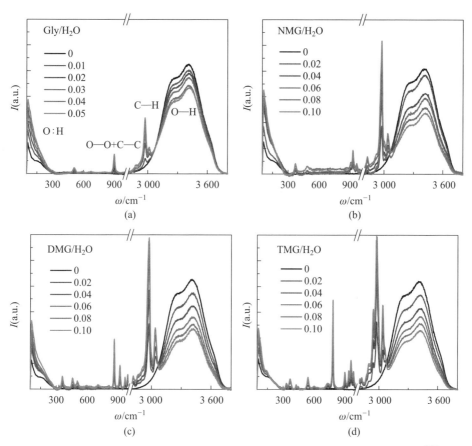

图 8.9 不同浓度(a) Gly、(b) NMG、(c) DMG 和(d) TMG 水溶液的全频拉曼光谱[99]

图 8.10 和图 8.11 分别为图 8.9 所示全频谱的高频与低频 DPS。极化使 H—O 键从体相约 3 200 cm^{-1}(谱谷)转变至水合状态约 3 450 cm^{-1}(谱峰),相应的 O∶H 声子自体相 180 cm^{-1} 极化红移的顺序为:Gly 降至 102 cm^{-1}、DMG 降至 95 cm^{-1}、NMG 降至 91 cm^{-1}、TMG 降至 75 cm^{-1}。可见,不同溶质分子的局部极化能力不同,同时证明了超固态水合胞的存在[99]。此外,3 650 cm^{-1} 处的谱谷由初始 3 610 cm^{-1} 的 H—O 悬键被极化湮灭而产生。Gly、NMG 和 TMG 对溶质-溶剂界面处 O∶H—O 氢键弛豫的影响趋势相同。可以认为,溶质偶极分子尺寸大及其非对称分布的质子和孤对电子是水合界面氢键极化弛豫的主导因素。

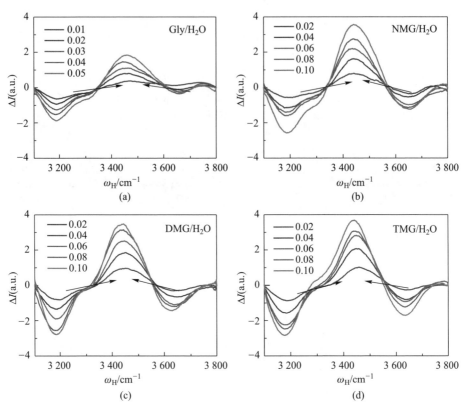

图 8.10　不同浓度(a) Gly、(b) NMG、(c) DMG 和(d) TMG 水溶液 H—O 键的 DPS[99]（参见书后彩图）

DPS 显示偶极子极化和界面 H↔H 压致 H—O 膨胀的特征和主峰位于 3 450 cm^{-1} 的界面超固态特征

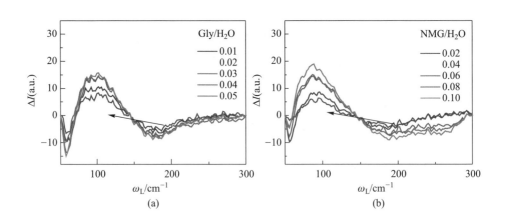

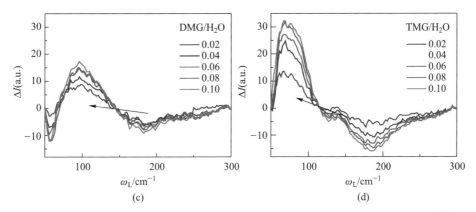

图 8.11　不同浓度(a) Gly、(b) NMG、(c) DMG 和(d) TMG 水溶液 O∶H 键的 DPS[99](参见书后彩图)

四种有机溶质的极化程度依次为:TMG(75 cm^{-1})>NMG(91 cm^{-1})>DMG(95 cm^{-1})>Gly(102 cm^{-1}),与 CH 链长正相关

8.3.4　氢键状态转换

如图 8.12(a)所示,甘氨酸及其 N-甲基化衍生物的键态转换系数随浓度呈指数关系,即 $f(C) \propto C^x (x<1)$,呈现溶质-溶质间的排斥作用。此时,水合层中的偶极水分子并不能完全屏蔽溶质电场,否则,$f(C)$ 将呈线性特征。图 8.12(b)展示了甘氨酸及其 N-甲基化衍生物电导率随浓度的变化情况,彼此差异非常明显。

图 8.13 示意了甘氨酸及其 N-甲基化衍生物溶液的相对黏度和液滴相对接触角随浓度呈相反的指数关系[99],即 $\Delta\eta(C)/\eta(0) \propto 1+\exp(C/C_0)$,$\Delta\theta(C)/\theta(0) \propto 1-\exp(-C/C_0)$。接触角与表面应力正相关,与 H↔H 反氢键脆化直接关联;黏度则与溶质分子的极化能力有关。此外,根据 $f(C)$ 的斜率 $df(C)/dC$ 可以判定溶质转变氢键能力的次序为 TMG>DMG>NMG>Gly,且黏度和接触角随浓度的变化也遵循类似的顺序。这些结果表明,质子数量的增加可以增强溶质分子的极化能力,增大溶液表面应力的破坏程度。

甘氨酸及其 N-甲基化衍生物溶液黏度和表面应力破坏的显著变化表明,溶质与蛋白质相互作用诱导其变性的能力比较突出。因此,甘氨酸及其基团被标记为一种破坏蛋白质稳定的渗透物[87,89]。

甘氨酸及其 N-甲基化衍生物中的质子和 O 与 N 原子上的孤对电子是溶质通过水合调制溶液氢键网络结构与性能的核心因素。溶质偶极子极化诱导邻近水分子重排而形成水合层,提高溶液黏度。溶质的质子数目增加使形成的

H↔H 反氢键增多,从而增大溶液表面应力的破坏程度。此外,极化作用使水合层中 H—O 键变短变强、O:H 非键变长变弱。水合层中的水分子会屏蔽中心的溶质偶极子,键态转换系数 $f(C)$ 的近线性趋势意味着屏蔽较为完备,基本不存在较强的长程溶质-溶质间相互作用。

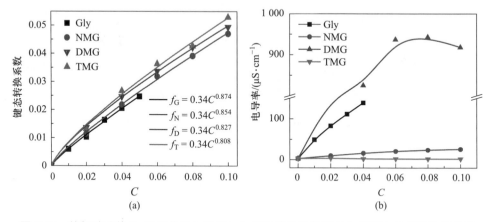

图 8.12　甘氨酸及其 N-甲基化衍生物的(a)键态转换系数和(b)溶液电导率随浓度的变化趋势[99](参见书后彩图)

$f(C)$ 曲线越接近直线表示溶质分子的水合层尺寸越稳定、溶质间的相互作用越弱

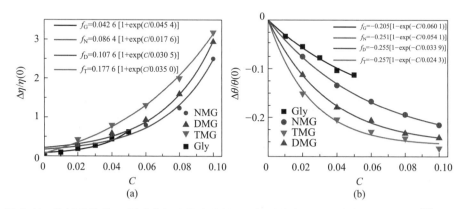

图 8.13　甘氨酸及其 N-甲基化衍生物溶液的(a)相对黏度和(b)液滴相对接触角[99](参见书后彩图)

纯水的绝对黏度 $\eta(0) = 0.84$ MPa·s、接触角 $\theta(0) = 88.4°$。接触角测量时采用铜基板。图中相对黏度和相对接触角随浓度呈相反的指数关系

8.4 抗坏血酸:高血压调节

8.4.1 无声杀手——高血压

冠状动脉疾病[104,105]、心力衰竭[106,107]、脑卒中[108]、慢性肾脏疾病[109,110]、心脑血管疾病[111]等健康风险近年来不断增加,受高血压影响的人口数量预计在2025年达到15亿。但是这一严重的健康问题在全世界范围内并没有受到足够的重视[112]。与其他许多疾病相比,高血压没有明显的症状,因此被称为"无声杀手"[113,114]。英国高血压学会指南[115]和美国国家高血压教育计划[116]都建议人们改变生活方式,通过减少味精和食盐的摄入量,增食微酸性的水果和蔬菜来预防高血压。

食盐(NaCl,氯化钠)和味精($C_5H_8NNaO_4$,谷氨酸钠)广泛用于食品中以提鲜和优化口感[117],然而过量食用会使收缩压和舒张压增高[118-122]。1968年,Kwok首先意识到味精综合征[123],钠盐类调料升高血压被认为是钠盐重置了下丘脑神经元的活动[121]。适量摄入富含抗坏血酸($C_6H_8O_6$,维生素C)的水果和蔬菜可以降低血压[124]。因此,抗坏血酸是一种有效缓解高血压的辅助疗法[125-128]。Mullan等[126]通过随机双盲试验研究了口服补充抗坏血酸对血流动力学的影响,提出抗坏血酸通过增强内皮细胞——氧化氮的生物活性来降低血压。此外,Kondo等[129]发现人们熟知的醋酸可以通过降低肾素活性和血管紧张素Ⅱ来降低血压。不过,酸和盐影响血压的微观物理机制目前尚不清楚。

血液由细胞和70%的水组成。摄入酸和盐后,钠盐溶于水将分解成阳离子和阴离子,有机酸则在水中以单独的偶极分子存在,其上的质子和孤对电子非对称地围绕四周。与无机酸相比,有机酸溶液中不存在阴离子。阴阳离子通过极化作用调节溶液的氢键网络[36,130],而有机偶极分子除极化外,还通过与溶剂水分子生成的H↔H反氢键脆化破坏氢键网络[38,69]。鉴于此,可以辨析NaCl、$C_5H_8NNaO_4$、$C_6H_8O_6$、$C_2H_4O_2$(乙酸)等与高血压相关的物质是如何影响血压的。

8.4.2 DPS谱学特征

图8.14为不同浓度谷氨酸钠、乙酸和抗坏血酸溶液的全频拉曼光谱及高频DPS。其中插图所示为各溶质分子的结构,其中O、N和C原子皆发生sp^3轨道杂化。图中除O:H、H—O伸缩振动特征峰外,其余为溶质分子内的化学键振动特征峰[131-133]。盐和酸水合时,O:H声子红移和H—O声子蓝移主要是由离子或分子极化引起的。图8.14中的DPS结果表明,三者的H—O声子皆发生蓝移,自体相3 200 cm^{-1}移至3 500 cm^{-1}左右。这说明极化缩短并强化了H—O键,也

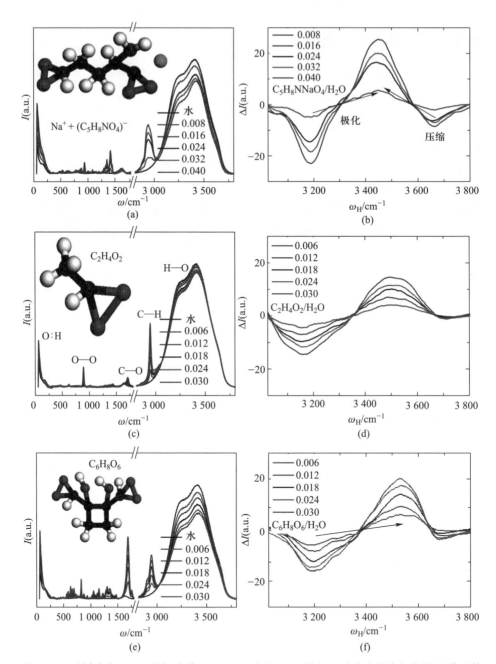

图 8.14　不同浓度(a,b)谷氨酸钠、(c,d)乙酸和(e,f)抗坏血酸溶液的全频拉曼光谱及其高频 DPS[134](参见书后彩图)

插图示意各溶质的分子结构,(c)图中标记了 50~3 000 cm^{-1} 频段溶质分子内各键的振动峰值。水合使 H—O 高频声子自 3 200 cm^{-1} 向 3 500 cm^{-1} 蓝移将因此提高溶液的结构序度、黏度和表面应力,降低分子的运动速度[41]。谱峰面积(即丰度)代表溶质诱使氢键自体相状态向第一水合层水合状态转换的数量。谷氨酸钠、乙酸和抗坏血酸的极化作用相同,但它们诱使氢键发生转变的能力不同。

8.4.3 氢键状态转换

图 8.15 为不同浓度乙酸、抗坏血酸、谷氨酸钠和盐溶液的氢键键态转换系数、黏滞系数与液滴接触角。四者的键态转换系数都服从 $f(C) \propto C^x (x<1)$,其中 C 为摩尔分数。$f(C)$ 的斜率反映溶质–溶质间相互作用程度以及对水合层体积的影响。斜率若保持恒定,说明溶质离子被水合层的偶极水分子完全屏蔽,溶质之间不存在相互作用。斜率越大表示溶质–溶质间相互排斥越强,会削弱局部电场并减小溶质水合层的体积。有机酸的氢键键态转换系数比钠盐和味精的低。

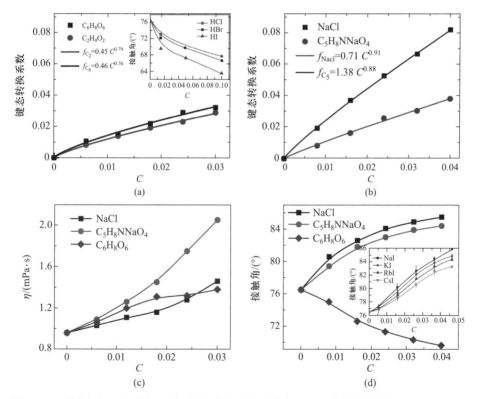

图 8.15 不同浓度乙酸、抗坏血酸、谷氨酸钠和盐溶液的(a,b) 氢键键态转换系数、(c) 黏滞系数和(d) 液滴接触角(表面应力)[139](参见书后彩图)

(a)和(d)中插图分别表示 H(Cl,Br,I)酸和(Na,K,Rb,Cs)I 盐溶液的接触角[32,42]

图 8.15(d) 的结果显示：抗坏血酸的接触角随浓度的增大而减小，与 H(Cl, Br, I) 酸溶液的情况类似；而谷氨酸钠与钠盐溶液情况相近，接触角随浓度的增大而增大。这说明前者存在 H↔H 反氢键，脆化破坏氢键网络，而后者由离子极化作用主导提高溶液的黏度和表面应力。脆化可以稀释氢键网络，有助于溶液流动。

8.4.4　高血压调控相关推论

盐和酸溶液虽然因极化作用形成相同的声子频移趋势，但两者对于高血压的影响却完全相反。酸和抗坏血酸具有降压作用，而过量摄入谷氨酸钠和氯化钠将引起高血压。尽管钠盐溶液和酸性溶液都存在溶质极化效果，但前者极化作用占主导，通过增加血液黏度使血压升高，而后者还存在反氢键脆化作用，通过降低氢键结构序度和黏度来稀释血液，使之运行流畅，降低血压。不同卤族盐中，Na^+ 比其他碱性阳离子（如 K^+、Li^+、Rb^+ 和 Cs^+）具有更强的极化能力[41,53]。

钠盐通过离子极化可以提高溶液黏度和表面应力，故食用过量食盐会增稠血液，不利于血液流动，增高血压。酸性溶液通过反氢键点致脆破坏氢键网络从而降低溶液黏度和表面应力，可以降低血压。这一理解有助于澄清高血压的发生机制，并为研发预防和治疗高血压的药物与方法提供新的思路。

8.5　糖溶液：防冻

8.5.1　冰点 T_N 的降低

含糖的水溶液是重要的营养补充剂[135,136]、催化剂[137]、生物材料[138]和药物[139]。作为一种优秀的人体器官低温保护剂，糖有助于生物体在寒冷气候中生存下来[140]。例如，树蛙[141]和一些昆虫[142,143]可以在极低温度下存活，因为它们体液中的糖份含量很高。Costanzo 等[144]发现，当温度降至冰点以下时，向树蛙体内注射高浓度葡萄糖可以减少冰的含量，从而保护它们在冬眠期间不受伤害；未注入葡萄糖时，快速降温会伤害树蛙，也会阻碍葡萄糖的自我合成和输送[145-147]。Kanno 等[148]研究了高浓度蔗糖、海藻糖和麦芽糖水溶液的冰点 T_N 与熔点 T_m 随溶液浓度（mol/L）的变化情况，发现两者存在线性关系，即 $\Delta T_N(C) \propto \Delta T_m(C) \propto C$。扫描量热仪测量显示，当溶液浓度从 0 mol/L 增至 3.8 mol/L 时，T_N 从 −45 ℃ 下降至 −62 ℃，T_m 从 0 ℃ 降至 −11 ℃。

傅里叶红外光谱[149]、中子散射[150,151]、瑞利散射[152]、布里渊紫外光散射[153]、太赫兹光谱[154]、核磁共振光谱[155]、密度和黏度分析[156]、阻抗/材料分析[157]、数值模拟[140,150,158,159]等多种方法已广泛应用于糖的水合研究。Steiner 等[160]通过中子衍射研究糖晶体中 O:H—C 键几何结构时发现,一部分质子通过弱的 O:H 非键与 O 原子相互作用。Paolantoni 等[152]利用瑞利散射光谱观察发现,糖水合可减缓水分子的运动并破坏其四面体结构。Branca 等[155]发现海藻糖水合可降低水分子四面体的结构序度。Heyden 等[154]应用太赫兹光谱测量研究发现,糖分子与邻近水分子之间的平均氢键数量对抑制 T_N 有重要作用,二糖比单糖具有更好的生物保护作用。Kirschner 等[159]基于分子动力学计算指出,水分子可以削弱糖-糖氢键作用。Lerbret 等[158]认为,糖水合可以显著减缓局部分子的转移与扩散。Magno 等[140]基于对麦芽糖和海藻糖的研究提出糖溶液中存在两种弛豫过程,一种是类似于体相水分子的快速弛豫过程,另一种是类似于水合状态水分子的慢速弛豫过程,与盐溶液中的水合情况相当[39]。

糖类在生物体的生命保护中起到了重要作用,但澄清其潜在的保护机理仍然存在巨大挑战。生物体的体液中含有大量的水,因此理解糖-水分子间的相互作用和水合时的氢键弛豫行为非常重要。糖溶液具有显著的抗冻能力,从溶质-溶剂分子作用和氢键协同弛豫角度探究其微观机制,必定可以获得新的理解[161],特别是氢键弛豫如何调制冰点 T_N 的降低。

本节以果糖、葡萄糖和海藻糖为例,从溶质注入引起溶剂氢键网络结构变化及弛豫来挖掘冰点变化所蕴含的物理机制。结果表明,糖溶质的质子和孤对电子的非对称分布会造成局部溶剂 O:H—O 氢键发生扭曲。糖偶极分子通过聚集和极化相邻水分子而形成水合胞。糖水合使低频 O:H 声子和高频 H—O 声子皆发生软化,类似于乙醇的水合效果[37]。正因为 O:H 声子软化,使得 O:H 分段的德拜温度降低,进而引起 T_N 降低。

8.5.2 溶液氢键构成

表 8.4 给出了果糖、葡萄糖和海藻糖的分子结构和所含质子、孤对电子及可形成氢键的数目。糖分子的几何结构表明它含有外露的质子和孤对电子,且两者数量相等,因此在糖与水分子之间不会形成 H↔H 反氢键和 O:⇔:O 超氢键。然而,质子和孤对电子呈非对称分布,这将造成水合层中的局部氢键发生扭曲。因此,糖偶极分子极化和溶剂局部变形是影响氢键网络的主导因素。图 8.16 展示了海藻糖溶液冰点随浓度的变化情况以及不同种类糖溶液的冰点比较。

表 8.4　果糖、葡萄糖和海藻糖的分子结构和所含质子、孤对电子及可形成氢键的数目[162]

	果糖	葡萄糖	海藻糖
分子结构			
相对分子质量	180.16	180.16	342.30
分子式	$C_6H_{12}O_6$	$C_6H_{12}O_6$	$C_{12}H_{22}O_{11}$
$p(H^+)$	12	12	22
$n(\,:\,)$	12	12	22
O:H—O 数目	24	24	44

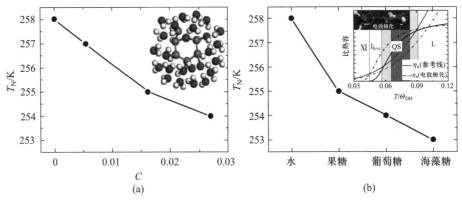

(a)　　　　　　　　　　　　(b)

图 8.16　(a) 海藻糖溶液冰点随浓度的变化,(b) 不同种类糖溶液的冰点[162] (参见书后彩图) (a) 中插图为葡萄糖分子形成的水合层,灰色、红色和白色小球分别代表 C、O、H 原子。(b) 中插图为 O:H 非键和 H—O 共价键的比热容曲线,两者存在两个交点,分别临近 T_N 和 T_m,其间的区域为准固态相。糖溶液中,O:H 声子和 H—O 声子皆发生红移,使各自的德拜温度 Θ_{DL} 和 Θ_{DH} 降低,导致 T_N 和 T_m 同时减小,与纯水的情况不同[163]

8.5.3　低温拉曼谱学特征

　　图 8.17 和图 8.18 展示了不同温度和不同浓度下果糖、葡萄糖和海藻糖溶液的全频拉曼光谱。谱线强度出现突变表明溶液开始结冰,此时的温度即为冰点 T_N。频段 300~800 cm^{-1} 和 2 800~3 000 cm^{-1} 之外的拉曼特征谱对应于糖分子内各个化学键的拉伸振动和弯曲振动[164-166]。故在谱图中仅保留 O:H 非键和 H—O 共价键的振频特征,其余部分截除。结冰时,O:H 低频声子发生蓝移、H—O 高频声子发生红移[40],后者频率从 3 200 cm^{-1} 降至 3 150 cm^{-1}[167]。

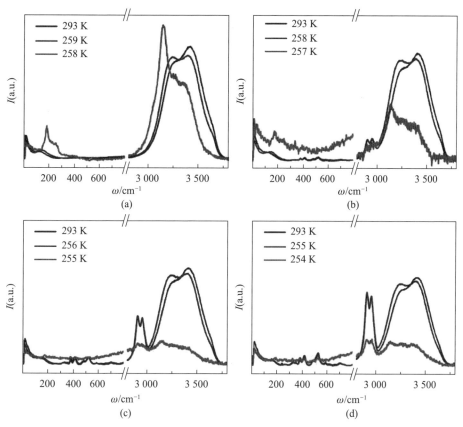

图 8.17 不同温度下(a) 纯水与浓度分别为(b) 0.005 4、(c) 0.016 2 和(d) 0.027 的海藻糖溶液的全频拉曼光谱[167](参见书后彩图)

谱线强度出现突变表示温度已达冰点,开始结冰。浓度为 0、0.005 4、0.016 2 和 0.027 的海藻糖溶液的 T_N 分别为 258 K、257 K、255 K 和 254 K

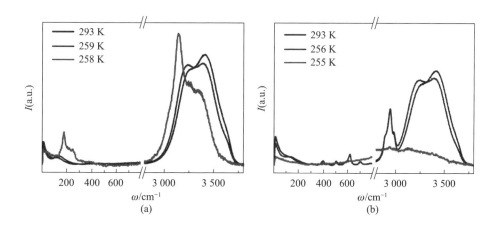

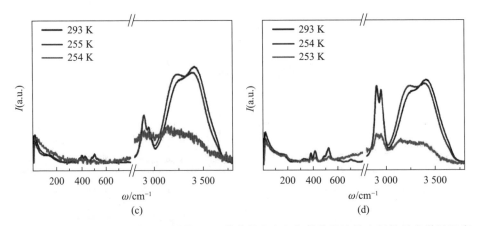

图 8.18　浓度为 0.032 4 的(a) 果糖、(b) 葡萄糖和(c) 海藻糖溶液的全频拉曼光谱随温度的变化情况[167](参见书后彩图)

图中果糖、葡萄糖和海藻糖溶液的 T_N 分别为 255 K、254 K 和 253 K

拉曼谱峰突变标志着溶液结冰[58],且冰点随糖溶质的类型和浓度发生变化。在零下温度时,溶液保持在准固态(或准液态)阶段[163]直到温度达到冰点,以此可以减缓冰晶的形成及对有机体细胞的破坏。因此,糖是有效的低温保护剂,可以预防生物体内的液体冻结。对于某一种糖,浓度增加可使冰点降低,以此提升低温保护效果。浓度相同时,三种糖预防结冰的能力顺序为海藻糖>葡萄糖>果糖。Kanno 等[148]使用差示扫描量热仪对树干标本检测时发现,T_N 降低的程度可能还会随样本量发生变化。

8.5.4　DPS 谱学特征

为验证 O∶H—O 氢键协同弛豫与 T_N、T_m 变化的关联,针对溶质类型和浓度进行了全频拉曼光谱比较(图 8.19),并对低频段进行了 DPS 分析(图 8.20)。

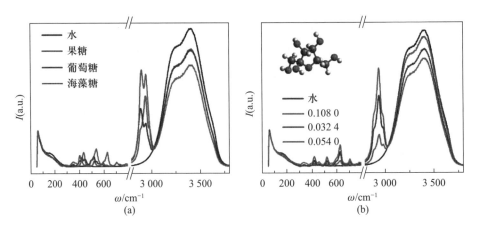

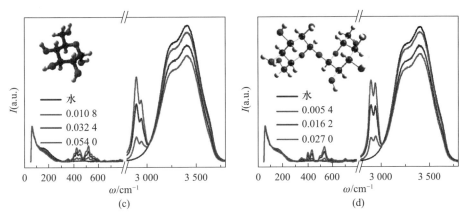

图 8.19 （a）纯水和浓度为 0.032 4 的果糖、葡萄糖和海藻糖以及不同浓度（b）果糖、（c）葡萄糖、（d）海藻糖溶液的全频拉曼光谱（插图为相应的糖分子结构）[162]（参见书后彩图）

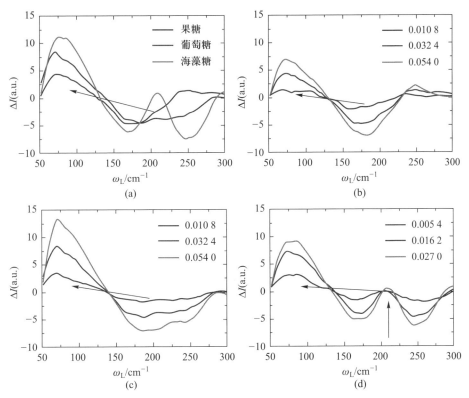

图 8.20 （a）纯水和浓度为 0.032 4 的果糖、葡萄糖和海藻糖以及不同浓度（b）果糖、（c）葡萄糖、（d）海藻糖溶液的低频 DPS[167]（参见书后彩图）

果糖和葡萄糖溶液显示出类似的 ω_H 拉曼峰,海藻糖对溶剂 H—O 键的影响更为显著。随着溶质浓度的增加,溶液拉曼光谱特征的变化更为明显。DPS 结果给出了清晰的 O∶H 谱峰偏移情况,糖水合使 O∶H 声子红移,约从 190 cm^{-1} 降至 75 cm^{-1}。O∶H 声子软化造成 Θ_{DL} 降低,最终导致 T_N 降低。三种糖的 O∶H 声子偏移量 $\Delta\omega_L$ 依次为海藻糖>葡萄糖 >果糖,且量值随浓度变化。结果证实,T_N 与 ω_L 正相关[163]。

图 8.21 为纯水和不同浓度糖溶液的高频 DPS。糖水合同样使 H—O 声子红移,约从 3 650 cm^{-1} 降至 3 450 cm^{-1}。糖溶质的类型对 H—O 声子振频的影响没有浓度的影响明显。此外,糖偶极分子水合层的电场呈各向异性,且具有强局域性,它的影响范围主要在水合层界面。谱图中 3 610 cm^{-1} 及以上的特征峰源于表皮 H—O 悬键。

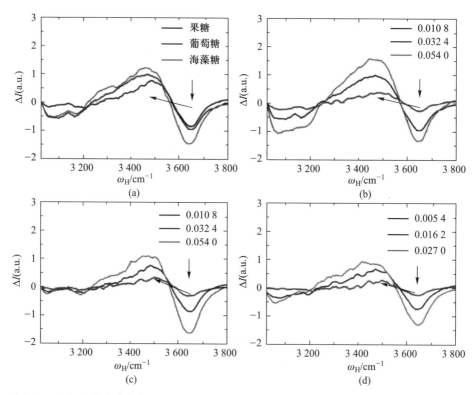

图 8.21　(a) 纯水和浓度为 0.032 4 的果糖、葡萄糖和海藻糖以及不同浓度(b) 果糖、(c) 葡萄糖、(d) 海藻糖溶液的高频 DPS[162](参见书后彩图)
糖水合的作用更多体现在水合层界面,对体相 O∶H—O 氢键的影响较小

8.5.5 氢键状态转换

图 8.22 示意了三种糖溶液的氢键键态转换系数、黏滞系数、接触角和电导率随浓度的变化情况。图 8.22(a)中有两条 $f(C)$ 线呈线性,表明其溶液中水合胞大小不变,且溶质间不存在排斥作用。而海藻糖溶液的 $f(C)$ 线明显随浓度升高而趋于饱和,这与其溶质分子所含氢键数目较多、几何结构及质子与孤对电子非对称性分布直接相关。

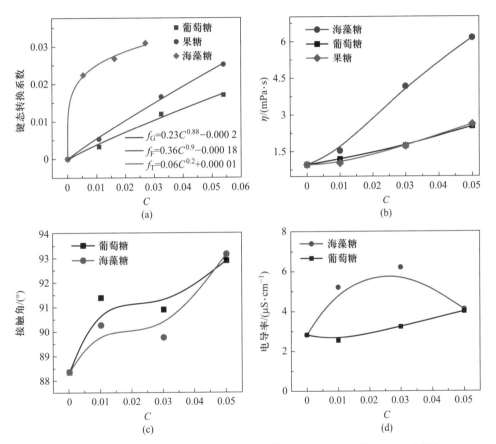

图 8.22 果糖、葡萄糖和海藻糖的(a)氢键键态转换系数、(b)黏滞系数、(c)接触角和(d)电导率随浓度的变化[162]

糖溶液的黏度随溶质浓度或者说界面 O:H—O/C 键数量增加而增大,如图 8.22(b)所示。海藻糖分子可以形成 24 个界面 O:H—O/C 键,是葡萄糖和果糖的两倍。后两者虽然分子构型有所差异,但具有相同数量的 O:H—C/O 键,故而两者具有相同的黏度。图 8.22(c)为三种糖溶液的接触角随溶质浓度的变化情况,没有键合网络破坏的迹象。不过,在浓度小于 0.05 时,大分子海藻糖的接触角低于小分子葡萄糖的接触角。在该浓度范围内,两者溶液电导率随溶质浓度增加的方式不同[图 8.22(d)]。虽然 DPS 谱学分析呈现出 H—O 压缩和 O：H 极化两种特征,但溶液的黏度、表面应力和电导率主要表现出极化性能。

从质子和孤对电子的非对称分布引起糖-水分子的相互作用可以理解糖溶液对生物冷冻保护的抗冻机理。糖溶质偶极子极化并扭曲水合层中的局部 O：H—O 氢键。结构变形同时使 O：H 和 H—O 声子软化,调节准固态相边界整体下移,相应的 T_N 和 T_m 同时降低。相同浓度下使 T_N 降低的溶质能力顺序为海藻糖>葡萄糖 >果糖,糖的 T_N 下降程度与其浓度成正比。

8.6　小结

本章介绍了利用分子位点分辨 DPS 谱学方法研究醇、糖、醛、有机酸、甘氨酸及其 N-甲基化衍生物的水合作用,重点探索了溶质-溶剂界面键合动力学和结构畸变,这些造成了醇水合放热、糖防冻冷冻、醛 DNA 损伤、甘氨酸蛋白质变性等功能演变。

有机溶质水合的系列结果表明,有机分子水合时形成了界面超固态相,涵盖 O：H—O 氢键、H↔H 反氢键以及 O：⇔：O 超氢键作用,屏蔽的偶极子极化作用以及可能的分子间长程排斥。这些作用可以扭曲溶液的氢键网络,引起溶液物性演变。譬如,极化可提高溶液的表面应力和黏度,H↔H 作用则抑制表面应力并使细胞、DNA 和蛋白质破坏。有机分子的界面局域超固态相还可以阻碍溶液中电荷的流动,赋予溶液导电性。

超固态的高频声子 ω_H 从普通水的 3 200 cm^{-1} 蓝移至 3 450 cm^{-1} 以上,相应的低频声子 ω_H 从 200 cm^{-1} 红移至 75 cm^{-1},拓宽了声子频段。声子频移决定了氢键分段比热容相应的德拜温度、熔点以及冰点。高频声子 ω_H 的频移还可通过键态转换系数表征单个溶质分子诱导氢键自普通体相到水合状态的转变情况,用 $f(C)/C \propto C^x$ 可以描述水合胞大小变化,以及溶质分子间不存在排斥($x=0$)抑或存在排斥($x<0$)或吸引($x>0$)作用。

有机溶质水合时形成的 H↔H 排斥作用与碱和 H_2O_2 水合形成的 O：⇔：O 排斥作用类似,都可拉长近邻溶剂的 H—O 键,从而引起可能的溶液升温现象,如乙醇的水合。H—O 键伸长会释放能量并可立即加热溶液,喝酒后容易脸红即是因此。Na$^+$ 离子水合时占据溶剂晶格的间隙位置,使周围水合 H_2O 分子极化超固态化,从而提升了溶液黏度,可造成血压升高;相反,H_3O^+ 形成 H↔H 反氢键可破坏键合网络,进而可降低血压。这些发现可能为理解并通过调控药物

中 Na^+ 和 H^+ 的剂量以调节血压提供参考。

表 8.5 汇总了各类溶质分子水合时的溶质能力及黏性和表面应力状况。醛和羧酸分子水合作用形成的水合胞大小不变,表明不存在溶质间的相互作用。然而醛类溶质的水合胞尺寸较小,其对表面应力破坏的效果大于羧酸,这可能推断其引起 DNA 断裂的能力以及醛类摄入引发癌症的原因。甘氨酸及其 N-甲基化衍生物表现出接近线性的 $f(C)$ 曲线,黏度和表面应力则分别呈现正向和反向的变化趋势。与醛类水合时表面应力反向变化趋势类似,因此可以推断甘氨酸及其 N-甲基化衍生物引起蛋白质的变性亦是因为 H↔H 反氢键致脆机制。

表 8.5 各类溶质分子水合时溶质间的作用及黏性和表面应力状况

溶质	溶质-溶质排斥	黏性[$\Delta\eta(C)$]	表面应力[$\Delta\gamma(C)$]
乙醇	0	>0	<0
糖	x	>0	>0
醛	0	无规律	<0
羧酸	0	无规律	<0
甘氨酸及其 N-甲基化衍生物	x	>0	<0
钠基药剂	x	>	>0
氢基药剂	x	>	<0
阳离子[121]	0	>0	>0
阴离子[121]	x	>0	>0
酸性 H_3O^+[56]	H↔H	-	<0
碱性 HO^-[56]	O:⇔:O	>0	>0

由此可见,分子水合界面超固态和键合网络破坏机制的发现有助于理解乃至调控 DNA 与蛋白质的变性、高血压的预防、冷冻生物的保存以及医疗卫生中酒精的使用。进一步将这些发现拓展至生物、医药和生命科学领域,以及涉及孤对电子和质子的其他有机系统,将极富挑战性、诱惑力并意义深远。

参 考 文 献

[1] Hu N., Wu D., Cross K., et al. Structurability: A collective measure of the structural differences in vodkas. Journal of Agricultural and Food Chemistry, 2010, 58: 7394-7401.

[2] Nose A., Hamasaki T., Hojo M., et al. Hydrogen bonding in alcoholic beverages (distilled spirits) and water-ethanol mixtures. Journal of Agricultural and Food Chemistry, 2005, 53: 7074-7081.

［3］Hsu H. Y.,Tsai Y. C.,Fu C. C.,et al. Degradation of ascorbic acid inethanolic solutions. Journal of Agricultural and Food Chemistry,2012,60(42):10696-10701.

［4］Zhang R., Wu Q., Xu Y. Lichenysin, a cyclooctapeptide occurring in Chinese liquor Jiannanchun reduced the headspace concentration of phenolic off-flavors via hydrogen-bond interactions. Journal of Agricultural and Food Chemistry,2014,62(33):8302-8307.

［5］William C. C.,Satoshi Ō.,Tu Y. Y. The 2015 Nobel Prize in Physiology or Medicine-Press Release. 2015.

［6］Dolenko T. A., Burikov S. A., Dolenko S. A.,et al.Raman spectroscopy of water-ethanol solutions:The estimation of hydrogen bonding energy and the appearance of clathrate-like structures in solutions. Journal of Physical Chemistry A,2015,119(44):10806-10815.

［7］Prémont-Schwarz M., Schreck S., Iannuzzi M., et al. Correlating Infrared and X-ray absorption energies for molecular-level insight into hdyrogen bond makingand breaking in solution. Journal of Physical Chemistry B,2015,119:8115-8124.

［8］Ma G., Allen H. C. Surface studies of aqueous methanol solutions by vibrational broad bandwidth sum frequency generation spectroscopy. Journal of Physical Chemistry B,2003, 107:6343-6349.

［9］Juurinen L.,Pylkkanen T.,Sahle C. J.,et al. Effect of the hydrophobic alcohol chain length on the hydrogen-bond network of water. Journal of Physical Chemistry B,2014,118:8750-8755.

［10］Xu L.,Molinero V. Is there a liquid-liquid transition in confined water? Journal of Physical Chemistry B,2011,115(48):14210-14216.

［11］Davis J. G., Rankin B. M., Gierszal K. P.,et al. On the cooperative formation of non-hydrogen-bonded water at molecular hydrophobic interfaces. Nature Chemistry,2013,5: 796-802.

［12］Davis J. G., Gierszal K. P., Wang P., et al. Water strutural transformation at molecular hydrophobic interfaces. Nature,2012,494:582-585.

［13］Ahmed M., Singh A. K., Mondal J. A. Hydrogen-bonidng and vibrational coupling of water in hydrophobic hydration shell as observed by Raman-MCR and isotopic dilution spectroscopy. Physical Chemistry Chemical Physics,2016,18:2767-2775.

［14］Comez L., Lupi L., Paolantoni M., et al. Hydration properties of small hydrophobic molecules by Brillouin light scattering. Journal of Chemical Physics, 2012, 137(11): 114509.

［15］Bowron D. T., Finney J. L. Anion bridges drive salting out of a simple amphiphile from aqueous solution. Physical Review Letters,2002,89:215508.

［16］Nishikawa K., Hayashi H., Iijima T. Temperature-dependence of the concentration fluctuation,the kirkwood-buff parameters,and the correlation length of tert-butyl alcohol and water mixtures studied by small-angle X-ray scattering. Journal of Physical Chemistry B,1989,93:6559-6595.

[17] Gereben O., Pusztai L. Investigation of the structure of ethanol-water mixtures by molecular dynamics simulation I: Analyses concerning the hydrogen-bonded pairs. Journal of Physical Chemistry B, 2015, 119: 3070−3084.

[18] Ishihara T., Ishiyama T., Morita A. Surface structure of methanol/water solutions via sum frequency orientational analysis and molecular dynamics simulation. Journal of Physical Chemistry C, 2015, 119: 9879−9889.

[19] Livingstone R. A., Nagata Y., Bonn M., et al. Two types of water at the water-surfactant interface revealed by time-resolved vibrational spectroscopy. Journal of the American Chemical Society, 2015, 137: 14912−14919.

[20] Roy S., Gruenbaum S. M., Skinner J. L. Theoretical vibrational sum-frequency generation spectroscopy of water near lipid and surfactant monolayer interfaces. Journal of Chemical Physics, 2014, 141: 18C502.

[21] Chen H., Gan W., Wu B. H., et al. Determination of structure and energetics for Gibbs surface adsorption layers of binary liquid mixture 1. Acetone+water. Journal of Physical Chemistry B, 2005, 109(16): 8053−8063.

[22] Li R., D'Agostino C., McGregor J., et al. Mesoscopic structuring and dyanmics of alcohol/ water solutions probed by terahertz time-domain spectroscopy and pulsed field gradient nuclear magnetic resonance. Journal of Physical Chemistry B, 2014, 118: 10156−10166.

[23] Totland C., Lewis R. T., Nerdal W. Long-range surface-induced water structures and the effect of 1-butanol studied by 1H nuclear magnetic resonance. Langmuir, 2013, 29: 11055− 11061.

[24] Carrier O., Backus E. H. G., Shahidzadeh N., et al. Oppositely charged ions at water-air and water-oil interfaces: Contrasting the molecular picture with thermodynamics. Journal of Physical Chemistry Letters, 2016, 7: 825−830.

[25] Carmelo C., Spooren J., Branca C., et al. Clustering dynamics in water/methanol mixtures: A nuclear magnetic resonance study at 205 K $<T<$ 295 K. Journal of Physical Chemistry B, 2008, 112: 10449−10454.

[26] Phan C. M., Nguyen C. V., Pham T. T. Molecular arrangement and surface tension of alcohol solutions. Journal of Physical Chemistry B, 2016, 120: 3914−3919.

[27] Nagata Y., Mukamel S. Vibrational sum-frequency generation spectroscopy at the water/ lipid interface: Molecular dynamics simulation study. Journal of the American Chemical Society, 2010, 132: 6434−6442.

[28] Rankin B. M., Ben-Amotz D., Van der Post S. T., et al. Contacts between alcohols in water are random rather than hydrophobic. Journal of Physical Chemistry Letters, 2015, 6: 688− 692.

[29] Banik D., Roy A., Kundu N., et al. Picosecond solvation and rotational dynamics: An attempt to reinvestigate the mystery of alcohol-water binary mixtures. Journal of Physical Chemistry B, 2016, 119: 9905−9919.

[30] Gonzalez-Salgado D., Nezbeda I. Excess properties of aqueous mixtures of methanol: Simulation versus experiment. Fluid Phase Equilibria,2006,240(2):161−166.

[31] Petong P., Pottel R., Kaatze U. Water-ethanol mixtures at different compositions and temperatures. A dielectric relaxation study. Journal of Physical Chemistry A,2000,104 (32):7420−7428.

[32] Sun C. Q. Unprecedented O : ⇔ : O compression and H↔H fragilization in Lewis solutions. Physical Chemistry Chemical Physics,2019,21:2234−2250.

[33] Huang Y.,Zhang X.,Ma Z.,et al. Size,separation,structure order,and mass density of molecules packing in water and ice. Scientific Reports,2013,3:3005.

[34] Wilson K. R., Schaller R. D., Co D. T., et al. Surface relaxation in liquid water and methanol studied by X-ray absorption spectroscopy. Journal of Chemical Physics,2002, 117(16):7738−7744.

[35] Huang Y. L., Zhang X., Ma Z. S., et al. Hydrogen-bond relaxation dynamics: Resolving mysteries of water ice. Coordination Chemistry Reviews,2015,285:109−165.

[36] Zhou Y.,Huang Y.,Ma Z.,et al. Water molecular structure-order in the NaX hydration shells(X = F,Cl,Br,I). Journal of Molecular Liquids,2016,221:788−797.

[37] Gong Y.,Xu Y.,Zhou Y.,et al. Hydrogen bond network relaxation resolved by alcohol hydration(methanol, ethanol, and glycerol). Journal of Raman Spectroscopy, 2017, 48 (3):393−398.

[38] Zhang X., Zhou Y., Gong Y., et al. Resolving H(Cl, Br, I) capabilities of transforming solution hydrogen-bond and surface-stress. Chemical Physics Letters,2017,678:233−240.

[39] Zeng Q., Yan T., Wang K., et al. Compression icing of room-temperature NaX solutions (X=F,Cl,Br,I). Physical Chemistry Chemical Physics,2016,18(20):14046−14054.

[40] Zhang X., Yan T., Huang Y., et al. Mediating relaxation and polarization of hydrogen-bonds in water by NaCl salting and heating. Physical Chemistry Chemical Physics,2014, 16(45):24666−24671.

[41] Gong Y.,Zhou Y.,Wu H.,et al. Raman spectroscopy of alkali halide hydration:Hydrogen bond relaxation and polarization. Journal of Raman Spectroscopy,2016,47(11):1351−1359.

[42] Abe N.,Ito M. Effects of hydrogen bonding on the Raman intensities of methanol,ethanol and water. Journal of Raman Spectroscopy,1978,7(3):161−167.

[43] Chen L.,Zhu W.,Lin K.,et al. Identification of alcohol conformers by Raman spectra in the C—H stretching region. Journal of Physical Chemistry A, 2015, 119(13):3209−3217.

[44] Yu Y.,Wang Y.,Hu N.,et al. Overlapping spectral features and new assignment of 2-propanol in the C—H stretching region. Journal of Raman Spectroscopy,2014,45:259−265.

［45］ Walrafen G. E. Raman spectral studies of water structure. Journal of Chemical Physics, 1964,40:3249−3256.

［46］ Milorey B., Farrell S., Toal S. T., et al. Demixing of water and ethanol causes conformational redistribution and gelation of the cationic GAG tripeptide. Chemical Communications 2015,51:16498−16501.

［47］ Allison S. K., Fox J. P., Hargreaves R., et al. Clustering and microimmiscibility in alcohol-water mixtures: Evidence from molecular-dynamics simulations. Physical Reviews B, 2005,71:024201.

［48］ Banerjee S., Ghosh R., Bagchi B. Structural transformations, compositioin anomalies and a dramatic collapse of linear polymer chains in dilute ethanol-water mixtures. Journal of Physical Chemistry B,2012,116:3713−3722.

［49］ Franks F., Ives D. J. G. The structural properties of alcohol-water mixtures. Quarterly Reviews Chemical Society,1966,20:1−44.

［50］ Guo J. H., Luo Y., Augustsson A., et al. Molecular structure of alcohol-water mixtures. Physical Review Letters,2003,91:157401.

［51］ Lee I., Park K., Lee J. Precision density and volume contraction measurements of ethanol-water binary mixtures using suspended microchannel resonators. Sensors and Actuators A, 2013,194:62−66.

［52］ Mizuno K., Miyashita Y., Shindo Y., et al. NMR and FT-IR studies of hydrogen bonds in ethanol-water mixtures. Journal of Physical Chemistry,1995,99:3225−3228.

［53］ Li L., Sun W., Tong Z., et al. Discriminative ionic polarizability of alkali halide solutions: Hydration cells, bond distortion, surface stress, and viscosity. Journal of Molecular Liquids,2022,348:118062.

［54］ Costigan M. J., Hodges L. J., Marsh K. N., et al. The isothermal displacement calorimeter: Design modifications for measuring exothermic enthalpies of mixing. Australian Journal of Chemistry,1980,33(10):2103−2119.

［55］ Hallsworth J. E., Nomura Y. A simple method to determine the water activity of ethanol-containing samples. Biotechnology and Bioengineering,1999,62:242−245.

［56］ Koga K., Yoshizumi H. Differential scanning calorimetry(DSC) studies on the freezing processes of water-ethanol mixtures and distilled spirits. Journal of Food Science,1979, 44:1386−1389.

［57］ Lerici C. R., Piva M., Rosa M. D. Water activity and freezing point depression of aqueous solutions and liquid foods. Journal of Food Science,1983,48(6):1667−1669.

［58］ Sun C. Q., Zhang X., Fu X., et al. Density and phonon-stiffness anomalies of water and ice in the full temperature range. Journal of Physical Chemistry Letters,2013,4:3238−3244.

［59］ 董鸥,饶之帆,杨晓云,等.醛类分子的拉曼光谱研究.光谱学与光谱分析,2011,31 (12):3277−3280.

［60］ 裘著革,戴树桂,孙咏梅.典型醛类污染物与细胞 DNA 分子的结合作用.环境科学,

2001,22(1):19-22.

[61] 裘著革,晁福寰,杨丹凤,等.甲醛致核酸损伤作用的实验研究.环境科学学报,2004,24(4):719-722.

[62] 李睿,鲁志松,乔琰,等.甲醛对 DNA 损伤的彗星实验研究.实验生物学报,2004,37(4):262-268.

[63] Jo Y. N., Um I. C. Effects of solvent on the solution properties, structural characteristics and properties of silk sericin. International Journal of Biological Macromolecules, 2015, 78:287.

[64] Greif F., Kaplan O. Acid ingestion: Another cause of disseminated intravascular coagulopathy. Critical Care Medicine, 1986, 14(11):990.

[65] Yoshitomi K., Matayoshi Y., Tamura H., et al. A case of acetic acid poisoning. Journal of the Japanese Society of Intensive Care Medicine, 2009, 11:217-221.

[66] Tong G. M., Mak S. K., Wong P. N., et al. Successful treatment of oral acetic acid poisoning with plasmapheresis. Hong Kong Journal of Nephrology, 2000, 2(2):110-112.

[67] Kumar S., Babu B. A brief review on propionic acid: A renewal energy source. Proceedings of the national conference on environmental conservation(NCEC-2006). 2006.

[68] Suwannakham S., Yang S. T. Enhanced propionic acid fermentation by Propionibacterium acidipropionici mutant obtained by adaptation in a fibrous-bed bioreactor. Biotechnology & Bioengineering, 2005, 91(3):325.

[69] Chen J., Yao C., Zhang X., et al. Hydrogen bond and surface stress relaxation by Aldehydic and formic acidic molecular solvation. Journal of Molecular Liquids, 2018, 249:494-500.

[70] Yancey P. H., Clark M. E., Hand S. C., et al. Living with water stress: Evolution of osmolyte systems. Science, 1982, 217(4566):1214-1222.

[71] Davies N. P., Wilson M., Natarajan K., et al. Non-invasive detection of glycine as a biomarker of malignancy in childhood brain tumours using *in-vivo* 1H MRS at 1.5 tesla confirmed by *ex-vivo* high-resolution magic-angle spinning NMR. NMR in Biomedicine, 2010, 23(1):80-87.

[72] Bessaire T., Tarres A., Stadler R. H., et al. Role of choline and glycine betaine in the formation of N, N-dimethylpiperidinium (mepiquat) under Maillard reaction conditions. Food Additives & Contaminants Part A, 2014, 31(12):1949-1958.

[73] Chaum S., Kirdmanee C. Effect of glycinebetaine on proline, water use, and photosynthetic efficiencies, and growth of rice seedlings under salt stress. Turkish Journal of Agriculture & Forestry, 2010, 34(6):455-479.

[74] Mountain R. D., Thirumalai D. Molecular dynamics simulations of end-to-end contact formation in hydrocarbon chains in water and aqueous urea solution. Journal of the American Chemical Society, 2003, 125(7):1950-1957.

[75] Timasheff S. N. The control of protein stability and association by weak interactions with

water: How do solvents affect these processes? Annual Review of Biophysics and Biomolecular Structure, 1993, 22(22) :67−97.

[76] Gómezzavaglia A., Fausto R. Low-temperature solid-state FTIR study of glycine, sarcosine and N, N-dimethylglycine: Observation of neutral forms of simple α-amino acids in the solid state. Physical Chemistry Chemical Physics, 2003, 5(15) :268−270.

[77] Kumar S., Rai A. K., Singh V. B., et al. Vibrational spectrum of glycine molecule. Spectrochimica Acta Part A, 2005, 61(11−12) :2741−2746.

[78] Derbel N., Hernández B., Pflüger F., et al. Vibrational analysis of amino acids and short peptides in hydrated media. I. L-glycine and L-leucine. Journal of Physical Chemistry B, 2007, 111(6) :1470−1477.

[79] Zhu G., Zhu X., Fan Q., et al. Raman spectra of amino acids and their aqueous solutions. Spectrochimica Acta Part A, 2011, 78(3) :1187.

[80] Oren A., Elevi B. R., Kandel N., et al. Glycine betaine is the main organic osmotic solute in a stratified microbial community in a hypersaline evaporitic gypsum crust. Extremophiles, 2013, 17(3) :445−451.

[81] Hayashi Y., Katsumoto Y., Oshige I., et al. Comparative study of urea and betaine solutions by dielectric spectroscopy: Liquid structures of a protein denaturant and stabilizer. Journal of Physical Chemistry B, 2007, 111(40) :11858−11863.

[82] Kim J. Y., Im S., Kim B., et al. Structures and energetics of Gly-$(H_2O)_5$: Thermodynamic and kinetic stabilities. Chemical Physics Letters, 2008, 451(4−6) :198−203.

[83] Chaudhari A., Sahu P. K., Lee S. L. Hydrogen bonding interaction in sarcosine-water complex using *ab initio* and DFT method. International Journal of Quantum Chemistry, 2005, 101(1) :97−103.

[84] Civera M., Fornili A., Sironi M., et al. Molecular dynamics simulation of aqueous solutions of glycine betaine. Chemical Physics Letters, 2003, 367(1−2) :238−244.

[85] Takayanagi T., Yoshikawa T., Kakizaki A., et al. Molecular dynamics simulations of small glycine-$(H_2O)_n$ (n = 2 − 7) clusters on semiempirical PM6 potential energy surfaces. Journal of Molecular Structure Theochem, 2008, 869(1) :29−36.

[86] Mukaiyama A., Koga Y., Takano K., et al. Osmolyte effect on the stability and folding of a hyperthermophilic protein. Proteins-Structure Function & Bioinformatics, 2008, 71(1) : 110−118.

[87] Panuszko A., Bruździak P., Kaczkowska E., et al. General mechanism of osmolytes' influence on protein stability irrespective of the type of osmolyte cosolvent. Journal of Physical Chemistry B, 2016, 120(43) :11159−11169.

[88] Rezus Y. L., Bakker H. J. Destabilization of the hydrogen-bond structure of water by the osmolyte trimethylamine N-oxide. Journal of Physical Chemistry B, 2009, 113(13) :4038−4044.

[89] Bruździak P., Panuszko A., Stangret J. Influence of osmolytes on protein and water

structure：A step to understanding the mechanism of protein stabilization. Journal of Physical Chemistry B,2013,117(39):11502-11508.

[90] Panuszko A., M Ś., Stangret J. Fourier transform infrared spectroscopic and theoretical study of water interactions with glycine and its N-methylated derivatives. Journal of Chemical Physics,2011,134(11):115104.

[91] Kuffel A., Zielkiewicz J. The hydrogen bond network structure within the hydration shell around simple osmolytes：Urea, tetramethylurea, and trimethylamine-N-oxide, investigated using both a fixed charge and a polarizable water model. Journal of Chemical Physics, 2010,133(3):07B605.

[92] Di Michele A., Freda M., Onori G., et al. Modulation of hydrophobic effect by cosolutes. Journal of Physical Chemistry B,2006,110(42):21077-21085.

[93] Tielrooij K. J., Hunger J., Buchner R., et al. Influence of concentration and temperature on the dynamics of water in the hydrophobic hydration shell of tetramethylurea. Journal of the American Chemical Society,2010,132(44):15671-15678.

[94] Chettiyankandy P. Effects of co-solutes on the hydrogen bonding structure and dynamics in aqueous N-methylacetamide solution：A molecular dynamics simulations study. Molecular Physics,2014,112(22):2906-2919.

[95] Lee H., Choi J. H., Verma P. K., et al. Spectral graph analyses of water hydrogen-bonding network and osmolyte aggregate structures in osmolyte-water solutions. Journal of Physical Chemistry B,2015,119(45):14402-14412.

[96] Tielrooij K., Garcia-Araez N., Bonn M., et al. Cooperativity in ion hydration. Science, 2010,328(5981):1006-1009.

[97] Hunger J., Tielrooij K. J., Buchner R., et al.Complex formation in aqueous trimethylamine-N-oxide(TMAO) solutions. Journal of Physical Chemistry B,2012,116(16):4783-4795.

[98] Bakulin A. A., Pshenichnikov M. S., Bakker H. J., et al. Hydrophobic molecules slow down the hydrogen-bond dynamics of water. Journal of Physical Chemistry A,2011,115(10):1821-1829.

[99] Fang H., Liu X., Sun C. Q., et al. Phonon spectrometric evaluation of the solute-solvent interface in solutions of glycine and its N-methylated derivatives. Journal of Physical Chemistry B,2018,122:7403-7408.

[100] Zhou Y., Zhong Y., Gong Y., et al. Unprecedented thermal stability of water supersolid skin. Journal of Molecular Liquids,2016,220:865-869.

[101] Zhang X., Xu Y., Zhou Y., et al. HCl, KCl and KOH solvation resolved solute-solvent interactions and solution surface stress. Applied Surface Science,2017,422:475-481.

[102] Liu X. J., Zhang X., Bo M. L., et al. Coordination-resolved electron spectrometrics. Chemical Reviews,2015,115(14):6746-6810.

[103] Sun C. Q. Oxidation electronics：Bond-band-barrier correlation and its applications.

Progress in Materials Science,2003,48(6):521-685.

[104] Agabiti-Rosei E. From macro-to microcirculation:Benefits in hypertension and diabetes. Journal of Hypertension Supplement. 2008,26(3):15-19.

[105] Murphy B. P.,Stanton T.,Dunn F. G. Hypertension and myocardial ischemia. Medical Clinics of North America,2009,93(3):681-695.

[106] Gaddam K. K.,Verma A.,Thompson M.,et al. Hypertension and cardiac failure in its various forms. Medical Clinics of North America,2009,93(3):665-680.

[107] Reisin E.,Jack A. V. Obesity and hypertension:Mechanisms,cardio-renal consequences, and therapeutic approaches. Medical Clinics of North America,2009,93(3):733-751.

[108] White W. B. Defining the problem of treating the patient with hypertension and arthritis pain. American Journal of Medicine,2009,122(5):3-9.

[109] Truong L. D., Shen S. S., Park M. H., et al. Diagnosing nonneoplastic lesions in nephrectomy specimens. Archives of Pathology & Laboratory Medicine,2009,133(2): 189-200.

[110] Tracy R. E.,White S. A method for quantifying adrenocortical nodular hyperplasia at autopsy:Some use of the method in illuminating hypertension and atherosclerosis. Annals of Diagnostic Pathology,2002,6(1):20-29.

[111] Mendis S.,Puska P.,Norrving B.,et al. Global atlas on cardiovascular disease prevention and control. Geneva World Health Organization,2011.

[112] Chockalingam A. Impact of world hypertension day. Canadian Journal of Cardiology, 2007,23(7):517.

[113] Organization W. H. A global brief on hypertension:Silent killer, global public health crisis:World Health Day 2013. 2013.

[114] Members W. G.,Benjamin E. J.,Blaha M. J.,et al. Heart disease and stroke statistics— 2017 Update:A report from the american heart association. Circulation,2010,121(7): e46.

[115] Williams B., Poulter N. R., Brown M. J., et al. Guidelines for management of hypertension:Report of the fourth working party of the british hypertension society, 2004—BHS IV. Journal of Human Hypertension,2004,18(3):139.

[116] Whelton P. K.,He J., Appel L. J.,et al. Primary prevention of hypertension:Clinical and public health advisory from the national high blood pressure education program. JAMA, 2002,288(15):1882-1888.

[117] Kurihara K. Glutamate:From discovery as a food flavor to role as a basic taste(umami). The American Journal of Clinical Nutrition,2009,90(3):719S-722S.

[118] Baad-Hansen L., Cairns B. E., Ernberg M., et al. Effect of systemic monosodium glutamate(MSG) on headache and pericranial muscle sensitivity. Cephalalgia,2010,30 (1):68-76.

[119] Shi Z., Yuan B., Taylor A. W., et al. Monosodium glutamate is related to a higher

increase in blood pressure over 5 years: Findings from the Jiangsu nutrition study of chinese adults. Journal of Hypertension,2011,29(5):846-853.

[120] Mascoli S.,Grimm R.,Launer C. Sodium chloride raises blood pressure in normotensive subjects. Hypertension,1991,17:121-126.

[121] Orlov S. N.,Mongin A. A. Salt-sensing mechanisms in blood pressure regulation and hypertension. American Journal of Physiology:Heart and Circulatory Physiology,2007,293(4):H2039-H2053.

[122] Meneely G. R.,Dahl L. K. Electrolytes in hypertension:The effects of sodium chloride. The evidence from animal and human studies. Medical Clinics of North America,1961,45(2):271.

[123] Kwok R. Chinese-restaurant syndrome. The New England Journal of Medicine,1968,278(14):796.

[124] Du T. R.,Volsteedt Y.,Apostolides Z. Comparison of the antioxidant content of fruits,vegetables and teas measured as vitamin C equivalents. Toxicology,2001,166(1-2):63-69.

[125] Duffy S.,Gokce N.,Holbrook M.,et al. Treatment of hypertension with ascorbic acid. The Lancet,1999,354(9195):2048-2049.

[126] Mullan B. A.,Young I. S.,Fee H.,et al. Ascorbic acid reduces blood pressure and arterial stiffness in type 2 diabetes. Hypertension,2002,40(6):804-809.

[127] Moran J. P.,Cohen L.,Greene J. M.,et al. Plasma ascorbic acid concentrations relate inversely to blood pressure in human subjects. American Journal of Clinical Nutrition,1993,57(2):213-217.

[128] Juraschek S. P.,Guallar E.,Appel L. J.,et al. Effects of vitamin C supplementation on blood pressure:A meta-analysis of randomized controlled trials. American Journal of Clinical Nutrition,2012,95(5):1079-1088.

[129] Kondo S.,Tayama K.,Tsukamoto Y.,et al. Antihypertensive effects of acetic acid and vinegar on spontaneously hypertensive rats. Bioscience,Biotechnology,and Biochemistry,2001,65(12):2690-2694.

[130] Sun C. Q.,Sun Y. The Attribute of Water:Single Notion, Multiple Myths. Singapore:Springer Nature Singapore,2016.

[131] Peica N.,Lehene C.,Leopold N.,et al. Monosodium glutamate in its anhydrous and monohydrate form:Differentiation by Raman spectroscopies and density functional calculations. Spectrochimica Acta Part A,2007,66(3):604-615.

[132] Nakabayashi T.,Kosugi K.,Nishi N. Liquid structure of acetic acid studied by Raman spectroscopy and Ab initio molecular orbital calculations. Journal of Physical Chemistry A,1999,103(43):8595-8603.

[133] Yohannan P. C.,Tresa V. H.,Philip D. FT-IR,FT-Raman and SERS spectra of vitamin C. Spectrochimica Acta Part A,2006,65(3-4):802-804.

[134] Ni C., Sun C., Zhou Z., et al. Surface tension mediation by Na-based ionic polarization and acidic fragmentation: Inference of hypertension. Journal of Molecular Liquids, 2018, 259: 1-6.

[135] Burke L. M., Read R. S. Dietary supplements in sport. Sports Medicine, 1993, 15(1): 43-65.

[136] Baghbanbashi M., Pazuki G. A new hydrogen bonding local composition based model in obtaining phase behavior of aqueous solutions of sugars. Journal of Molecular Liquids, 2014, 195(4): 47-53.

[137] Cantarel B. L., Coutinho P. M., Rancurel C., et al. The carbohydrate-active enzymes database(CAZy): An expert resource for glycogenomics. Nucleic Acids Research, 2009, 37(1): D233-D238.

[138] Franks F., Jones M. Biophysics and biochemistry at low temperatures. Febs Letters, 1986, 220(2): 391.

[139] Oksanen C. A., Zografi G. The relationship between the glass transition temperature and water vapor absorption by poly (vinylpyrrolidone). Pharmaceutical Research, 1990, 7(6): 654-657.

[140] Magno A., Gallo P. Understanding the mechanisms of bioprotection: A comparative study of aqueous solutions of trehalose and maltose upon supercooling. Journal of Physical Chemistry letters, 2011, 2(9): 977-982.

[141] Sinclair B. J., Stinziano J. R., Williams C. M., et al. Real-time measurement of metabolic rate during freezing and thawing of the wood frog, Rana sylvatica: Implications for overwinter energy use. Journal of Experimental Biology, 2013, 216: 292-302.

[142] Jr R. E. L. Insect cold-hardiness: To freeze or not to freeze. Bioscience, 1989, 39(5): 308-313.

[143] Thompson S. N. Trehalose—the insect 'blood' sugar. Advances in Insect Physiology, 2003, 31(3): 205-285.

[144] Costanzo J. P., Lee R. E., Lortz P. H. Glucose concentration regulates freeze tolerance in the wood frog Rana sylvatica. Journal of Experimental Biology, 1993, 181(1): 245-255.

[145] Costanzo J., Lee R., Wright M. F. Glucose loading prevents freezing injury in rapidly cooled wood frogs. American Journal of Physiology, 1991, 261(6): R1549-R1553.

[146] Costanzo J. P., Lee Jr R. E., Wright M. F. Effect of cooling rate on the survival of frozen wood frogs, Rana sylvatica. Journal of Comparative Physiology B, 1991, 161(3): 225-229.

[147] Costanzo J. P., Lee R. E., Wright M. F. Cooling rate influences cryoprotectant distribution and organ dehydration in freezing wood frogs. Journal of Experimental Zoology, 1992, 261(4): 373-378.

[148] Kanno H., Soga M., Kajiwara K. Linear relation between T_h(homogeneous ice nucleation

temperature) and T_m (melting temperature) for aqueous solutions of sucrose, trehalose, and maltose. Chemical Physics Letters, 2007, 443(4-6) :280-283.

[149] Gallina M. E., Sassi P., Paolantoni M., et al. Vibrational analysis of molecular interactions in aqueous glucose solutions. Temperature and concentration effects. Journal of Physical Chemistry B, 2006, 110(17) :8856-8864.

[150] Branca C., Magazù S., Maisano G., et al. Vibrational studies on disaccharide/H_2O systems by inelastic neutron scattering, Raman, and IR spectroscopy. Journal of Physical Chemistry B, 2003, 107(6) :1444-1451.

[151] Branca C., Magazu S., Maisanoa G., et al. INS investigation of disaccharide/H_2O mixtures. Journal of Molecular Structure, 2004, 700(1) :229-231.

[152] Paolantoni M., Sassi P., Morresi A., et al. Hydrogen bond dynamics and water structure in glucose-water solutions by depolarized Rayleigh scattering and low-frequency Raman spectroscopy. Journal of Chemical Physics, 2007, 127(2) :024504.

[153] Di Fonzo S., Masciovecchio C., Gessini A., et al. Water dynamics and structural relaxation in concentrated sugar solutions. Food Biophysics, 2013, 8(3) :183-191.

[154] Heyden M., Bründermann E., Heugen U., et al. Long-range influence of carbohydrates on the solvation dynamics of water-answers from terahertz absorption measurements and molecular modeling simulations. Journal of the American Chemical Society, 2008, 130 (17) :5773-5779.

[155] Branca C., Magazu S., Maisano G., et al. Anomalous translational diffusive processes in hydrogen-bonded systems investigated by ultrasonic technique, Raman scattering and NMR. Physica B, 2000, 291(1) :180-189.

[156] Elias M. E., Elias A. M. Trehalose+water fragile system: Properties and glass transition. Journal of Molecular Liquids, 1999, 83(1) :303-310.

[157] Yamamoto W., Sasaki K., Kita R., et al. Dielectric study on temperature-concentration superposition of liquid to glass in fructose-water mixtures. Journal of Molecular Liquids, 2015, 206(1) :39-46.

[158] Lerbret A., Affouard F., Bordat P., et al. Slowing down of water dynamics in disaccharide aqueous solutions. Journal of Non-crystalline Solids, 2010, 357(2) :695-699.

[159] Kirschner K. N., Woods R. J. Solvent interactions determine carbohydrate conformation. Proceedings of The National Academy of Sciences of The United States of America, 2001, 98(19) :10541.

[160] Steiner T., Saenger W. Geometry of C—H···O hydrogen bonds in carbohydrate crystal structures. Analysis of neutron diffraction data. Journal of the American Chemical Society, 1992, 114(26) :10146-10154.

[161] Huang Y. L., Zhang X., Ma Z. S., et al. Potential paths for the hydrogen-bond relaxing with $(H_2O)_N$ cluster size. Journal of Physical Chemistry C, 2015, 119(29) :16962-16971.

[162] Ni C.,Gong Y.,Liu X.,et al. The anti-frozen attribute of sugar solutions. Journal of Molecular Liquids,2017,247:337−344.

[163] Zhang X.,Sun P.,Huang Y.,et al. Water nanodroplet thermodynamics:Quasi-solid phase-boundary dispersivity. Journal of Physical Chemistry B,2015,119(16):5265−5269.

[164] Mathlouthi M.,Luu C.,Meffroy-Biget A. M.,et al. Laser-Raman study of solute-solvent interactions in aqueous solutions of d-fructose,d-glucose,and sucrose. Carbohydrate Research,1980,81(2):213−223.

[165] Gil A. M.,Belton P. S.,Felix V. Spectroscopic studies of solid α-α trehalose. Pectrochimica Acta Part A,1996,52(12):1649−1659.

[166] Söderholm S.,Roos Y. H.,Meinander N.,et al.Raman spectra of fructose and glucose in the amorphous and crystalline states. Journal of Raman Spectroscopy,1999,30(11):1009−1018.

[167] Wren S. N.,Donaldson D. J. Glancing-angle Raman study of nitrate and nitric acid at the air-aqueous interface. Chemical Physics Letters,2012,522:1−10.

第 9 章
水合氢键弛豫的多场耦合效应

要点提示

- ✓ 压致场与电场对氢键极化效果相同但弛豫效果相反
- ✓ 液态升温与电致氢键极化效果相反但弛豫效果相同
- ✓ 电场极化与分子低配位对氢键弛豫和极化效果相同
- ✓ 声子寿命与电场和低配位的键态转换系数线性相关

内容摘要

多场耦合的叠加效应或强化或弱化彼此的电子极化和氢键弛豫效果。液态和固态加热可强化电致氢键弛豫，但会削弱其极化有序作用，从而影响溶液表面应力。压力可以补偿分子低配位或电场作用引起的氢键弛豫和相变温度。电场与低配位效果彼此强化氢键弛豫和电子极化，导致超固态。±20 ℃温区延时降温证明水的温致准固态和饱和盐溶液的极化超固态的存在。前者因 H—O 冷收缩吸收能量，后者则因冷膨胀释放能量。准固态的组分比例及其 O：H 非键决定盐溶液的冰点温度。

9.1　多场耦合效应

9.1.1　盐水合电致极化与机械压强

水合离子电致极化可以调节生物分子如 DNA 和蛋白质的溶解度,也影响溶液表面应力及溶液黏度[1-7]。通过改变溶质类型和浓度可以调制胶体物质的凝结时间以便将胶体从溶胶向凝胶转变[8-10]。通过调节盐的种类和浓度可以改变溶液相变的临界温度和压力。通常情况下,加压可以压缩物质的化学键并导致拉曼声子频率蓝移[11],但水和冰的情况完全不同,因为 O–O 库仑排斥的调制,压力使 O∶H 非键收缩的同时使 H—O 共价键伸长。当压力达到约 60 GPa 时,O∶H—O 氢键几乎在全温区皆达到分段长度对称化而进入第 X 相[12-15]。此时,处于Ⅶ—Ⅹ和Ⅷ—Ⅹ相界处的 O∶H 和 H—O 双段的长度几乎同为 0.10 nm,但两者键能和力常数截然不同[16]。在第 X 相中,继续加压会使 O∶H 和 H—O 双段同步略微收缩[17]。由于耦合氢键的协同性和 O–O 库仑排斥[18,19],氢键在各个相区内都发生协同弛豫,显示相应的 O∶H 声子蓝移和 H—O 声子红移[20-24]。盐水合离子极化的效果与压强作用完全相反。

盐水合和机械压强共同作用时,情况变得复杂[25]。盐溶液冰的Ⅶ—Ⅷ—Ⅹ相变过程的常温-高压拉曼光谱显示,与纯水相比,盐水合可以升高Ⅶ—Ⅷ—Ⅹ相变的临界压力[26,27]。纯水发生从液态到冰的第 X 相转变的临界压力约为 60 GPa,而对于 LiCl/H$_2$O 溶液,摩尔分数分别为 1/50 和 1/6 时,需要分别额外增压 30 GPa 和 85 GPa 方可使溶液发生从液态到冰 X 的转变。有观点认为,压力逐步使氢键由对称双势阱转变为中心单阱势,将氢质子定位于两氧离子中间,故而无法再发生质子的随机量子隧穿[12]。还有一种基于盐-水二元相图的观点认为,盐的水合作用提升了Ⅶ—Ⅹ和Ⅷ—Ⅹ的相变临界压强。虽然压力使 O∶H 缩短,而且库仑排斥耦合使 H—O 伸长[14,15],但盐溶液中因离子极化预先使 O∶H 伸长、H—O 缩短,氢键的极化弛豫与压致弛豫方向相反,阻碍氢键质子的位置中心化和分段长度的对称化[26-28],压缩需先补偿盐水合的离子极化作用再进而引起相变。

9.1.2　盐水合电致极化与温度耦合

盐水合可用于调节溶液的相变压强或相变温度[8,29]。在恒定压强下,溶液的焓和比热容的改变可作为相转变的特征。差热扫描测试显示,NaCl 水合展现盐析,而 NaI 水合呈现盐溶效果。NaCl 浓度增大会降低比热容峰的温度,但提高峰强度,而 NaI 情况相反。红外吸收光谱测量揭示[30],NaCl 水合和液态水加热具有相同的声子频移效果,即高频声子 ω_H 从 3 200 cm^{-1} 蓝移至 3 450 cm^{-1},∠O:H—O 弯曲振动声子 ω_{B1} 从 600 cm^{-1} 分别红移至 470 cm^{-1}(NaCl)或 530 cm^{-1}(加热)。溶盐时 ω_{B1} 在 470 cm^{-1} 处的吸光度约为加热时的 25%,表明盐水合可增强极化、提高结构序度、增加红外反光系数。接触角测量进一步证实,盐离子极化可提升表面应力,热涨落则反之。接触角为表征表面应力的指标,与液体被极化的程度成正比。在热涨落显著时或液体受 H↔H 反氢键点源破坏时,其接触角减小。

在研究溶液在水合、机械压力、升降温度等多场耦合作用下的物性演变时[25,30],人们很少关注 O:H—O 氢键的协同弛豫和电子极化作用。红外吸收光谱观测 NaCl 水合和加热的耦合效应[30]、NaX(X=F,Cl,Br,I)溶液压致结冰时临界相变压强的变化以及 NaI 溶液在多场耦合作用下液—Ⅵ—Ⅶ相变的浓度依赖性[25,31]等系列研究澄清了 O:H—O 氢键如何对盐水合极化、热激发和机械压力等外场耦合作用发生响应,以及溶质—溶质和溶质—溶剂间相互作用如何调制 O—O 排斥与相变压强。

基于 O:H—O 氢键协同弛豫理论指导下的实验观测表明:加热与离子水合极化对氢键弛豫效果相同,而机械压力与盐水合作用相反;热致涨落降低溶液表面应力,盐水合通过极化增强表面应力;加压通过升高相变压强 P_{C1} 和 P_{C2} 提供额外能量以恢复因离子水合引起的 O:H—O 键初始拉伸变形,ΔP_C 大小随溶质类型依次为 I>Br>Cl>F(≈0);NaI 溶液在较高浓度下出现阴离子-阴离子排斥作用,使 ΔP_C 的变化趋势偏离溶质浓度的影响顺序;P_{C1} 沿液—Ⅵ相边界变化,P_{C2} 沿Ⅵ—Ⅶ相边界变化,P_{C1} 的增长速度快于 P_{C2},两者交汇于液—Ⅵ—Ⅶ三相交界处。

9.2 压力-温度-电场耦合效应

9.2.1 压致与电致氢键弛豫和极化

电致极化指离子电场聚集、排列、拉伸和极化周围偶极水分子以形成超固态水合胞,溶质离子与溶剂水分子之间没有共享电荷。电致极化拉伸 O:H 非键、压缩 H—O 共价键,以此拉伸偶极水分子。因此,带电的溶质通过极化减小分子体积而增大分子间距。极化导致溶液表皮超固态具备疏水性、黏弹性、高应力、溶解性、介电性、反光性和反应活性等特征[19]。

盐溶液的压致结冰分两步进行[25]:① 离子水合通过极化作用使 H—O 键收缩储能;② 压力先使极化伸长的 O:H—O 氢键压缩回至其处于纯水状态,压强继续增大直至临界值使溶液结冰[14]。压力通过拉伸 H—O 键恢复并释放通过初始极化存储的能量。在 298 K 温度下,溶液沿 P-T 相图中该温度下的压力路径移动,先后经历液态、冰 Ⅵ 相、冰 Ⅶ 相,然后向 X 相转变。相较于纯水,溶液的液—Ⅵ 和 Ⅵ—Ⅶ 相变压强分别从 1.14 GPa 增至 1.33 GPa、从 2.17 GPa 增至 2.23 GPa。在相边界处,结构弛豫会引起所测压强振荡[25,27,32]。

9.2.2　压致相变临界温度调制

氢键的受激极化和弛豫决定了溶液的可测物理量(如声子频率 ω_x、键能 E_x 及其偏移、相变临界温度 T_{xC} 和临界压强 P_{Cx})以及其他宏观物性(如疏水性、韧性、光滑性、黏弹性等)[37]。ω_x 和 T_{xC} 与氢键振动的关联如下[37]:

$$\begin{cases} \omega_x \propto \sqrt{E_x/\mu_x}/d_x \\ T_{xC} \propto \sum_{L,H} E_{xC} \end{cases} \tag{9.1}$$

式中,ω_x 本质上取决于振子约化质量 μ_x、分段键长 d_x、分段键能 E_x 和分子配位数,其中 x = L,H 分别表示 O:H 和 H—O 分段。O:H—O 氢键协同性意味着一段缩短刚化、声子蓝移,而另一分段以相反方式弛豫。可根据谱学测试结果估算分段键长和键能的受激演化情况。

相变的临界压强 P_{xC} 和临界温度 T_{xC} 与键能 E_{xC} 遵从如下关系:

$$T_{xC} \propto \sum_{L,H} E_{xC} = \begin{cases} \sum_{L,H} \left(E_{x0} - s_x \int_{P_0}^{P_{C0}} p \frac{\mathrm{d}d_x}{\mathrm{d}p} \mathrm{d}p \right), & \text{纯水} \\ \sum_{L,H} \left(E_x - s_x \int_{P_0}^{P_C} p \frac{\mathrm{d}d_x}{\mathrm{d}p} \mathrm{d}p \right), & \text{溶液} \end{cases} \tag{9.2}$$

在初始常压 P_0 时,纯水中的 H—O 键较其在盐溶液中弱,即 $E_{H0} < E_H$[25,31];相应地,$E_{L0} > E_L$。积分项表示因压缩而在键中储存的能量。判定 T_{xC} 的变化需要计算 O:H—O 氢键两分段的能量变化总和。纯水所受压力从常压 P_0 增至 P_{C0} 时发生相变。相应地,计盐水受压自 P_0 增至 P_C 时发生相变。因此,相变时键能包含式(9.2)括号中的两部分。键的变化主要指长度 d_x 的变化,弛豫时横截面面积 s_x 的变化可以忽略不计。在温度相同的条件下,盐溶液的临界压强自纯水的 P_{C0} 提高至 P_C,其中所需的额外能量等于盐水和纯水的键能差,即

$$\Delta E_x - s_x \left(\int_{P_0}^{P_C} p \frac{\mathrm{d}d_x}{\mathrm{d}p} \mathrm{d}p - \int_{P_0}^{P_{C0}} p \frac{\mathrm{d}d_x}{\mathrm{d}p} \mathrm{d}p \right) = 0 \tag{9.3}$$

式中,$\Delta E_x = E_x - E_{x0}$ 是通过盐水合储存于 O:H—O 键中的能量,随溶质类型和浓度变化。式(9.3)表明,若要克服外部激励造成的键形变对相变的影响,需在相同的温度下将 P_{C0} 增至 P_C,以恢复因盐水合造成的氢键初始形变。

图 9.1 示意了相变压强与氢键分段键长的协同演化关系。对于纯水,压强达临界值 P_{C0} 时发生相变。此过程中,机械压力通过压缩 O:H 键、拉伸 H—O

键(分别对应图中的黑色和红色阴影区)将能量储存至水中。对于盐溶液,溶质离子的电致极化预先使 H—O 收缩、O：H 拉伸,机械压力需提供额外的能量 $\Delta E_{H}(<0,$绿色阴影区)和 $\Delta E_{L}(>0,$蓝色阴影区)以恢复各自的初始形变,之后再随压力增大而逐步接近相变。因此,盐溶液受压发生液—固相变需要提供自 P_{C0} 到 P_{C} 的额外压力。

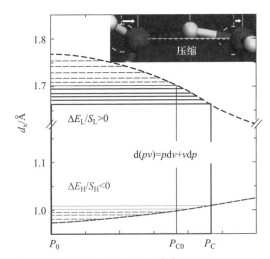

图 9.1 相变压强与氢键分段键长的协同演化关系[25](参见书后彩图)

氢键的分段长度 d_{x} 随压力的变化可表示为[14]

$$\frac{\mathrm{d}d_{L}}{\mathrm{d}p}<0,\frac{\mathrm{d}d_{H}}{\mathrm{d}p}>0 \quad 且 \quad P_{C}>P_{C0}$$

据此可定义离子水合造成的分段形变能:

$$\Delta E_{x}=s_{x}\left(\int_{P_{0}}^{P_{C}}p\frac{\mathrm{d}d_{x}}{\mathrm{d}p}\mathrm{d}p-\int_{P_{0}}^{P_{C0}}p\frac{\mathrm{d}d_{x}}{\mathrm{d}p}\mathrm{d}p\right)\begin{cases}>0, & H—O \\ <0, & O：H\end{cases} \qquad (9.4)$$

可见,离子电场强化 H—O 键,弱化 O：H 非键。ΔE_{L} 损失和 ΔE_{H} 增益的结果决定溶液相变的 ΔP_{C}。图 9.1 表示盐水合作用存储于 O：H—O 氢键两个分段中的能量使临界压力自 P_{C0} 提高至 P_{C}。

9.3 离子极化与压致弛豫协同作用

9.3.1 溶质种类调制相变压强

为了分辨相变能量对离子类型和浓度的依赖性以及盐溶液中离子间相互作用的存在,探究盐溶液在机械压力下的室温相变[25,31],笔者设计了如下实验并予以验证。首先,相同浓度、不同类型的溶质保持溶液中水合胞的数密度守恒,但由于离子半径和电负性差异,每个水合胞内的局部电场会因溶质的离子种类发生变化。其次,不同浓度、同类型溶质会改变水合胞的数密度和胞内局部电场,因为阴离子间的相互作用随它们的距离而变化。对溶液加压或提高离子浓度可缩短离子间距,从而增强离子间的相互作用,加强或削弱水合胞内的局部电场。最后,压致 H—O 键伸长、O:H 收缩。机械压强和离子极化效应的竞争决定了相变的临界能量或相变温度 T_c。

图 9.2 和图 9.3 所示的纯水及 NaX 溶液的高压拉曼测试结果验证了式(9.2)和式(9.3)的预测[25]。图中谱线形状的突变源于被测物质的结构相变。所测压强在相边界处急剧下降,表明结构的相变弛豫弱化了 O—O 排斥。在室温条件下,盐溶液的液—Ⅵ和Ⅵ—Ⅶ相变的拉曼光谱遵循如下规则[25]:

(1) 压力从低到高存在三个区域,分别对应于液(L)、冰Ⅵ相和冰Ⅶ相,压力继续升高,将向第Ⅹ相趋近[19]。

(2) 除相边界临界压强 P_{Cx} 外,在其他的压力范围内,皆发生压致 O:H 非键收缩刚化、H—O 共价键伸长软化。

(3) 相变发生时,所测压力振荡下降,因为此时相的重构导致 O—O 排斥减弱;在穿过相边界线时,O:H 和 H—O 键都会突然收缩。

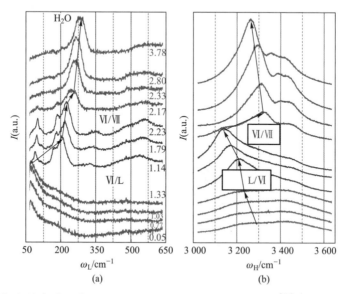

图 9.2　室温下,纯水受压时(a)O:H 和(b)H—O 声子的协同弛豫[25](参见书后彩图)
液—Ⅵ和Ⅵ—Ⅶ相变时,临界压力突降,只是降幅略小

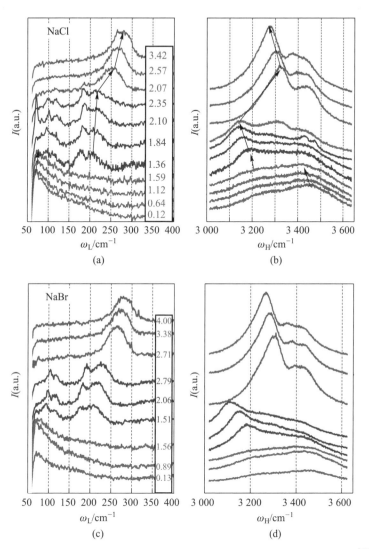

图 9.3　室温下,浓度为 0.016 的(a,b)NaCl 和(c,d)NaBr 溶液的氢键受压声子谱[25](参见书后彩图)

相变时,压力陡降,声子谱峰也发生明显频移

　　值得注意的是,P_{C_x} 会随阴离子半径或电负性差异变化,遵循霍夫迈斯特序列:I>Br>Cl>F(≈ 0),详见表 9.1。

表 9.1　室温液体相变时氢键分段声子频率与临界压强的变化

		H$_2$O	NaF	NaCl	NaBr	NaI
$\Delta\eta\,(\eta_{Na} = 0.9)$		—	3.1	2.1	1.9	1.6
$R\,(R_{Na^+} = 0.98\ \text{Å})$		—	1.33	1.81	1.96	2.20
L	$\Delta\omega_L$			>0		
Ⅵ						
Ⅶ	$\Delta\omega_H$			<0		
	P_{C1}	1.33→1.14	1.45→1.13	1.59→1.36	1.56→1.51	1.94→1.74
L—Ⅵ边界	$\Delta\omega_L$			>0		
	$\Delta\omega_H$			<0		
	P_{C2}	2.23→2.17	2.22→2.06	2.35→2.07	2.79→2.71	3.27→2.98
Ⅵ—Ⅶ边界	$\Delta\omega_L$			>0		
	$\Delta\omega_H$			>0		

注：η 是元素电负性。P_{C1} 和 P_{C2} 随溶质类型变化且遵循霍夫迈斯特序列,半径大、电负性低的阴离子可使 P_{Cx} 升高。相变时的压力陡降表明氧原子间的库仑排斥减弱,此时 O∶H 非键和 H—O 共价键均自发缩短。

9.3.2　溶质浓度调制相变压强

图 9.4 和图 9.5 展示了室温下不同浓度 NaI 溶液中氢键受压时的声子频移及相变临界压强的变化。高压拉曼光谱特征如下：

（1）不同浓度 NaI 溶液的液—Ⅵ相变压强 P_{C1} 比 Ⅵ—Ⅶ 的相变压强 P_{C2} 增速快,直到浓度为 0.10、压力超过 3.0 GPa 时,P_{C1} 和 P_{C2} 逐渐接近并最终于 3.3 GPa 和 350 K 处交汇成液—Ⅵ—Ⅶ三相交点。

（2）Ⅵ—Ⅶ相变压强 P_{C2} 随浓度的变化不明显,几乎维持在水相图的 Ⅵ—Ⅶ 边界上。与之相对,溶质类型造成的 P_{C2} 变化趋势非常明显。

（3）相图中,溶液浓度造成的液—Ⅵ相边界 P_{C1} 的变化趋势与对溶液同时加压和加热的效果类似。

与 NaCl 溶液受压的情形类似,NaI 溶液在机械压力作用下,除相边界外,其他相内的 O∶H 非键收缩硬化、H—O 共价键伸长软化。浓度较高（如 0.05 和 0.10）时,高频峰位 3 450 cm^{-1} 的表皮分子受压响应更为明显,这说明 I$^-$ 离子优先占位表皮并强化了局部电场。相边界处的压力突变表明,结构相变导致 O–O 排斥减弱。

溶质类型与溶液浓度对相变临界压力的影响取决于阴离子之间排斥作用的

程度,浓度越高则影响越大。溶质类型决定初始电致极化的性质和程度;浓度则调节局部电场及 H—O 键的形变能储量。P_{C2}对浓度变化的敏感性低于P_{C1},可以想象,高度压缩的 O∶H—O 氢键对水合层的局部电场并不敏感,它们不易变形。

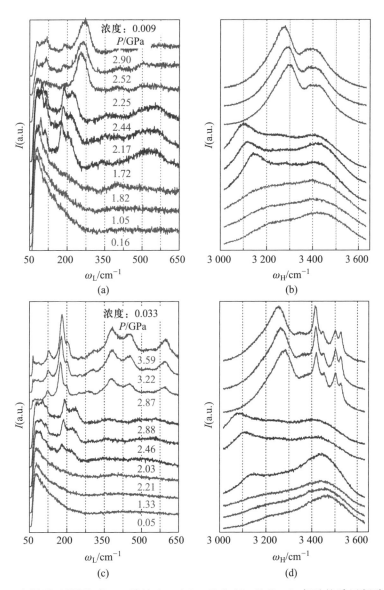

图 9.4　室温下,不同浓度 NaI 溶液(a,c)O∶H 和(b,d)H—O 声子的受压频移及相变压强[31](参见书后彩图)

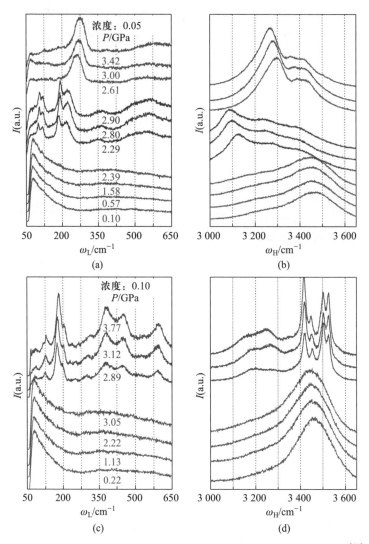

图 9.5　室温下,浓度为 0.05 和 0.10 的 NaI 溶液受压时的声子频移及相变压强[31]（参见书后彩图）

浓度为 0.05 的溶液先后经历了液—Ⅵ 和 Ⅵ—Ⅶ 相变,而浓度为 0.10 的 NaI 溶液,直接经历液—Ⅶ 相变,相变点处于液—Ⅵ—Ⅶ 三相交点

　　需要注意的是,O∶H—O 氢键对环境因素如压力维持时间、温度和相稳定等非常敏感。但测试结果的变化趋势和成因是明确的。表 9.2 和图 9.6 展示了不同浓度 NaI 溶液的相变临界压强。比较 P_{C1} 随浓度的变化,很显然遵循霍夫迈斯特序列。但对于 P_{C2},它并不严格遵循霍夫迈斯特序列。浓度增大会造成越发显著的阴离子间的排斥作用,对 P_{C1} 的影响比对 P_{C2} 的明显。

表 9.2 不同浓度 NaI 溶液压致相变的临界压强[25]

	浓度					
	0	0.009	0.016	0.033	0.050	0.100
N_{H_2O}/N_{NaI}	—	111	62	30	20	10
P_{C1}/GPa	1.33→1.14	1.82→1.72	1.94→1.74	2.21→2.03	2.39→2.29	
						3.05→2.89
P_{C2}/GPa	2.23→2.17	2.90→2.61	3.27→2.98	2.88→2.87	2.90→2.61	

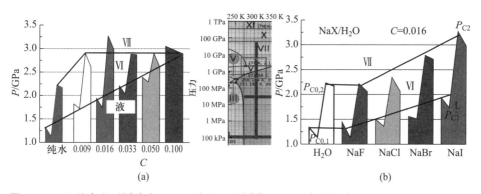

(a)   (b)

图 9.6 （a）纯水和不同浓度 NaI 以及（b）不同类型 NaX 溶液的液—Ⅵ 和 Ⅵ—Ⅶ 相变压强 P_{C1} 与 P_{C2} [25]

（a）中插图表示冰水相图中温度为 298 K 时的压力路径。不同浓度 NaI 溶液的临界压力沿液—Ⅵ相边界的压力路径变化，直到 3.3 GPa 和 350 K 的三相交点。低浓度如 0.016 的溶液中，溶质提高临界压力的能力遵循霍夫迈斯特序列 I>Br>Cl>F(≈ 0)。P_{C1} 和 P_{C2} 受溶质类型影响的情况类似。P_{C1} 受浓度的影响较 P_{C2} 明显。浓度越大，阴离子之间的排斥作用越显著

9.4 相变临界压强-温度的协同性

9.4.1 准固态相边界调制

表 9.3 给出了不同激励作用下 O∶H—O 分段的协同弛豫及引起的准固态相边界的偏移。H—O 键能 E_H 决定 T_m，O∶H 键能 E_L 决定冰点 T_N 和汽化温度 T_V。机械压强使准固态相边界收缩，分子低配位和电场极化效果与加压效果相反，生成极化超固态。这些特征与规则有助于人们理解冰水固态-准固态-液态相变受压力、温度、配位和电场的调制机理。

表 9.3　不同激励作用下 O：H—O 分段的协同弛豫及引起的准固态相边界移动[19,33]

	Δd_H	$\Delta \omega_H \propto \Delta \Theta_{DH}$	$\Delta d_H \propto \Delta T_m$	Δd_L	$\Delta \omega_L \propto \Delta \Theta_{DL}$	$\Delta d_L \propto \Delta T_N$	文献
机械压缩	>0	<0	<0	<0		>0	[25]
准固态加热	>0	<0	<0	<0		QS 相边界内敛	[34]
液态加热	<0	>0	>0	>0		<0	[34]
低配位	<0	>0	>0	>0		QS 相边界拓展	[35]

注：取 277 K 时 O：H—O 氢键各参数值为参考，即 $d_{L0} = 1.694\ 6$ Å、$d_{H0} = 1.000\ 4$ Å、$\omega_{H0} = 3\ 200\ \mathrm{cm}^{-1}$、$\omega_{L0} = 200\ \mathrm{cm}^{-1}$。

9.4.2　固态-准固态相变

图 9.7(a~c) 为疏水石墨烯和白云母片之间受限水的 AFM 成像结果[36]。图 9.7(d) 为全温区 O：H—O 氢键双段的比热容曲线。图 9.8 所示为压强-温度-受限多场耦合作用对准固态-固态相变压强的影响以及相变压强和相变温度的关联变化，特征总结如下：

（1）室温时，受限水准固态-固态相变压强 P_C 为 6 GPa，远高于体相水液态-准固态相变压强 1.33 GPa。而 0.1 mol/L 的 NaI 溶液的相变压强为 3.5 GPa，远小于受限水的低配位影响[25,31]。

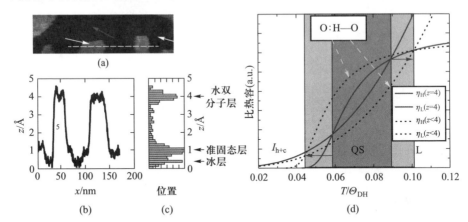

(a)

(b)　　(c)　　(d)

图 9.7　压强高于 6 GPa 时，疏水石墨烯和白云母片之间受限水岛的高度分布：(a) AFM 形貌图（230 nm×60 nm，约 10 GPa），从右至左第一个箭头所指为冰层、第二个所指为准固态层、第三个所指为水双分子层；(b) 表面的高度分布；(c) 表面的柱状高度；(d) 全温区 O：H—O 氢键 O：H 和 H—O 双段的比热容曲线[36,37]

冰层与水双分子层高度差约为 3.6 Å，准固态层比冰层高约 0.7 Å。(d)中两实线比热容曲线或两虚线比热容曲线交点之间的区域即准固态区，其相边界临近熔点 T_m（右）和冰点 T_N（左）。低配位效应使准固态相边界扩展，机械压力使之内敛，两者效果相反

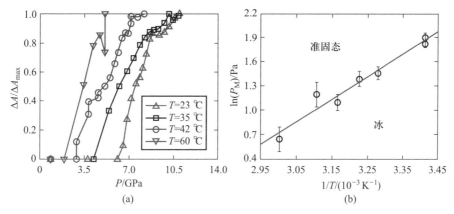

图 9.8　（a）压强−温度−受限多场耦合作用对准固态−固态相变压强的影响以及（b）相变压强［$\ln(P_M)$］和相变温度（$1/T$）的关联变化[36]

（a）中以最大的准固态区域面积作为参考，将不同温度和不同压强下的准固态区域面积进行归一化处理。根据（a）的数据分析得到图（b），温度升高，熔化所需压力降低

　　（2）低配位效应会调整准固态的区间，如受限水的准固态区间为 293～333 K，常压体相水的准固态区间为 258～277 K[34]。

　　图 9.7(d) 由 O∶H 和 H—O 比热容曲线交点定义了准固态及其相边界[34]，而这两个相边界正对应于冰和水的密度极值。准固态相边界会随德拜温度和声子频移的协同弛豫而移动。分子低配位扩展准固态相边界，这就是单层水膜和体相水表皮 T_m 分别增至 325 K[38] 和 310 K[39] 的原因。尺寸分别为 4.4 nm、3.4 nm、1.4 nm 和 1.2 nm 的液滴，其 T_N 也因此分别降低至 242 K[40]、220 K[40]、205 K[41] 和 172 K[42]。含 18 个或更少水分子的团簇，其 T_N 低至约 120 K[43]。离子极化与分子低配位对 O∶H—O 键的弛豫和准固态相边界的移动效果相同[34]。这就解释了为何受压时准固态相区为 299～333 K 而体相水为 258～277 K。

　　压力使准固态相边界内敛，导致 T_N 升高、T_m 降低。压力达 220 MPa 时，T_m 自 273 K 降至 250 K，且过程完全可逆。故而，当压力减小时，水将再次结冰，此即复冰现象发生的原因[32]。据表 9.3 所示，机械压力可使 O∶H 非键收缩刚化，从而提高 T_N，这将使得室温下受压的冰在 299 K 及以下时才能发生准固态−固态相变[36]。

9.4.3　压致液态−准固态−固态相变

　　图 9.9 所示为人造岩柱不同部位受限水的冻融循环曲线，内置热电偶分别置于柱状人造岩表面、距中心 0.5R（1/2 半径处）及中心处。从氢键弛豫的角度

可知,受限水的冻融循环过程是在压力约束下发生的液态-准固态-固态可逆相变过程。冷却时,岩石不同部位受限水的温度曲线呈现出三种状态,即液态、准固态和固态,其中准固态覆盖温区为 268~273 K,维持时间为 0.8~2.5 h。准固态相冷却时通过 H—O 收缩和 O:H 伸长来吸收能量,两分段长度的协同弛豫造成 O-O 膨胀,从而对岩石产生作用力[44]。在融化过程中,O:H 收缩而 H—O 伸长造成 O-O 收缩,导致岩柱结构松动。

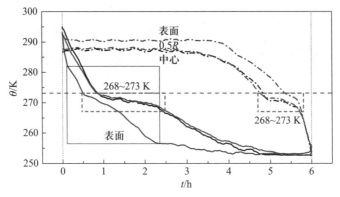

图 9.9　人造岩柱不同部位受限水的冻融循环曲线(参见书后彩图)
岩柱表面、0.5R 和中心处受限水的冻融曲线表明,固态、准固态和液态水中的压力调制 O:H—O 键弛豫,受限水分子的低配位效应同时也存在影响

　　表面水分子的低配位状态和极化作用可以降低 T_N 值。岩石表面的 T_N 仅 258 K,是因为表面水分子由于低配位形成了超固态,进而使冰点降低。水分子低配位使 H—O 缩短而提高 T_m,使 O:H 键伸长而降低 T_N。在图 9.9 中,在 268~273 K 和 0.8~2.4 h 区间内,岩柱中心和 0.5R 位置的冻融曲线出现相同的平台,反映出两处温度和内部压力对 O:H—O 弛豫的影响相一致。在融化过程中,岩石内部压力降低,使 O:H—O 键更易恢复。H—O 键冷却收缩在一定程度上超过压缩伸长,会导致整体的能量吸收小于自由水。
　　岩柱内压力和能量吸收受限,使 T_N 降至 266 K。表面 $\theta(C,t)$ 剖面结果显示,T_N 低(256 K)的岩柱表面水分子吸收的能量比岩柱中心水分子少,因为前者的低配位水分子更多。在准固态冷却过程中,超固态表皮 O:H 键降低 T_N,H—O 键则收缩吸收能量。因此,通过计算有无受限水时岩石内部 $\theta(C,t)$ 曲线的积分差值,可以估计岩石内部的能量变化。

9.5　小结

压强、温度、电场、配位等多场耦合依旧遵循各自的 O：H—O 氢键协同弛豫规律，但将进行叠加，主导氢键网络的结构序度、氢键丰度和刚度的受激转换。离子水合与液态水加热引起的声子弛豫效果相同，如 O：H 膨胀，H—O 收缩，密度降低，但机理各异。前者由于极化提升表面应力，而后者由于热膨胀而降低表面应力。离子水合极化和分子低配位导致超固态。±20 ℃温区的延时降温证明了水的准固态和饱和盐溶液的超固态的存在；前者因 H—O 冷收缩吸收能量，而后者因冷膨胀释放能量。准固态的组分比例及其 O：H 非键决定盐溶液的冰点温度。

参 考 文 献

[1] Levering L. M.,Sierra-Hernández M. R.,Allen H. C.Observation of hydronium ions at the air-aqueous acid interface：Vibrational spectroscopic studies of aqueous HCl,HBr,and HI. Journal of Physical Chemistry C,2007,111(25)：8814−8826.

[2] Pegram L. M., Record M. T. Hofmeister salt effects on surface tension arise from partitioning of anions and cations between bulk water and the air-water interface. Journal of Physical Chemistry B,2007,111(19)：5411−5417.

[3] Ameta R. K.,Singh M. Surface tension,viscosity,apparent molal volume,activation viscous flow energy and entropic changes of water+alkali metal phosphates at $T=$(298.15,303.15, 308.15)K. Journal of Molecular Liquids,2015,203：29−38.

[4] Lo Nostro P., Ninham B. W. Hofmeister phenomena：An update on ion specificity in biology. Chemical Reviews,2012,112(4)：2286−2322.

[5] Johnson C. M.,Baldelli S. Vibrational sum frequency spectroscopy studies of the influence of solutes and phospholipids at vapor/water interfaces relevant to biological and environmental systems. Chemical Reviews,2014,114(17)：8416−8446.

[6] Li X. P., Huang K., Lin J. Y., et al. Hofmeister ion series and its mechanism of action on affecting the behavior of macromolecular solutes in aqueous solution. Progress in Chemistry, 2014,26(8)：1285−1291.

[7] Wilson E. K. Hofmeister still mystifies. Chemical & Engineering News,2012,90(29)：42−43.

[8] Xu Y. R., Li L., Zheng P. J., et al. Controllable gelation of methylcellulose by a salt mixture. Langmuir,2004,20(15)：6134−6138.

[9] Van der Linden M.,Conchúir B. O.,Spigone E.,et al. Microscopic origin of the Hofmeister

effect in gelation kinetics of colloidal silica. Journal of Physical Chemistry Letters, 2015, 6 (15):2881-2887.

[10] Aliotta F., Pochylski M., Ponterio R., et al. Structure of bulk water from Raman measurements of supercooled pure liquid and LiCl solutions. Physical Review B, 2012, 86 (13):134301.

[11] Zheng W. T., Sun C. Q. Underneath the fascinations of carbon nanotubes and graphene nanoribbons. Energy & Environmental Science, 2011, 4(3):627-655.

[12] Benoit M., Marx D., Parrinello M. Tunnelling and zero-point motion in high-pressure ice. Nature, 1998, 392(6673):258-261.

[13] Kang D., Dai J., Hou Y., et al. Structure and vibrational spectra of small water clusters from first principles simulations. Journal of Chemical Physics, 2010, 133(1):014302.

[14] Sun C. Q., Zhang X., Zheng W. T. Hidden force opposing ice compression. Chemical Science, 2012, 3:1455-1460.

[15] Chen S., Xu Z., Li J. The observation of oxygen-oxygen interactions in ice. New Journal of Physics, 2016, 18(2):023052.

[16] Huang Y., Zhang X., Ma Z., et al. Hydrogen-bond asymmetric local potentials in compressed ice. Journal of Physical Chemistry B, 2013, 117(43):13639-13645.

[17] Zhang X., Chen S., Li J. Hydrogen-bond potential for ice Ⅷ-Ⅹ phase transition. Scientific Reports, 2016, 6:37161.

[18] Mishchuk N., Goncharuk V. On the nature of physical properties of water. Journal of Water Chemistry and Technology, 2017, 39(3):125-131.

[19] Huang Y.L., Zhang X., Ma Z. S., et al. Potential paths for the hydrogen-bond relaxing with $(H_2O)_N$ cluster size. Journal of Physical Chemistry C, 2015, 119(29):16962-16971.

[20] Yoshimura Y., Stewart S. T., Somayazulu M., et al. High-pressure X-ray diffraction and Raman spectroscopy of ice Ⅷ. Journal of Chemical Physics, 2006, 124(2):024502.

[21] Pruzan P., Chervin J. C., Wolanin E., et al. Phase diagram of ice in the Ⅷ-Ⅷ-Ⅹ domain. Vibrational and structural data for strongly compressed ice Ⅷ. Journal of Raman Spectroscopy, 2003, 34(7-8):591-610.

[22] Song M., Yamawaki H., Fujihisa H., et al. Infrared absorption study of Fermi resonance and hydrogen-bond symmetrization of ice up to 141 GPa. Physical Review B, 1999, 60 (18):12644.

[23] Yoshimura Y., Stewart S. T., Somayazulu M., et al. Convergent Raman features in high density amorphous ice, ice Ⅶ, and ice Ⅷ under pressure. Journal of Physical Chemistry B, 2011, 115(14):3756-3760.

[24] Yoshimura Y., Stewart S. T., Mao H. K., et al. In situ Raman spectroscopy of low-temperature/high-pressure transformations of H_2O. Journal of Chemical Physics, 2007, 126 (17):174505.

[25] Zeng Q., Yan T., Wang K., et al. Compression icing of room-temperature NaX solutions

（X=F,Cl,Br,I）. Physical Chemistry Chemical Physics,2016,18(20):14046-14054.

[26] Ruiz G. N.,Bove L. E.,Corti H. R.,et al. Pressure-induced transformations in LiCl-H_2O at 77 K. Physical Chemistry Chemical Physics,2014,16(34):18553-18562.

[27] Klotz S.,Bove L. E.,Strässle T.,et al. The preparation and structure of salty ice Ⅶ under pressure. Nature Materials,2009,8(5):405-409.

[28] Bove L. E.,Gaal R.,Raza Z.,et al. Effect of salt on the H-bond symmetrization in ice. Proceedings of The National Academy of Sciences of The United States of America,2015, 112(27):8216-8220.

[29] Xu Y.,Wang C.,Tam K. C.,et al. Salt-assisted and salt-suppressed sol-gel transitions of methylcellulose in water. Langmuir,2004,20(3):646-652.

[30] Zhang X.,Yan T.,Huang Y.,et al. Mediating relaxation and polarization of hydrogen-bonds in water by NaCl salting and heating. Physical Chemistry Chemical Physics,2014, 16(45):24666-24671.

[31] Zeng Q.,Yao C.,Wang K.,et al. Room-temperature NaI/H_2O compression icing:Solute-solute interactions. Physical Chemistry Chemical Physics,2017,19:26645-26650

[32] Zhang X.,Sun P.,Huang Y.,et al. Water's phase diagram:From the notion of thermodynamics to hydrogen-bond cooperativity. Progress in Solid State Chemistry 2015, 43:71-81.

[33] Sun C. Q.,Sun Y. The Attribute of Water:Single Notion,Multiple Myths. Singapore: Springer Nature Singapore,2016.

[34] Sun C. Q.,Zhang X.,Fu X.,et al. Density and phonon-stiffness anomalies of water and ice in the full temperature range. Journal of Physical Chemistry Letters,2013,4:3238-3244.

[35] Sun C. Q.,Zhang X.,Zhou J.,et al. Density,elasticity,and stability anomalies of water molecules with fewer than four neighbors. Journal of Physical Chemistry Letters,2013,4: 2565-2570.

[36] Sotthewes K.,Bampoulis P.,Zandvliet H. J.,et al. Pressure induced melting of confined ice. ACS Nano,2017,11(12):12723-12731.

[37] Zhang X.,Sun P.,Huang Y.,et al. Water nanodroplet thermodynamics:Quasi-solid phase-boundary dispersivity. Journal of Physical Chemistry B,2015,119(16):5265-5269.

[38] Qiu H.,Guo W. Electromelting of confined monolayer ice. Physical Review Letters,2013, 110(19):195701.

[39] Zhang X.,Huang Y.,Ma Z.,et al. A common supersolid skin covering both water and ice. Physical Chemistry Chemical Physics,2014,16(42):22987-22994.

[40] Erko M.,Wallacher D.,Hoell A.,et al. Density minimum of confined water at low temperatures:A combined study by small-angle scattering of X-rays and neutrons. Physical Chemistry Chemical Physics,2012,14(11):3852-3858.

[41] Mallamace F.,Branca C.,Broccio M.,et al. The anomalous behavior of the density of water in the range 30 K<T<373 K. Proceedings of The National Academy of Sciences of The

United States of America,2007,104(47):18387-18391.

[42] Alabarse F. G.,Haines J.,Cambon O.,et al. Freezing of water confined at the nanoscale. Physical Review Letters,2012,109(3):035701.

[43] Moro R.,Rabinovitch R.,Xia C.,et al. Electric dipole moments of water clusters from a beam deflection measurement. Physical Review Letters,2006,97(12):123401.

[44] 申艳军,杨更社,王铭,等. 冻融循环过程中岩石热传导规律试验及理论分析. 岩石力学与工程学报,2016,35(12):2417-2425.

第 10 章
炸药储能与爆轰控制

要点提示

- ✓ X：H—Y 氢键与 X：⇔：Y 超氢键结合主导氮基炸药的结构和爆轰性能
- ✓ X：H—Y 拉伸与 X：⇔：Y 排斥平衡稳定分子结构并通过缩短内键储能
- ✓ X：H 缺失或受激断裂以及 X：⇔：Y 排斥驱使水生自发或雪崩燃爆发生
- ✓ 碱金属和熔盐水生爆炸经历碱水合过程；X：⇔：Y 缺失，爆炸禁戒

内容摘要

引入耦合氢键、超氢键和反氢键等概念，可以促进对碱金属和熔盐水生燃爆、氮基炸药可控爆炸、炸药储能及结构稳定的理解。温度和压强等外场微扰差分声子谱可作为探针，鉴别在氮基含能分子系统中这些非常规键合的存在。研究结果揭示：① 以非键孤对电子为主导的超常规配位键的弛豫控制炸药的储能和爆轰过程；② X：H—Y 氢键中的 H—Y 共价分段呈现负压缩系数和负热胀系数（X，Y = C，N，O），而 O：H—C 中的 H—C 键呈正压缩系数和负热胀系数；③ X：H—Y 氢键的张弛拉伸与 X：⇔：Y 超氢键的排斥挤压相互抗衡，不仅平衡分子间的相互作用，而且压缩分子内共价键而储能；④ 一旦处于拉伸状态的 X：H 非键受激或摩擦破损，分子内受压共价键因逆向反弹弛豫导致雪崩裂解释放能量；⑤ O：⇔：O 排斥主导碱金属或液态碱卤盐分解，并过渡到碱水合而自发燃爆；⑥ 缺乏 O：⇔：O 排斥则限制熔融 $NaCl$ 在液体 NH_3 中或熔融 Na_2CO_3 盐、H_3BO_3 酸在水中的燃爆发生。

10.1 背景

自 20 世纪 90 年代以来,美国国防部一直把高能量密度材料的研究列为关键技术之一。2004 年,美国国家科技局出版的《先进含能材料》[1] 报告中指出:由碳、氮、氢、氧等组成的有机含能材料在可预见的将来仍是炸药的主体。美国洛斯阿拉莫斯国家实验室(Los Alamos National Laboratory,LANL)2009 年在题为《21 世纪压缩科学的需求与挑战》("玛丽计划")的报告中指出[2]:预测炸药行为并评估其性能和安全的关键在于对分子层面和过程的透彻理解。炸药能量学是涉及分子间及分子内成键、众多形态形体、晶体缺陷、杂质和成分不均匀性的复杂系统。分子间的键合强烈地影响炸药在单位体积内释放的能量速率以及炸药的感度和安全性。遗憾的是,我们对这些分子层面的储能燃爆过程的信息知之甚少,难以捕捉。对于起爆过程以及产物状态方程演化的时间分辨的描述至关重要。研究的最终目的是构建新的含能材料,以提升其性能和安全系数、降低成本和对环境的影响等。

目前,含能材料基础物性的实验研究主要围绕本构关系、状态方程、冲击压缩响应、高压相变、谱学特性、分解机理等方面。例如,内布拉斯加大学的 Eckhardt 等采用布里渊散射测量了环三亚甲基三硝胺(RDX)晶体的二阶弹性系数[3]。美国海军特种作战中心的 Peiris 等[4] 采用静高压 X 射线衍射(XRD)技术,获得了FOX-7 晶体的状态方程,并通过拉曼光谱考察了分子结构的变化。LANL 的 Hooks 等[5,6] 分别研究了季戊四醇四硝酸酯(PETN)和 RDX 晶体沿不同晶向的冲击波压缩特性,观察到这两类含能材料的弹塑性响应均呈现明显的各向异性。Tschauner 等[7] 利用同步辐射观察到 PETN 晶体在 6 GPa 下发生从四方晶体向正交晶体的结构相变。巴黎第六大学的 Ouillon 等[8] 在 30 GPa 压力和室温下利用拉曼光谱与红外光谱观测到硝基甲烷晶体的非晶化现象。结合静高压和冲击波加载手段,利用拉曼光谱、发射光谱和吸收光谱多种实时谱学测量手段,华盛顿州立大学的研究人员分析了如硝基甲烷、PETN、RDX 等含能材料在不同压缩状态下的冲击分解行为[9,10],以及在不同晶向冲击压缩下拉曼谱峰移动的各向异性效应[11] 和 RDX 的高温高压相图等[12],为含能材料研究提供了大量有价值的基础实验数据。

对于涉及高温高压极端条件下含能材料的爆轰瞬态过程,许多现象的细节难以在实验上直接获取。因此,人们通过量子计算从原子尺度上研究含能材料中的分子间相互作用机制、基本物理化学特性以及在不同外载作用下的能量转换机制和随之引发的化学反应过程等[13]。20 世纪 80 年代,Tasi 等[14] 用分子动力学方法模拟研究了均质含能材料中局部加热和力学冲击引起的爆轰。1993 年,美国海军实验室的 Brenner 等基于反应多体势的分子动力学模拟[15],研究了非均质含能材料中由冲击波引起的空位坍塌的动力学过程[16]。然而,这些早期的研究基本上都是基于经验势,对于真实含能材料中分子间和分子内及其耦合作用的确切表述仍面临挑战,关键在于从原理上理解炸药分子集合的"结构稳定–储能方式–引爆机理–燃爆释能"系列过程的关联及其内在规律。

实际上,日常生活中也能见到许多爆炸现象,如钠的水生自爆现象[17],如图 10.1 所示。碱金属($Z = Li, Na, K, Rb, Cs$)[18]和熔融碱卤化合物($Z\Gamma; \Gamma = F, Cl, Br, I$),例如 NaCl 和 LiBr[17,19],与水接触时自发爆炸即为水生自爆,产生 H_2、NaOH、冲击波并热致燃 H_2[18-20]。大块 Na 晶体的水生爆炸事实上在几秒钟的时间内经历四个阶段[19](图 10.1):首先,Na 逐渐溶解,将水染成紫色;其次,Na 释放气体、烟雾;再次,紧接着产生火焰;最后,很快发生爆炸。

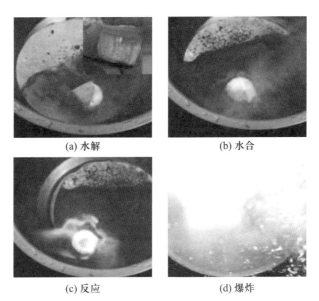

(a) 水解　　　　　　　　　　(b) 水合

(c) 反应　　　　　　　　　　(d) 爆炸

图 10.1　钠发生水生自爆的四个步骤:水解(液体变色)、水合(气体释放)、反应(燃烧)和爆炸[17]

图 10.2 记录了 NaK 合金液滴在滴入水中 0.2~0.4 s 后引发爆炸的情形[17,18]。这种激烈爆炸被归结为"金属液滴表面的原子在皮秒内失去价电子。这些电子溶解在水中并集结成对形成 H_2 分子和 HO^- 氢氧化物"[18]。同样,将熔融的 NaCl($T_m = 801\ ℃$)泼洒在冰上会引起大规模爆炸,并在冰面上留下洞穴。熔融 NaCl 的水生爆炸威力可以轻易粉碎一个装满水的鱼缸[17,18]。

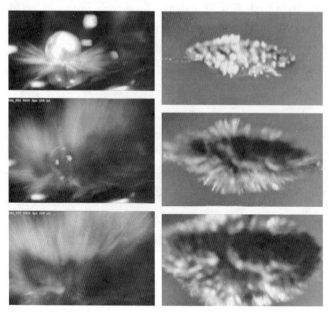

图 10.2　液态 NaK 合金水生爆炸的侧面(左)和底面(右)的高速影像[18]

　　然而,1 000 ℃的液态 Al 或 1 083 ℃的液态 Cu 泼洒到冰上,不会导致爆炸,而是呈现莱顿弗罗斯特(Leidenfrost)效应[21]和瑞利(Rayleigh)失稳现象[22]。液态 Al 和液态 Cu 摊开并融化冰,液态金属与冰表面被水蒸气分离约 0.1 s 的时间。虽然熔融 Na_2CO_3($T_m = 851$ ℃)或熔融 H_3BO_3($T_m = 171$ ℃)虽然可以产生 Na^+ 和 H^+,但不会发生任何爆炸。用 −77.8 ℃的液态 NH_3 取代水也不能引起液态碱卤盐发生任何爆炸[18]。

　　水生自爆的能量转换与传输动力学曾引起高度关注。熔融 NaCl 水生自爆曾被归因于熔盐的低黏滞系数[23]。量子理论计算结果推论[24],非局域范德瓦耳斯 X∶H 色散作用主导分子晶体的结合能和稳定分子晶体的结构[25],并没有涉及分子内作用或分子间与分子内作用的耦合。通过分析大量实验和理论数据,Tsyshevsk 等[26]认为,化学成分和分子结构决定分子晶体的化学性质与稳定性,分子间相互作用的形式和强度以及晶体中的缺陷对结构稳定性至关重要。遗憾的是,目前尚不清楚是什么因素区分碳氮氢氧分子晶体的受限爆炸和碱金属及熔盐的自发水生燃爆,以及在原子和分子尺度上理解分子晶体如何稳定自身结构与存储能量。除了引发阳离子库仑裂变之外,是什么驱使自发水生燃爆发生[18]。时间分辨红外光谱、X 射线吸收、X 射线拉曼散射和压力扰动等技术以及量子化学计算方法的发展和完善为揭示炸药爆炸的反应动力学研究提供了有效手段,也加深了对炸药结构与性能关系的理解,提高了设计的理性化程度。

关于炸药的相变储能机制、点火机制、爆燃及爆轰、本构关系、状态方程、冲击压缩响应、高压相变、分解机理等已有很多理论和研究结果。目前的主要挑战是微观储能机制及精密诊断技术,下述问题亟待解决:

(1) 分子间和分子内的耦合作用。分子间如何通过排斥-吸引来实现平衡以保持稳定,但又因点火、撞击或摩擦激发易于裂解而破坏分子内部的共价键结构。显然,常规的范德瓦耳斯键无法恰当地表述含能材料分子间非键和分子内共价键及其耦合作用。

(2) 结构稳定和储能机制。炸药在爆炸瞬间分解为气体并以冲击波的形式释放巨大能量。在没有核反应参与的情况下,炸药是如何在晶体分子内或分子间储存如此巨大的能量。仅从晶体结构和相变角度研究很难揭示炸药的储能机理。

(3) 感度和安全性。炸药的特点是容易引爆,存放运输安全系数低,微弱的撞击甚至是摩擦都可能引爆。炸药容易引爆的特性超越了常规化学键的描述。

(4) 可控爆炸与自发燃爆机制。氮基含能分子晶体的爆轰是可控的,而碱金属和碱卤熔盐遇水发生的燃爆是不可控的。两者的区别是一个重要问题。一旦引爆,几乎所有的共价键都发生雪崩式断裂而释放气体和能量,产生强大的冲击波。对于雪崩这种超快过程的理解也是一个重要的挑战。

10.2 广普氢键

广普氢键是指含有孤对电子的 X:R—Y 结构构型。X 是第 V、VI 或 VII 主族中的原子。它们的主要特征是在参与反应时,其外层 sp 轨道发生杂化并部分被孤对电子占据。Y 可以拓展到第 V 主族。X 和 Y 的电负性大于 R 的电负性。R 可以是 H 或任意电负性低于 Y 的原子。广普氢键尤其是孤对电子,是生命体和生命过程的密码。除冰水溶液外,广普氢键对炸药储能、爆轰控制、催化吸附、超导超流、食品药物、健康安全、能源环境等至关重要。

超低能电子衍射和扫描隧道显微揭示,Cu—O:Cu 极性反转三体氢键存在于氧吸附过程中。氧原子在 Cu(110) 面形成以 Cu_2O 四面体为基元的 $O^{2-}:Cu^p:O^{2-}$ 单链和在 (100) 面形成以 Cu_3O_2 孪生四面体为基元的耦合双链[27]。上标 p 表示偶极子。耦合 $Cu^+—O^{2-}:Cu^p$ 键在反应过程中显示了其分段长度的协同弛豫特性。表面原子低配位效应导致 Cu-O 间距从标准的 0.185 nm 收缩 12% 到约 0.163 nm,而 O:Cu 则伸长至 0.194 nm。水的耦合氢键(O:H—O)的物理基础是,通过近邻两氧的电子对的库仑排斥和极化耦合分子间 O:H 非键与分子内的 H—O 极性共价键,而这两个分段原本被认为是独立的。氢键耦合振子对和分段振动频率及结合能决定比热容[28]。在处理耦合氢键对外场的响应时揭示了温致准固态和极化超固态的存在。酸碱水合引入过量的质子和孤对电子，破坏了水中质子和孤对电子的数目守恒规则，形成 H↔H 反氢键和 O：⇔：O 超氢键。耦合氢键的拉伸张力对抗超氢键或反氢键斥力，不仅可以稳定氮基炸药的晶体结构，而且通过共价键收缩而储能[29-31]。

10.3　水合燃爆

氮和氧原子的孤对电子与质子构成单个分子外围(如食物、药物、炸药，甚至 DNA、蛋白质和细胞)的基本功能单元，而碳分子间的键合构成分子内的骨架。所以，我们有理由拓展耦合氢键[28]、超氢键和反氢键概念[32]，从新的角度丰富对炸药晶体储能和结构稳定机制以及爆轰机理的认识。电负性元素 X 和 Y 间的库仑排斥作用耦合形成 X：H—Y 键，其张力拉长弱化的 X：H 键而使 H—Y 键收缩储能[33]。H↔H 和 X：⇔：Y 排斥通过压缩分子内的所有共价键储能。不难想象，将分子间的 H↔H 或 X：⇔：Y 斥力与 X：H—Y 张力以及分子内共价键组合将会发生什么。X：H—Y 的拉伸与超氢键或反氢键的斥力都会缩短分子内的共价键而储能。能量的存储与共价键的收缩程度正相关。分子间张力和斥力的组合不仅决定了分子结构的稳定性，也决定了炸药对冲击的感度。X：H 主导稳定性和感度，而 X：⇔：Y 主导爆轰，冲击能量取决于共价键的收缩储能。一旦 X：H 断裂，X：⇔：Y 排斥无以对抗，炸药晶体中被压缩的共价键就会发生雪崩断裂，爆轰发生。

10.4　氮基炸药

图 10.3 所示为典型含能分子晶体的基元结构和作用力示意[29,34]，其中图 10.3(a)和(b)分别描述全氮五唑阴离子与富质子的羧基或氨基复合单元。实验证明，全氮五唑阴离子只有在酸性环境中才能稳定存在[35-37]。环中相邻的 N 原子共价成键，它们的外层电子轨道发生 sp^2 杂化，孤对电子占据第三条轨道。N 原子的第 5 个价电子($2s^2p^5$)的集合与一个外来电子形成由 6 个电子组成的 π 键芳香结构。所以，氮环内存在 N—N 共价键和 N：⇔：N 超氢键以及由超氢键与 π 键组成的具有排斥、吸引双重特性的双芳香结构。

在 N$_5^-$：($4H_3O^+$ 或 $3H_3O^+ + 2NH_4^+$)复合体系中，外围酸根间 H↔H 的排斥压缩酸根 H—O 键或铵根 H—N 键。酸根或铵根间的排斥合力径向拉伸与氮原子和酸根相联的 N：H—O/N 耦合氢键，导致 H—O/N 键收缩、N：H 非键伸长。孤对电子重心沿径向外移，进而弱化环内的 N：⇔：N 排斥。环内 N—N 共价键

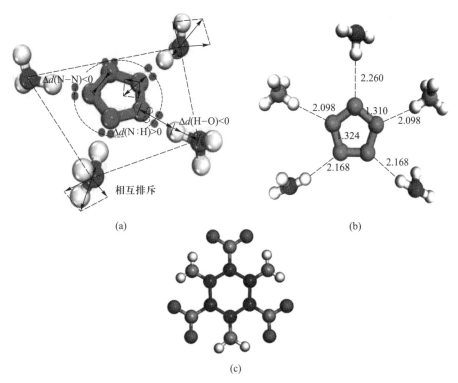

图 10.3　典型含能分子晶体的基元结构和作用力示意：(a) cyclo-N_5^-：$4H_3O^+$、(b) cyclo-N_5^-：($3H_3O^+ + 2NH_4^+$)、(c) TATB($C_6H_6N_6O_6$)

五唑氮环通过 N∶H—O/N 与外围 H_3O^+ 或 NH_4^+ 的拉伸弱化 N∶⇔∶N 排斥，使 N—N 和 H—O/N 键收缩。外环酸根间的排斥合力拉伸 N∶H—O/N 键[29,34]。TATB 分子通过其 30 对孤对电子和 6 个质子以及芳香 π 键与近邻分子作用形成耦合 N—H∶O/N 拉伸氢键和 O∶⇔∶O 排斥超氢键

因 N∶⇔∶N 的弱化而收缩储能。量子计算结果显示，由于酸根的介入，N—N 键从标准的 1.38 Å 收缩至 1.32 Å，而 N∶H—N 中 N∶H 的长度扩展至 2.10 Å。N∶H—O 中 N∶H 的长度在 2.17~2.26 Å 范围内，均长于水在 4 ℃时的标准 O∶H 参考长度 1.70 Å。所以，在这个体系中，所有的共价键都因收缩而储能。整个全氮五唑阴离子复合体系的稳定性取决于 N∶H 的拉伸和外环 H↔H 排斥的组合。如果 N∶H 因受冲击或摩擦断裂，偏离平衡态位置的共价键振子反冲断裂，整个系统将发生雪崩爆炸。孤对电子结合强度在 10^{-1} eV 范围，容易被激发电离，实现炸药起爆的点火和裂变。

　　同理，如图 10.3(c)所示，一个 TATB 分子以 C_6 苯环为中心骨架，每个 C 原子与一个 N 原子连接成键；每隔位 N 原子分别与两个 O 原子和两个质子相连接。C_6 环芳香结构的大 π 键决定体系的层间作用。每个 N 和 O 原子都经

历 sp³ 轨道杂化而分别产生一对和两对孤对电子。这些载有孤对电子的 O 与 N 相连构成硝基,而载有质子的 N 与 C 相连构成氨基。除每个分子的 6 个沿边缘方向具有吸引作用的 O∶H 非键外,近邻分子间通过它们各自的质子和孤对电子形成 O∶H 非键吸引、H↔H 或 O∶⇔∶O 排斥而稳定体系。由于每个 TATB 分子的质子数目少于孤对电子数目,所以分子间只有 O∶⇔∶O 和 O∶H—C 键存在,正是前者的排斥与后者的拉伸作用相结合稳定了分子体系的结构。另外,耦合氢键的拉伸缩短了它的共价键分段,超氢键的排斥同样压缩了与它直接相连的 N—O 共价键。所以,体系通过共价键的收缩而储能。沿两个分子的连线反向,分子间和分子内的作用可以用"C—N═2H∶2O═N—C"五个分段表述,分别为 C—(NH₂)、C—(NO₂)、N—O、H—N 键以及 O∶H 和 N∶H 非键。

　　图 10.4(a)中插图所示为硝基甲烷(NM)的基本单元,类似的可以用 3H≡C—N═2O∶3H 或 3H≡C、C—N、N═2O、O—O 和 O∶H 表述此分子集合中所有形式的作用。每个分子共有 3 个质子和 5 对孤对电子形成可溶于水的极性分子。每个分子与其近邻形成 6 条 O∶H—C 键和 2 条 O∶⇔∶O 或 N∶⇔∶O 超氢键。

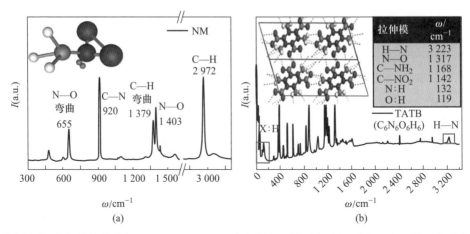

图 10.4　(a)硝基甲烷(3H≡C—N═2O∶3H)和(b)TATB(C—N═2H∶2O═N—C)的全频拉曼光谱及分子间分段作用方式[30,38]

　　图 10.5 所示为 LLM-105 炸药的分子结构和在常温常压条件下测量的全频拉曼光谱[39]。每个单胞内含 4 个分子,单胞与近邻单胞相互垂直。除两个硝基(N1,N3)和两个氨基(N4,N6)外,每个分子包含两个经过 sp² 轨道杂化的氮原子(N2,N5),两者具有一个非键单电子和一个占据外侧 δ 轨道的非键孤对电子(LP)。N2 与其紧邻的 O1 分享其 LP 中的一个电子,使 O1 转化为具

有 3 对 LP 的 O1⁻。中心环上具有 6 个非对电子,满足 π 键的形成规则[40]。基于氧的四面体成键规则[41],一个 O 原子不可以与任何原子形成双键,所以 N2＝O1 双键是禁戒的。由于硝基和氨基的 N 原子的 sp^3 轨道杂化,它们都有一个 LP。硝基上的两个 O 原子成键应有 O—O 桥键存在,才能满足 O sp^3 轨道杂化的要求。

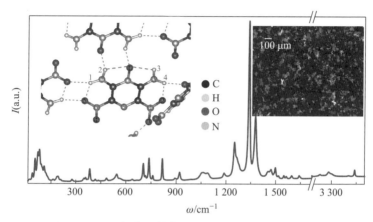

图 10.5 LLM-105 (C₄H₄N₆O₅)的分子结构和全频拉曼光谱以及样品粉末形貌图[39](参见书后彩图)

每个 LLM-105 分子具有 4 个质子(1~4)和 16 对孤对电子,分别属于 5 个 N(1,3~6)、O1⁻(1)和 4 个 O (2~5)。除 O1⁻的三个外,每个 N 一个,每个 O 两个。每个分子上裸露的孤对电子和质子与其近邻分子的同类形成 O:H 吸引、H↔H 或 O:⇔:O 排斥作用。分子间形成与 TATB 相同的 O:H—N 键和分子内氢键。根据 HBCP 理论[42]和 TATB 测试结果[43],分子间的 O:H—N 键具有负压缩系数和负热胀系数。但 N3—H3 因各自与近邻分子的 O 原子距离太远而形成悬键。根据 BOLS 理论[42],N3—H3 悬键因其低键序效应而具有较高的拉伸振动频率,同时因其欠耦合作用而服从常规的热胀压缩规律。

10.5 微扰谱学特征

上述键合形式将有各自相应的声子谱学特征,并在外场扰动下发生弛豫,如图 10.4 和图 10.6 所示。从测量的声子频率受激弛豫的方向即可断定耦合氢键的存在。不过,具有排斥功能的 O:⇔:O 或 N:⇔:O 超氢键不显示任何谱学特征,它们体现在所测体系中改变氢键和现有成键的长度、能量和振动频率。

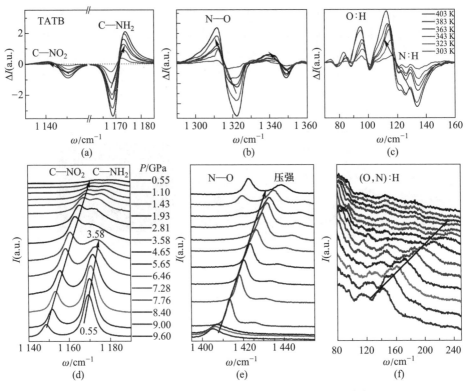

图 10.6　TATB 各分段拉曼光谱的（a~c）温致和（d~f）压致弛豫[38]（参见书后彩图）

图 10.7 所示为硝基甲烷各分段在变温和变压时格林艾森常数的变化。除 C—H 键在变温时显示负热胀系数外,其他所有键均显示正热胀系数和正压缩系数,谱峰呈温致红移、压致蓝移趋势。

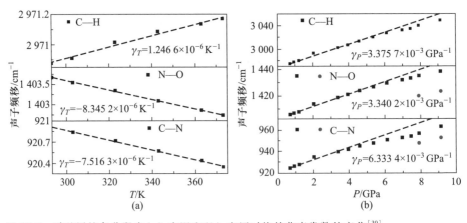

图 10.7　硝基甲烷各分段在（a）变温和（b）变压时格林艾森常数的变化[30]

　　图 10.8 所示为 TATB 中 H—N 键和硝基甲烷中 H—C 键在变温和变压时的差分声子谱（DPS）。结果证明，O：H—N/C 耦合氢键确实存在。因 O—N 和 O—C 耦合强度以及 H—N 和 H—C 电负性差异的区别，呈现的弛豫效果不同。O：H—N 键的 H—N 段显示出与水的 O：H—O 氢键 H—O 分段完全相同的热致收缩刚化和压致膨胀弱化的特征。与之对应，O：H—C 键中的 H—C 键则同时呈现热致和压致收缩刚化趋势。

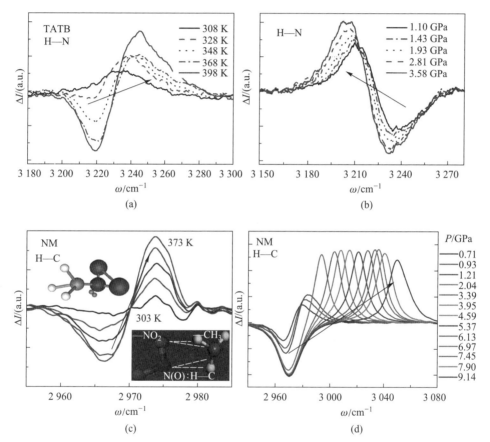

图 10.8　TATB 中(a,b) H—N 键和(c,d) 硝基甲烷中 H—C 键在变温和变压时的 DPS[30]（参见书后彩图）

O：H—N 键中 H—N 段显示出与液态和固态水中 H—O 键相同的负热胀系数与负压缩系数，而 O：H—C 键中 H—C 段呈负热胀系数和正压缩系数

　　表 10.1 列出了水、TATB、硝基甲烷中 H—O/N/C 成键温致和压致弛豫的差异。不难推断，高电负性 X-Y 分子间的排斥耦合作用力的顺序满足：$f_{O-O} < f_{O-N} < f_{N-N} < f_{C-N} < f_{C-O}$。TATB 中 C—NO_2 和 N—O 键以及硝基甲烷中 C—N 和 N—O

键服从常规的热胀压缩规律,而 TATB 中 C—NH₂ 与硝基甲烷中 C—H 键显示热致和压致收缩刚化特征。这些键对温度和压力的响应方式与它们是否在耦合作用范围之内以及耦合强度有关。H—N/C 和 C—NH₂ 的反常行为证明,含能分子体系确实存在超氢键排斥和受拉伸的耦合氢键,而且它们的组合不仅稳定分子间的平衡,还通过成键的收缩而储能。耦合氢键的非键强度决定了炸药的感度,它受激断裂即可引起爆炸。

表 10.1 水、TATB、硝基甲烷中 H—O/N/C 成键温致和压致弛豫

受激弛豫	水	TATB	硝基甲烷	说明
热致刚化	H—O(+300)	H—N(+25); C—NH₂(+15)	H—C(+10)	反常弛豫
压致软化	H—O(-400)	H—N(-35)	—	反常弛豫
热致软化	—	C—NO₂;N—O	C—N;N—O	常规弛豫
压致刚化	—	C—N(H₂;O₂);N—O	H—C;C—N;N—O	常规弛豫

注:括号内数据为振动频率的改变量,单位为 cm⁻¹。

谱学测量观测到 O—O 振动峰位于 900 cm⁻¹,与 H₂O₂ 的 O—O 峰 877 cm⁻¹ 接近。四个 NH₂ 谱峰分别位于 3 230 cm⁻¹、3 281 cm⁻¹、3 404 cm⁻¹ 和 3 440 cm⁻¹。如图 10.9 所示,前三个呈现压致膨胀温致收缩,与理论预测一致。位于 3 440 cm⁻¹ 的高频峰证实了低键序导致的 N3—H3 悬键收缩效应。温致膨胀和压致收缩证实存在欠耦合效应。

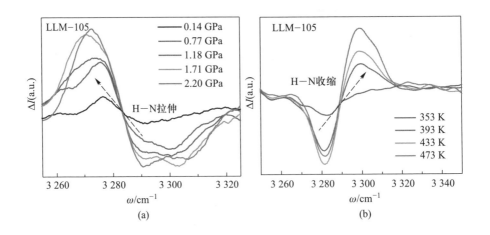

(a)   (b)

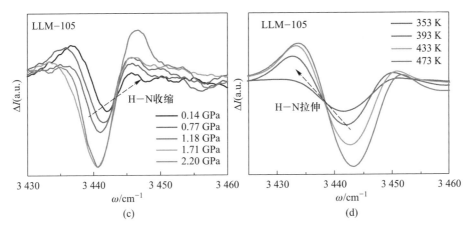

图 10.9 分子间 O：H—N 耦合氢键 H—N 共价分段振频呈现出(a)负压缩率、(b)负热膨胀率和 H—O 悬键高频以及常规(c)压致收缩与(d)热致膨胀的谱学特征(参见书后彩图)

10.6　爆轰判据

从广普耦合氢键 X：H—Y、超氢键 O：⇔：O、反氢键 H↔H 和离子排斥 Z↔Z 等作用角度，可以理解水生燃爆、可控爆炸和禁戒爆炸的机理。表 10.2 列举了自发、受限、禁戒爆炸的判据，并引用 X：H—Y 张力和 H↔H 或 X：⇔：Y 斥力作用到分子间的作用中以澄清爆炸发生的主导因素。可见，具有拉伸作用的氢键和具有排斥作用的超氢键或反氢键主导碱金属和熔盐的水生自发燃爆、碳氮氢氧有机物的可控爆轰以及硼酸和碳酸钠的禁戒爆轰。

表 10.2　自发、受限、禁戒爆炸的判据[32]

	物质	⇒	反应过程	Z↔Z	H↔H	X：⇔：Y	X：H—Y
水生燃爆（自发）	碱金属	⇒	$2ZOH+Q+(n-2)H_2O+H_2\uparrow$	√	√	√	×
			$[Z^+\leftrightarrow Z^+ +2(H_2O：⇔：OH^-)]+$ $Q+(n-4)H_2O+H_2\uparrow$				
	熔融碱卤盐	⇒	$2ZOH+(n-2)H_2O+Q+2HΓ\uparrow$	√	√	√	
			$[Z^+\leftrightarrow Z^+ +2(H_2O：⇔：OH^-)]+$ $Q+(n-4)H_2O+2HΓ\uparrow$				
可控爆炸（受限）	氮基炸药	⇒	$[n(X：⇔：Y)+m(X：H—Y)]+\cdots$	×	×	√	√
	全氮五唑	⇒	$[p(H^+\leftrightarrow H^+)+q(X：H—Y)]+\cdots$	×	√	√	√

续表

	物质	⇒	反应过程	$Z \leftrightarrow Z$	$H \leftrightarrow H$	$X : \Leftrightarrow : Y$	$X : H — Y$
禁戒爆炸	碱金属@液氨	⇒	$[Z^+ \leftrightarrow Z^+ + H_2N^- : H — NH] + (n-2)NH_3 + H_2 \uparrow$	√	×	×	√
	熔融 Z_2CO_3 水合	⇒	$[Z^+ \leftrightarrow Z^+] + [CO_3]^{2-} \cdot nH_2O$	√	×	×	×
	熔融 H_3BO_3 水合	⇒	$3(H^+ \leftrightarrow H^+) + 2[BO_3]^{3-} \cdot nH_2O$	×	√	×	×

注：m、n、p 和 q 为各种键的数目。

水生自发爆炸涉及两步。第一步，偶极水分子将碱金属 Z 和液态碱卤盐 ZΓ 水解成为 Z^+ 和 Γ^- 离子；H_2O 的一个 H^+ 被 Z^+ 离子取代而形成 ZOH 碱和氢气或 HΓ 气体。第二步，ZOH 水解形成 Z^+ 和 HO^-；随后在水合过程中，每个 HO^- 与近邻水分子作用形成 $HO^- \cdot 4H_2O$ 结构单元并将一条 O：H—O 键转换成 O：⇔：O 键，同时伴有 HO^- 的键收缩。实际上，第二步完整地重复了碱的水合反应动力学。

前述章节已讨论了 O：⇔：O 排斥作用的威力。中性碱金属 Z 和熔融碱卤盐 ZΓ 水合以牺牲 O：H—O 键为代价产生 O：⇔：O 超氢键。因缺少 O：H—O 作用调制平衡，碱水合的 $[Z^+ \leftrightarrow Z^+ + 2(H_2O : \Leftrightarrow : OH^-) + \cdots]$ 过程主导水生自发燃爆。

碱金属 Z 遇液态氨时却不像遇水时迅速爆炸，这是超氢键排斥作用缺失的抑制结果。Z 原子取代氨中的氢，将 NH_3 转换成 NH_2Z，水合反应进一步将 NH_2Z 转换成 Z^+ 和 $(NH_2)^-$ 离子。后者含有与 H_2O 数目相等的质子和孤对电子。$(NH_2)^-$ 与其四个近邻形成一个 $(NH_2)^- \cdot (4NH_3 ; 3NH_3 + NH_2^-)$ 结构单元。通常，一个 NH_3 与其四配位近邻形成一对 N：H—N，混合一对 $H \leftrightarrow H$ 反氢键。这也是氨的熔点处于 -78 ℃的原因。在碱金属与氨接触时，$(NH_2)^- \cdot 4NH_3$ 单元形成的一个 $H \leftrightarrow H$ 反氢键还原成 N：H—N 键，以稳定氨的结构，故不会发生燃爆。类似地，液态 Z_2CO_3 盐和 H_3BO_3 酸分别被水解成 $2Z^+ + (HCO_3)^-$ 和 $H^+ + (H_2BO_3)^-$，之后又发生水合。Z^+ 离子通过屏蔽极化形成水合胞，不排除 $Z^+ \leftrightarrow Z^+$ 排斥存在的可能。H^+ 通过形成 H_3O^+ 将一条 O：H—O 键转换成 $H \leftrightarrow H$。

总之，非可控水生爆炸在没有耦合氢键张力的约束下发生，而可控爆炸仅在耦合氢键和超氢键同时存在时才有可能发生，非常规氢键排斥作用的缺失使得爆炸难以发生。

10.7　小结

作为新的尝试,耦合氢键、反氢键、超氢键可以拓展至氮基炸药的结构稳定性和储能机理以及水生爆炸、氮基可控爆炸和禁戒爆炸等系统认知:

(1) 反氢键或超氢键的排斥压力与耦合氢键的拉伸张力不仅稳定炸药分子间的平衡,而且通过共价键的收缩使其储能。前者主导炸药感度,后者决定储能密度。炸药中的耦合氢键协同弛豫与 X：H—Y 中的 X-Y 排斥耦合强度正相关。

(2) 仅在 X-Y 排斥足够强且 H—Y 电负性差不够大的条件下,耦合氢键才能发生协同弛豫。此即决定了耦合氢键的适用范围,也就是说并非所有的 X：H—Y 都可以发生受激协同弛豫。O：H—O 是极端理想的情形。X 和 Y 包括所有电负性大于 H 的元素,而且 H 也可以被电负性较低的金属原子(如 Cu)取代。作为氢键的基本要素,孤对电子和质子或正离子应该得到足够的关注与重视。

作为有机分子和生物分子的基本功能单元,孤对电子和悬键质子是实现DNA、蛋白、细胞、药物、食品、生命体功能以及信号加工和传递的基石。分子间通过各自的质子和孤对电子与近邻分子形成耦合氢键、反氢键、超氢键相互作用。所以,考虑分子间与分子内作用的耦合,并拓展耦合氢键、反氢键、超氢键和电子极化的概念到分子电子动力学具有深远的意义。

参 考 文 献

[1] Committee on Advanced Energetic Materials and Manufacturing Technologies, National Research Council. Advanced Energetic Materials. Washington, D. C.: National Academies Press, 2004.

[2] http://www. lanl. gov.

[3] Haycraft J. J., Stevens L. L., Eckhardt C. J. The elastic constants and related properties of the energetic material cyclotrimethylene trinitramine (RDX) determined by Brillouin scattering. Journal of Chemical Physics, 2006, 124(2):024712.

[4] Peiris S. M., Wong C. P., Zerilli F. J. Equation of state and structural changes in diaminodinitroethylene under compression. Journal of Chemical Physics, 2004, 120(17): 8060-8066.

[5] Dick J., Hooks D., Menikoff R., et al. Elastic-plastic wave profiles in cyclotetramethylene tetranitramine crystals. Journal of Applied Physics, 2004, 96(1):374-379.

[6] Hooks D. E., Ramos K. J., Martinez A. R. Elastic-plastic shock wave profiles in oriented single crystals of cyclotrimethylene trinitramine(RDX) at 2.25 GPa. Journal of Applied

Physics,2006,100(2):024908.

[7] Tschauner O., Kiefer B., Lee Y., et al. Structural transition of PETN-I to ferroelastic orthorhombic phase PETN-III at elevated pressures. Journal of Chemical Physics, 2007, 127(9):094502.

[8] Ouillon R., Pinan-Lucarré J. P., Canny B., et al. Raman and infrared investigations at room temperature of the internal modes behaviour in solid nitromethane-h3 and -d3 up to 45 GPa. Journal of Raman Spectroscopy,2008,39(3):354-362.

[9] Patterson J. E., Dreger Z. A., Miao M., et al. Shock wave induced decomposition of RDX: Time-resolved spectroscopy.Journal of Physical Chemistry A,2008,112(32):7374-7382.

[10] Dreger Z. A., Gruzdkov Y. A., Gupta Y. M., et al. Shock wave induced decomposition chemistry of pentaerythritol tetranitrate single crystals: Time-resolved emission spectroscopy. Journal of Physical Chemistry B,2002,106(2):247-256.

[11] Hemmi N., Dreger Z., Gruzdkov Y., et al. Raman spectra of shock compressed pentaerythritol tetranitrate single crystals: Anisotropic response. Journal of Physical Chemistry B,2006,110(42):20948-20953.

[12] Dreger Z. A., Gupta Y. M. Phase diagram of hexahydro-1,3,5-trinitro-1,3,5-triazine crystals at high pressures and temperatures. Journal of Physical Chemistry A,2010,114 (31):8099-8105.

[13] Manaa M. R., Fried L. E., Reed E. J. Explosive chemistry: Simulating the chemistry of energetic materials at extreme conditions. Journal of Computer-Aided Materials Design, 2003,10(2):75-97.

[14] Tsai D., Trevino S. Simulation of the initiation of detonation in an energetic molecular crystal. Journal of Chemical Physics,1984,81(12):5636-5637.

[15] Brenner D., Robertson D., Elert M., et al. Detonations at nanometer resolution using molecular dynamics. Physical Review Letters,1993,70(14):2174.

[16] Mintmire J., Robertson D., White C. Molecular-dynamics simulations of void collapse in shocked model-molecular solids. Physical Review B,1994,49(21):14859.

[17] Mason P. E. Backyard scienctist:Pouring molten salt into water-explosion! 2017.

[18] Mason P. E., Uhlig F., Vaněk V., et al. Coulomb explosion during the early stages of the reaction of alkali metals with water. Nature Chemistry,2015,7:250.

[19] Science M. M. Sodium in water explosion—Chemical reaction. 2016.

[20] Schiemann M., Bergthorson J., Fischer P., et al. A review on lithium combustion. Applied Energy,2016,162:948-965.

[21] Bernardin J. D., Mudawar I. A cavity activation and bubble growth model of the Leidenfrost point. Journal of Heat Transfer,2002,124(5):864-874.

[22] Rayleigh L. XX. On the equilibrium of liquid conducting masses charged with electricity. The London,Edinburgh,and Dublin Philosophical Magazine and Journal of Science,1882,14(87):184-186.

[23] Agaltsov A. M., Vavilov S. N. Explosive fragmentation of molten salt in subcooled water. High Temperature, 2019, 57(1): 143−145.

[24] Nabok D., Puschnig P., Ambrosch-Drax C. Cohesive and surface energies of paiconjugated organic molecular crystals: A first-principles study. Physical Review B, 2008, 77: 245316.

[25] Wong B. M., Ye S. H. Self-assembled cyclic oligothiophene nanotubes: Electronic properties from a dispersion-corrected hybrid functional. Physical Review B, 2011, 84: 075115.

[26] Tsyshevsky R. V., Sharia O., Kuklja M. M. Molecular theory of detonation initiation: Insight from first principles modeling of the decomposition mechanisms of organic nitro energetic materials. Molecules, 2016, 21(2): 236.

[27] Sun C. Q. Oxidation electronics: Bond-band-barrier correlation and its applications. Progress in Materials Science, 2003, 48(6): 521−685.

[28] Sun C. Q., Sun Y. The Attribute of Water: Single Notion, Multiple Myths. Singapore: Springer Nature Singapore, 2016.

[29] Zhang L., Yao C., Yu Y., et al. Stabilization of the dual-aromatic cyclo-N_5^- anion by acidic entrapment. Journal of Physical Chemistry Letters, 2019, 10: 2378−2385.

[30] Tang Z., Yao C., Zeng Y., et al. Anomalous H—C bond thermal contraction of the energetic nitromethane. Journal of Molecular Liquids, 2020: 113817.

[31] Sun C. Q., Yao C., Zhang L., et al. What makes an explosion happen? Journal of Molecular Liquids, 2020, 306: 112916.

[32] Sun C. Q. Solvation Dynamics: A Notion of Charge Injection. Singapore Springer Nature Singapore, 2019.

[33] Huang Y. L., Zhang X., Ma Z. S., et al. Hydrogen-bond relaxation dynamics: Resolving mysteries of water ice. Coordination Chemistry Reviews, 2015, 285: 109−165.

[34] Jiang C., Zhang L., Sun C., et al. Response to comment on "Synthesis and characterization of the pentazolate anion cyclo-N_5^- in (N_5)$_6$(H_3O)$_3$(NH_4)$_4$Cl". Science, 2018, 359: 8953−8955.

[35] Wang P., Xu Y., Lin Q., et al. Recent advances in the syntheses and properties of polynitrogen pentazolate anion cyclo-N_5^- and its derivatives. Chemical Society Reviews, 2018, 47(20): 7522−7538.

[36] Zhang C., Sun C., Hu B., et al. Synthesis and characterization of the pentazolate anion cyclo-N_5^- in (N_5)$_6$(H_3O)$_3$(NH_4)$_4$Cl. Science, 2017, 355(6323): 374−376.

[37] Yang C., Zhang C., Zheng Z., et al. Synthesis and characterization of cyclo-pentazolate salts of NH_4^+, NH_3OH^+, $N_2H_5^+$, C(NH_2)$_3^+$, and N(CH_3)$_4^+$. Journal of the American Chemical Society, 2018, 140(48): 16488−16494.

[38] Tong Z., Sun W., Li C., et al. O ∶ H—N bond cooperativity in the energetic TATB under mechanical and thermal perturbation. Journal of Molecular Liquids, 2022, 358: 119169.

[39] Wang J., Zeng Y., Zheng Z., et al. Discriminative mechanical and thermal response of

the H—N bonds for the energetic LLM-105 molecular assembly. Journal of Physical Chemistry Letters, 2023, 14:8555-8562.

[40] Zhang L., Yao C., Yu Y., et al. Stabilization of the dual-aromatic cyclo-N$_5^-$ anion by acidic entrapment. Journal of Physical Chemistry Letters, 2019, 10: 2378-2385.

[41] Sun C. Q. Oxidation electronics: Bond-band-barrier correlation and its applications. Progress in Materials Science, 2003, 48(6): 521-685.

[42] Sun C. Q., Huang Y., Zhang X., et al. The physics behind water irregularity. Physics Reports, 2023, 998: 1-68.

[43] Tong Z., Sun W., Li C., et al. O：H—N bond cooperativity in the energetic TATB under mechanical and thermal perturbation. Journal of Molecular Liquids, 2022, 358: 119169.

第 11 章
水合反应动力学的基本规则

要点提示

✓ 分子间非键和分子内共价键的受激极化与协同弛豫主导溶液的性质

✓ 溶质通过 O：H 吸引，反氢键、超氢键排斥和屏蔽极化调制氢键网络

✓ DPS 能实现单胞分辨 O：H—O 氢键的刚度、序度和丰度的受激转换

✓ 水合反应系纯粹物理过程且服从 HBCP 和低配位 BOLS-NEP 规则

内容摘要

结合 O：H—O 氢键受激极化与协同弛豫（HBCP）、低配位键收缩-非键电子极化（BOLS-NEP）理论以及微扰声子谱方法和理论计算，可以获取有关 HX 酸、YOH 碱、H_2O_2 过氧化氢、一价盐、二价和络合盐、有机酸、糖、醇、醛类等的水合反应动力学定量信息。由此可以辨析各种溶质对 O：H—O 键态转换的能力，并获得声子丰度、键的刚度和结构序度演变以及电子极化等信息。O：H 非键吸引、H↔H 反氢键点致脆、O：⇔：O 超氢键点压力以及离子或偶极子的极化作用构成了亚分子尺度固-液界面相互作用的基本要素。氢键协同弛豫与溶质-溶剂界面结构畸变调控溶液的氢键网络和表面应力、溶液黏度、分子扩散、电导率、声子寿命、溶液温度、相边界、相转变临界压力及温度等多种物性。

11.1　主要进展

与传统定义的二体氢键（X⋯H）相比，耦合氢键（X：R—Y）集成了分子内的 X：R 非键作用和分子间的 R—Y 共价键作用（X=N,O；Y=X,C；R 代表电负性较低的 H 或金属如 Cu 等）。耦合氢键具有两个显著的特征：一是它的分段长度、能量和振动频率的协同性，二是其分段德拜比热容的差异，其关键在于其两端电荷载体间的排斥耦合和极化作用。耦合氢键分段的德拜比热容对温度的积分对应于它们各自的结合能，而德拜温度对应于特征拉伸振动频率。

引入耦合氢键、超氢键、反氢键、电场屏蔽极化、低配位键收缩、溶质-溶质间相互作用等概念，不仅建立了水合反应过程中电子、氢键、分子在时-空-频域动力学行为的有效描述，而且通过差分微扰声子谱辨析了水合胞内外 O：H—O 键态的受激转换系数和氢键刚度与序度的变化。将水合研究从分子的时-空动力学行为拓展至水合氢键弛豫动力学，探究了以分子间非键和分子内共价键协同弛豫主导的氢键网络与溶液性能的演变。表 11.1 总结了在 277 K 时，O：H—O 氢键在不同激励作用下键长、振动频率和表面应力等的弛豫情况。

表 11.1　277 K 时，O：H—O 氢键在不同激励作用下的弛豫情况

		Δd_H	$\Delta \omega_H$	Δd_L	$\Delta \omega_L$	$\Delta \gamma_s$	效果	文献
液态水	升温	<0	>0	>0	<0	<0	密度振荡；准固态	[3]
	低配位	<0	>0	>0	<0	>0	超固态；过冷过热；表面预熔；极化润滑	[4]
	受压	>0	<0	<0	>0	—	复冰现象；O：H—O 长度对称化	[5]
水溶液	YX 盐	<0	>0	>0	<0	>0	Y^+ 和 X^- 极化超固态	[6-8]
	HX 酸	<0	>0	>0	<0	<0	H↔H 致脆，X^- 极化	[9]
	YOH 碱	>0	>0	>0	>0	>0	O：⇔：O 点压力，Y^+ 极化，溶剂 H—O 压胀；溶质 H—O 键收缩；放热	[5]
	H_2O_2	<0	<0	>0	<0	>0		[10]
	酒精	>0	<0	>0	<0	$T_N<0$	H↔H 排斥，溶质偶极感应，放热	[11]
	糖类	>0	<0	>0	<0	$T_N<0$	溶质偶极界面畸变	[12]
	乙醛	>0	<0	>0	<0	<0	H↔H 排斥，氢键网络强破坏	[13]
	有机酸	>0	<0	>0	<0	<0	H↔H 排斥；氢键网络破坏	

注：表中各差值所用基准参数值[1,2]为 $d_{L0}=1.694\,6$ Å，$d_{H0}=1.000\,4$ Å，$\omega_{H0}=3\,200$ cm^{-1}，$\omega_{L0}=200$ cm^{-1}，$\gamma_s=72.5$ J·m^{-2}。

所示结果证实了前述章节所阐释的水合反应动力学、溶质的能力、溶质-溶剂间和溶质-溶质间相互作用的物理机制,它们遵循如下基本规则。

11.2 主要见解

11.2.1 孤对电子与水的守恒规则

(1) 水是由单一耦合氢键组成的、由超固态表皮包裹的、最简单的、静态高度有序而动态强涨落的四配位分子晶体。它在温场、力场、电场和配位场作用下的分段长度、能量、振动频率的协同弛豫和极化以及分段比热容差异决定了它的超常自适应、自愈合、高敏感、热稳定等性能。分段比热容的交互作用不仅导致了其具有热缩冷胀的温致准固态,而且定义了常压下其各相边界以及各相密度对温度的响应。外场作用通过氢键协同弛豫和爱因斯坦关系决定的分段比热容调节相变温度。分子低配位和电致极化具有相同的极化与弛豫效果,导致具有高弹、疏水、润滑、低比热容、高反光、高稳定性的超固态;电场极化的方向性和对相变温度的改变决定超固态水桥,电致结冰和蒸发;压力场与低配位对氢键弛豫的效果相反;除升温外,氢键受激弛豫导致电子极化,而长度、能量和价电子的能量和空间与行为是决定可测物理量变化的关键。

(2) 在含有 N 个 O 原子的水中,氢质子和孤对电子的 $2N$ 数目以及所构成的 O:H—O 氢键构型和取向守恒。引入过量的质子或孤对电子将破坏 $2N$ 守恒规则,产生 H↔H 反氢键或 O:⇔:O 超氢键。相应的约束能量制约水分子的自由旋转和质子随机隧穿。耦合氢键的受激极化和分段长度、角度、能量、振动频率、比热容等弛豫形成有效描述水的行为和物性的参数空间。水可被视为被超固态包裹的、四配位、高度有序的强涨落均相单晶。

(3) 第 V—Ⅷ 主族电负性元素的原子在与其他物质发生反应时杂化自身的 sp 轨道,而它们的杂化轨道被不同数目的孤对电子占据。除屏蔽极化外,溶质通常以自身的质子和孤对电子与溶剂的同类组合形成固-液界面的非键作用。水合反应、氧吸附、炸药储能以及爆轰机理的探索证明拓展水的 O:H—O 到 X:R—Y 广普氢键是必要。

11.2.2 水合胞与分子间非键作用

(4) 水合反应是只涉及氢键弛豫和电子极化的物理过程,而水解和吸附则为涉及键置换的化学过程。水合反应以电子、离子、质子、孤对电子或偶极子的方式向溶剂注入电荷。电荷载体的水合胞形成规则的子晶格并且与水的氢键网络套构,并通过耦合氢键、超氢键、反氢键、屏蔽极化、溶质键收缩以及溶质-溶质间相互作用调制溶液的氢键网络和性能。

（5）离子占据水的四面体偏心空位,通过施加电场极化近邻水分子形成 ±·$4H_2O$：$6H_2O$ 超固态水合胞,而溶质与溶剂之间并无新的化学键形成。胞内偶极水分子同时屏蔽离子的电场。水合胞的体积取决于受屏蔽离子的半径以及电负性所决定的电场强度、作用程和受水合偶极分子屏蔽的程度。

（6）小尺度的一价和二价阳离子的径向电场被胞内偶极水分子全屏蔽,故胞内水分子数目和单胞体积恒定,与溶质浓度无关。因水合胞内有限数目的偶极水分子不能完全屏蔽体积较大的阴离子的电场,故阴离子间的相互排斥弱化局域电场。络合阴离子被孤对电子包围和近邻排斥,具有短程性和强极化功能。

（7）过剩质子或孤对电子在溶液中形成具有排斥性的 $H \leftrightarrow H$ 反氢键或 $O:\Leftrightarrow:O$ 超氢键,其排斥作用可压致 $O:H—O$ 氢键弛豫、局域网络畸变和断裂点缺陷。酸碱水合提供质子和孤对电子并以酸根和碱基的方式替位式占据 $(H_3O^+; HO^-):4H_2O$ 的中心,分别将每个单胞内的一条氢键转换成反氢键和超氢键。

（8）有机溶质水解后的偶极分子水合同样造成界面氢键弛豫并形成非键、反氢键和超氢键。水合过程中,随着溶质浓度的增加,阴离子间的排斥弱化离子的局域电场并减小水合层体积;低键序溶质分子的键收缩造成声子频率蓝移。

11.2.3　氢键极化与非键组合规则

（9）离子极化诱使超固态水合胞内 $H—O$ 键收缩,$O:H$ 伸长,其高频声子从 $3\,200\ cm^{-1}$ 波数蓝移至 $3\,500\ cm^{-1}$,低频声子从 $200\ cm^{-1}$ 红移至 $75\ cm^{-1}$。极化提升溶液表面应力、黏滞系数、电导率、熔点温度,并降低冰点。

（10）X^- 阴离子的 $O:H—O$ 键极化和弛豫能力皆遵循霍夫迈斯特序列规则,即 $I^->Br^->Cl^->F^-(\approx 0)$。$Y^+$ 阳离子的 $O:H—O$ 极化和弛豫能力排序与阴离子类似:$Na^+>K^+>Li^+>Rb^+>Cs^+$。

（11）$H \leftrightarrow H$ 反氢键点致脆具有与热涨落相同的氢键弛豫和退极化效果,两者皆可破坏溶液氢键网络从而降低表面应力。氢质子与水分子形成稳固的 H_3O^+ 结构,既不发生自发迁移、随机隧穿,也不极化近邻。$H \leftrightarrow H$ 排斥压致近邻溶剂的 $O:H$ 非键收缩,$H—O$ 膨胀。

（12）$O:\Leftrightarrow:O$ 排斥具有比 $H \leftrightarrow H$ 更强的排斥作用以及对近邻氢键弛豫和极化效果。$O:\Leftrightarrow:O$ 极化提升溶液表面应力。

（13）溶质键序缺失导致 $H—O$ 键收缩。键长变化序列为:水的 $H—O$ 悬键 $(3\,610\ cm^{-1})$,HO^- 根 $(3\,610\ cm^{-1})$,H_2O_2 双氧水 $(3\,550\ cm^{-1})$,水表层 $(3\,450\ cm^{-1})$,体相水 $(3\,200\ cm^{-1})$。

（14）$O:H—O$ 氢键分段的协同弛豫决定冰水相变的临界压力和温度。

O∶H 键能决定溶液的冰点 T_N 和沸点温度 T_V，H—O 键能决定溶液的熔点 T_m。通过 O∶H 和 H—O 声子频移可调制相应德拜温度、比热容曲线和相变温度。

11.2.4 键丰度–刚度–序度的转换

（15）H—O 收缩吸收能量，反之释放能量。在含有过剩孤对电子的 HO⁻ 溶液中，溶剂的 H—O 键受 O∶⇔∶O 压力伸长和溶质的 H—O 键因键序降低收缩的转换系数与浓度线性正相关，$f(C) \propto C$。而 H_2O_2 对溶剂 H—O 键转换系数因溶质–溶质排斥与溶质浓度以 $C^{1/2}$ 方式正相关。HO⁻ 的键转换、表面应力和水合放热提升能力强于 H_2O_2。

（16）一价盐溶液的黏滞系数和表面应力与 O∶H—O 键态转换系数的变化趋势相同，即 $\Delta\eta(C)/\eta(0) = AC^{1/2} + BC$。所以，阳离子极化主导线性项，而阴离子极化以及阴离子之间的排斥主导非线性项。阴离子的效果在表面应力中相比在黏滞系数占优。故 Jones–Dole 按溶质–溶质以及溶质–溶剂作用对黏滞系数组分分类有待更新。

11.2.5 氢键的多场耦合协同弛豫

（17）离子极化与机械压力对氢键具有相同的极化效果，却是相反的氢键弛豫效果。相同浓度、不同种类的盐水合对溶剂的极化源于每个水合单胞尺度的差异。极化同时提高在室温下液—Ⅵ 和 Ⅵ—Ⅶ 相变的两个临界压强，其能力遵循由电负性差 $\Delta\eta$ 和阴离子半径 R 比值确定的霍夫迈斯特序列。

（18）相同种类、不同浓度的溶质对溶剂的极化效果体现阴离子间的排斥。阴离子间的排斥削弱了自身的局部电场，弱化 O∶H—O 的受激形变。

（19）离子极化与升温对 O∶H—O 氢键弛豫的效果相同但极化效果相反，导致表面应力的变化趋势相反。两种激励使 O∶H—O 声子频移趋势相同，但离子极化强化氢键网络以提升表面应力，而热涨落则破坏氢键网络、降低表面应力。

（20）离子极化与分子低配位共同调制 O∶H—O 氢键声子丰度–寿命–刚度。两者相互增强导致极化超固态化。

11.2.6 炸药储能及爆轰机制探索

（21）反氢键或超氢键的排斥力与耦合氢键的张力的平衡不仅稳定炸药分子间的作用而且通过共价键的收缩储能。拉伸力的强度主导炸药感度和安全系数，而共价键收缩决定储能密度。炸药中的耦合氢键协同弛豫与 X∶H—Y 中的 X∶⇔∶Y 排斥耦合强度以及 H—Y 两者电负性之差相关。

（22）碱基金属和液态碱卤盐的水生自发燃爆经历水解碱金属并形成碱水

合溶液两步过程。因为缺少 O：H—O 拉伸以抗衡 O：⇔：O 排斥作用导致自发不可控燃爆现象。因缺少 X：⇔：Y 排斥作用禁戒熔融 Z_2CO_3 或 H_2BO_3 的水生燃爆或熔融碱卤盐在液氨中的燃爆发生。

（23）仅在 X—Y 的排斥足够强的条件下，耦合氢键 X：R—Y 才能发生协同弛豫。此即决定了耦合氢键的适用范围。O：H—O 是最简单的理想情形。X 和 Y 包括所有电负性大于 H 的元素，而且 H 也可以被电负性较低的金属如 Cu 原子取代。X：R 的吸引和 X—Y 的排斥耦合是氢键的基本力学要素，孤对电子和质子仅是个例。X：R—Y 的极性反转在氧吸附和低维高温超导以及 X 的低配位偶极子替换在单原子催化过程中具有不可替代的作用。

11.2.7　氧吸附与低维高温超导

（24）HBCP 和 BOLS-NEP 贯穿于氧吸附过程中[14]。氧以四步形成四面体结构并生成四个价态特征：氧-宿主原子成键、氧的非键电子、宿主离子空穴、宿主偶极子反键态。在由 O^- 到 O^{2-} 转换过程中，氧化经历 R—O：R 的分段协同弛豫过程。

（25）低维高温和拓扑超导的可能物理图像[15]。耦合氢键的协同弛豫以及低配位原子间的键收缩通过双重极化弱化氧与偶极子之间的相互作用和振动频率，从而通过电声作用降低极化载流子的有效质量并提高其群速度。超导临界温度 T_c 或与自旋耦合强度相关。

11.2.8　差分微扰声子计量谱方法

（26）通过谱峰面积归一化，差分声子谱（DPS）方法消除了检测中的系统误差，利于获取单胞分辨氢键丰度、刚度、序度转换定量信息。

（27）溶液接触角变化可提供氢键网络极化、溶液表皮应力和黏度以及形成超固态信息。

以上归纳的观测现象证实水合反应服从 HBCP 和 BOLS-NEP 标度规则。揭示 H↔H 反氢键脆化、O：⇔：O 超氢键压力和键序缺失诱导溶质 H—O 键收缩的必然性与必要性，可统一水合成键动力学、溶质能力、溶质-溶剂间与溶质-溶质间的相互作用，以丰富我们对溶质运动模式、水合动力学、声子寿命、水合层几何等的认知。

11.3　展望

将 HBCP 和 BOLS-NEP 理论与微扰计量谱学结合，提供了探索水合反应界面研究的新的思维方式以及简单且有效的处理方法。耦合氢键的受激屏蔽极化与分段长度、能量、频率、比热容的协同弛豫,H↔H 反氢键致脆,O：⇔：O 超氢键压力,溶质-溶质间相互作用,以及低配位键收缩提供了描述电子、键合、分子在时-空-频域动力学行为和溶液物性的参数空间。

　　将极化超固态、准固态-液态的相转变、熔点、冰点、吸热与放热反应的物理化学性能与氢键行为密切关联是卓有成效的尝试;进而深入探索质子隧穿、结构涨落、分子运动和扩散的速率及方式等与溶液的宏观物性关联。值得指出的是,核量子效应仅贡献 0.2 meV,与 2.4 K 温度相当的热能。实验上虽然难以直接检测到 H↔H 反氢键和 O：⇔：O 超氢键的排斥作用,但可以得到它们对分子键弛豫的影响。因此,这些以较弱的分子间排斥作用耦合的分子间与分子内共价键的协同弛豫为特性的理论探索为经典热动力学、密度泛函理论、分子动力学量子计算以及时间分辨声子光谱研究水溶液动力学提供了新的思维角度和方式,以面对新的挑战。

　　理论上,以吉布斯自由能、熵和焓等自变量的热力学研究并非涉及单键或非键的弛豫行为或是在弛豫过程中的能量吸收、释放或耗散,虽然分子间的排斥和弱作用对总能量贡献很小,但对决定水溶液的性能起到关键作用。此外,密度泛函理论计算时具有恒温特征,且几乎不考虑固液界面的各向异性、短程、突变和强局域等特性;分子动力学计算和时间分辨声子谱学将分子视为在时间域和空间域中活动的独立结构单元,没有涉及分子内共价键和分子间非键的耦合协同作用。

　　谱学测量是表征溶液水合反应动力学最为直接和方法。通过探测分子内 H—O 键声子振动光谱强度的衰减可获取声子的弛豫时间。声子谱和荧光光谱的弛豫时间的运行原理相同。声子弛豫时间取决于溶液的黏度。超快光谱与差分声子谱可以相互补充,前者探测分子在空间与时间上的分布动力学,后者揭示某组分 O：H—O 键的键长与键能动力学。二者的结合能够提供有关分子相互作用的丰富信息。

　　这些思维方式和微扰谱学方法将水合界面研究从分子运动学扩展转换至成键动力学和非键动力学,并全面涵盖分子内和分子间的协同作用。将溶液看作具有强涨落且强关联的溶质水合胞子晶格与溶剂的氢键网络有序套构是十分必要的。为了通过直接探测并以更为深刻且统一的视角来揭示水合反应动力学,我们可将认知从宏观的溶液表面或界面扩展至原子尺度的水合和纳米尺度的弛豫和极化。新的探索对于拓展分子晶体和液体中复杂溶质的水合键合与非键动力学、溶液-蛋白质、药物-靶细胞、生物分子活性及非活性分子相互作用等的现有认知具有重要意义。作为有机分子和生物分子的基本功能单元,孤对电子和悬键质子是实现从 DNA、蛋白、细胞、药物、食品到生命体的功能以及信号加工和传递的基石。分子间通过各自的质子和孤对电子与近邻分子通过形成耦合氢键、反氢键、超氢键相互作用。所以,考虑分子间与分子内作用的耦合,扩展耦合氢键、反氢键、超氢键和电子极化的概念到分子电子动力学具有深远意义。

参 考 文 献

[1] Sun C. Q., Sun Y. The Attribute of Water: Single Notion, Multiple Myths. Singapore: Springer Nature Singapore, 2016.

[2] Huang Y. L., Zhang X., Ma Z. S., et al. Potential paths for the hydrogen-bond relaxing with $(H_2O)_N$ cluster size. Journal of Physical Chemistry C, 2015, 119(29): 16962−16971.

[3] Sun C. Q., Zhang X., Fu X., et al. Density and phonon-stiffness anomalies of water and ice in the full temperature range. Journal of Physical Chemistry Letters, 2013, 4: 3238−3244.

[4] Sun C. Q., Zhang X., Zhou J., et al. Density, elasticity, and stability anomalies of water molecules with fewer than four neighbors. Journal of Physical Chemistry Letters, 2013, 4: 2565−2570.

[5] Zeng Q., Yan T., Wang K., et al. Compression icing of room-temperature NaX solutions (X = F, Cl, Br, I). Physical Chemistry Chemical Physics, 2016, 18(20): 14046−14054.

[6] Zhang X., Xu Y., Zhou Y., et al. HCl, KCl and KOH solvation resolved solute-solvent interactions and solution surface stress. Applied Surface Science, 2017, 422: 475−481.

[7] Zhou Y., Huang Y., Ma Z., et al. Water molecular structure-order in the NaX hydration shells (X = F, Cl, Br, I). Journal of Molecular Liquids, 2016, 221: 788−797.

[8] Gong Y., Zhou Y., Wu H., et al. Raman spectroscopy of alkali halide hydration: Hydrogen bond relaxation and polarization. Journal of Raman Spectroscopy, 2016, 47(11): 1351−1359.

[9] Zhang X., Zhou Y., Gong Y., et al. Resolving H(Cl, Br, I) capabilities of transforming solution hydrogen-bond and surface-stress. Chemical Physics Letters, 2017, 678: 233−240.

[10] Chen J., Yao C., Liu X., et al. H_2O_2 and HO^- solvation dynamics: Solute capabilities and solute-solvent molecular interactions. ChemistrySelect, 2017, 2(27): 8517−8523.

[11] Gong Y., Xu Y., Zhou Y., et al. Hydrogen bond network relaxation resolved by alcohol hydration (methanol, ethanol, and glycerol). Journal of Raman Spectroscopy, 2017, 48(3): 393−398.

[12] Ni C., Gong Y., Liu X., et al. The anti-frozen attribute of sugar solutions. Journal of Molecular Liquids, 2017, 247: 337−344.

[13] Chen J., Yao C., Zhang X., et al. Hydrogen bond and surface stress relaxation by aldehydic and formic acidic molecular solvation. Journal of Molecular Liquids, 2018, 249: 494−500.

[14] Sun C. Q. Oxidation electronics: Bond-band-barrier correlation and its applications. Progress in Materials Science, 2003, 48(6): 521−685.

[15] 孙长庆. 低维高温超导的启示:键收缩与电子双重极化. 科学通报, 2022, 67(2): 113−117.

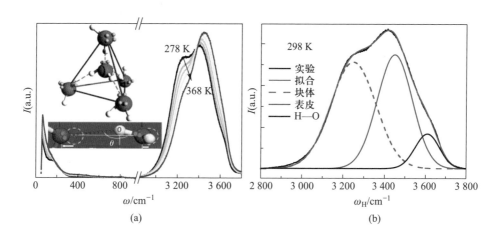

(a)　　　　　　　　　　(b)

图 1.1　液态水的（a）全频段变温拉曼光谱和（b）H—O 键高频段的配位分辨分峰结果[19]

（a）中插图为水的单胞结构和 O：H—O 耦合氢键示意图。温致 H—O 键声子频率蓝移而 O：H 频率红移源于 H—O 键收缩和 O：H 非键膨胀。H—O 键的拉曼谱按配位环境分解为块体（3 200 cm⁻¹）、表皮相（3 450 cm⁻¹）和表面 H—O 悬键（3 610 cm⁻¹）分量

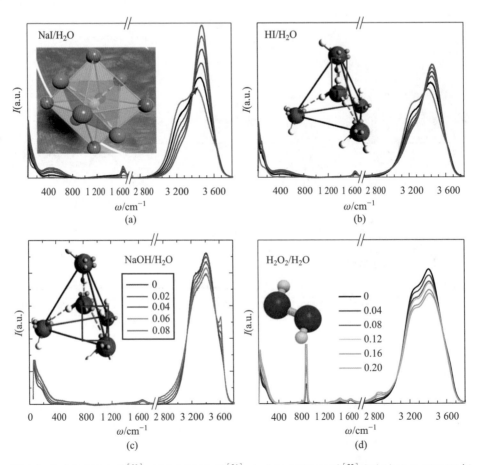

图 1.2 （a）NaI/H$_2$O 盐[23]、（b）HI/H$_2$O 酸[24]、（c）NaOH/H$_2$O 碱[25] 和（d）H$_2$O$_2$/H$_2$O 双氧水[26] 水合溶液的全频拉曼光谱

（a～c）中的插图分别对应（±；H$_3$O$^+$；HO$^-$）:4H$_2$O 水合单胞的构型。（c）中 3 610 cm^{-1} 处锐峰对应碱溶液中 HO$^-$ 的振动。（d）中 880 cm^{-1} 谱峰对应双氧水的 O—O 键振动，3 550 cm^{-1} 谱峰对应溶质的 H—O 振动。水合反应仅改变已知水的频谱特征峰的形状，并没有在溶质－溶剂间形成新的化学键[18, 20, 23, 24, 26]。溶质浓度采用摩尔分数表示，即 $C=N_{solute}/N_{solution}$，其比常用的摩尔浓度（mol/L）更为方便。例如，若溶质浓度为 X mol/L，则 $C=X/(1\,000/18+X)$

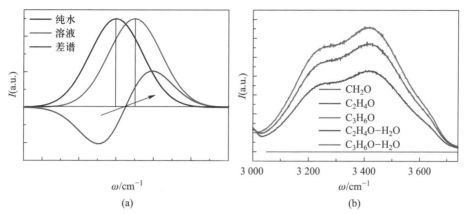

(a)

(b)

图 2.1 （a）溶液和纯水谱峰经过面积归一化后获得的 H—O 声子刚度（频率）、丰度（差谱峰积分）和序度（差谱峰的宽度）的转变[36]，（b）甲醛、乙醛、丙醛水溶液 H—O 声子谱及与纯水的差谱

差谱处理可以消除不同振动模反射率横截面的差异,(b)中的两条差谱重合且皆为零峰值的水平直线

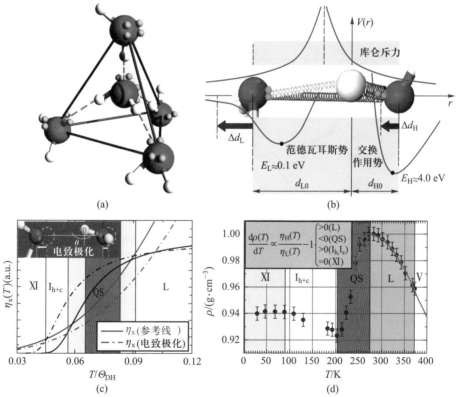

(a)

(b)

(c)

(d)

图 3.1 （a）水的 $2H_2O$ 基本结构单元[29]，（b）氢键的非对称、超短程、强耦合三体作用势[29,34]，（c）氢键分段比热容 $\eta_x(T/\Theta_{DH})$ 以及（d）标准气压下冰水密度的温致振荡

（a）所示四面体结构中包含中心与顶端连接的 4 个等价 O：H—O 氢键。（d）中不同相区的密度变温演变由（c）中氢键分段的比热容比值主导,即液相和冰 I_{h+c} 相为 $\eta_L/\eta_H<1$;准固态（QS）为 $\eta_L/\eta_H>1$;QS 边界为 $\eta_L/\eta_H=1$;冰 XI 相为 $\eta_L\cong\eta_H\cong0$;气相为 $\eta_L=0$（未显示）。QS 相的两个边界分别对应于 T_m 和 T_N 以及相应的密度极值[43]。电致极化[44]或分子低配位[39]会使 QS 边界向外扩展,而机械压缩则使之内敛收缩

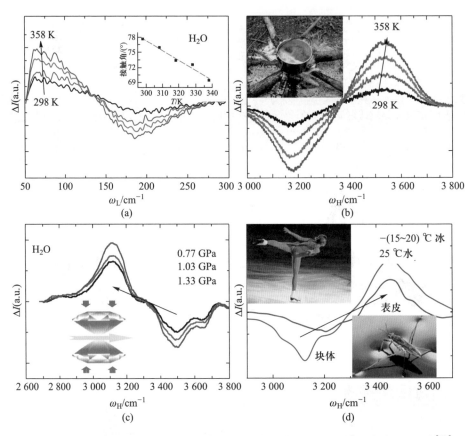

图 3.4 不同激励下氢键分段的声子差谱:温致去离子水(a)ω_L红移和(b)ω_H蓝移[51];压致(c)ω_H声子红移[46];(d)冰水表皮分子低配位导致ω_H声子蓝移并共享相同的特征声子频率 3 450 cm^{-1}[49,52]

(a)中插图显示接触角受热降低,与表面张力热致变化趋势一致[66]。(d)中水温为 25 ℃、体相 ω_H 为 3 200 cm^{-1};冰的温度为 $-(15\sim20)$℃、体相 ω_H 为 3 150 cm^{-1}

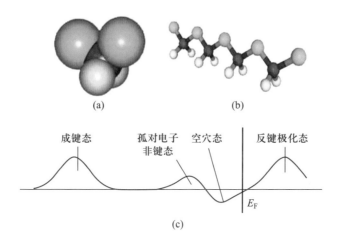

图 3.10 氧化物四面体结构单元和四价态[2]:(a) 类 H_2O 分子的 M_2O 结构单元,(b) 氧铜 (110) 表面的 $2Cu^P : O^{2-} — 2Cu^+$ 单链及以 Cu 取代 H 的扩展耦合氢键[110],(c) 氧化反应四价态特征

偶极子沿表面法向平行排列,黄色球为金属离子,绿色球为金属偶极子

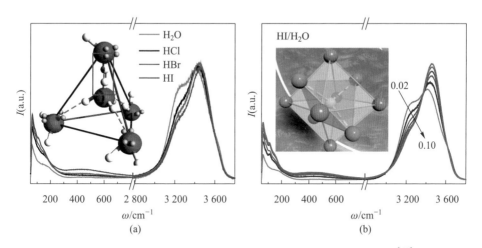

图 4.2 (a) 0.1 mol/L 的 HX 溶液和(b) 不同浓度的 HI 溶液的全频拉曼光谱[45]

(a) 和(b) 中的插图分别示意($H_3O^+; X^-$)·$4H_2O$ 结构。H_3O^+ 替代四面体结构的中心水分子,并将一条 O:H—O 键转变为 H↔H 反氢键;而阴离子 X^- 填隙式占据四面体空位,极化周围水分子而形成水合层

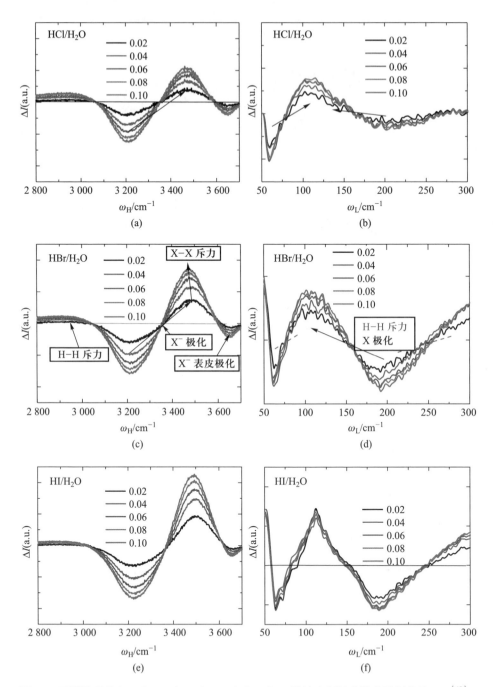

图 4.3 不同浓度的 (a, b) HCl、(c, d) HBr 和 (e, f) HI 溶液中氢键分段声子频率的 DPS[45]
X^- 极化使 ω_H 蓝移, 使 ω_L 红移。H↔H 压力可使少量 H—O 声子红移, 使 ω_L 蓝移。ω_L DPS 显示 X^- 极化红移和 H↔H 压致蓝移。X^- 的极化和表皮优先占据造成了 3 650 cm^{-1} 的波谷

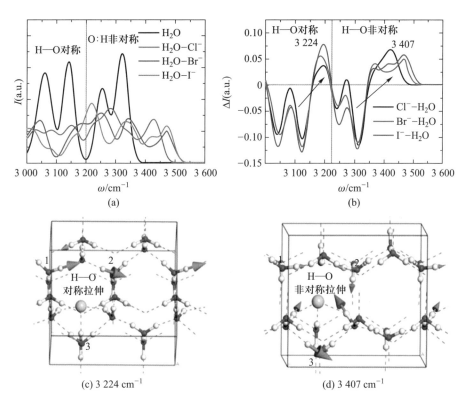

图 4.8 DFT 计算的（a）X⁻ 水合胞和纯水中 H—O 键的振动光谱及（b）DPS，以及 X⁻ 水合层中（c）H—O 键对称拉伸振动模式和（d）X·H—O 水合层中 H—O 非对称拉伸振动模式蓝移的模拟结果[45]

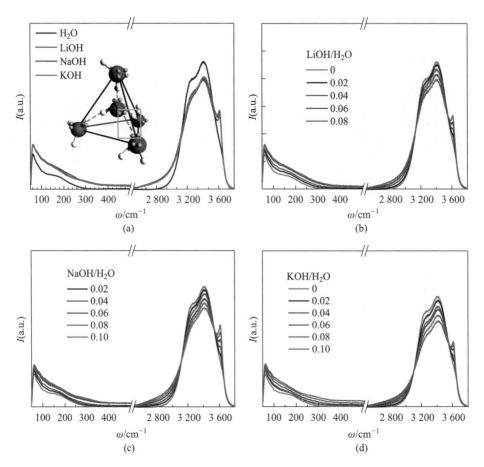

图 5.1 （a）0.08 mol/L 的（Li，Na，K）OH 溶液以及不同浓度的（b）LiOH、（c）NaOH 和（d）KOH 溶液的全频拉曼光谱[41]

（a）中插图示意 HO⁻ 取代了 2H₂O 晶胞的中心 H₂O 分子而形成 O：⇔：O 超氢键。碱水合在 3 610 cm⁻¹ 处产生尖锐的特征峰，并使高频主峰强度降低，频带向低频延展

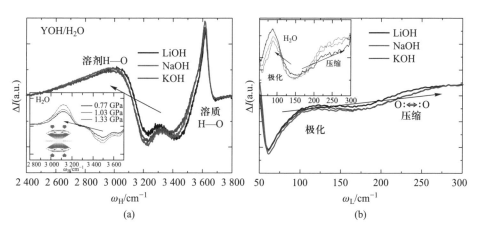

图 5.2 0.08 mol/L 的 YOH 溶液的（a）高频和（b）低频 DPS[2]

插图皆为室温水受压时的声子差谱[2]。对比碱溶液中 3 100 cm^{-1} 处和受压水 ≤3 300 cm^{-1} 的高频声子红移可以发现，O:⇔:O 超氢键的压缩作用比 1.33 GPa 的压力作用效果更强。3 610 cm^{-1} 位置的溶质 H—O 声子频率与 H—O 悬键的振动特征相同。低频段 DPS 显示出两部分效果：高于 200 cm^{-1} 的压缩特征波峰和低于 200 cm^{-1} 的极化特征波谷

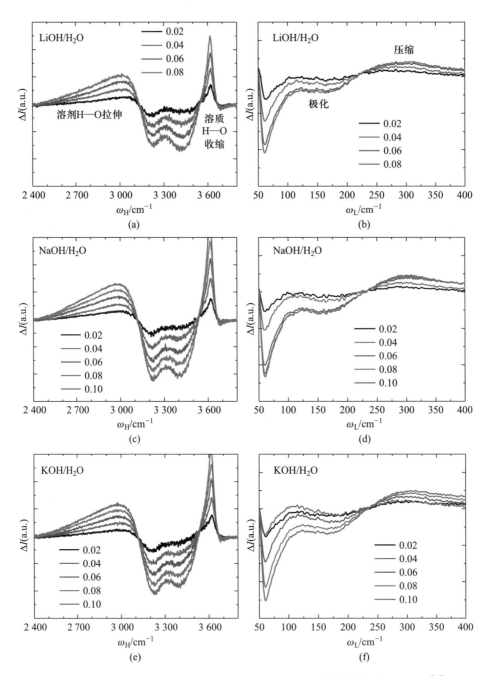

图 5.3 不同浓度（a，b）LiOH、（c，d）NaOH 和（e，f）KOH 溶液高低频声子的 DPS[2]

所有溶液都展现出 O : ⇔ : O 对溶剂 H—O 键（<3 100 cm⁻¹）的拉伸和对 O : H 键（>250 cm⁻¹）的压缩效果，而键序缺失则引起了溶质 H—O 键（3 610 cm⁻¹）的收缩

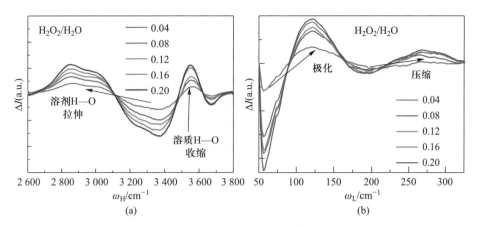

图 5.4 不同浓度 H_2O_2 溶液的（a）高频和（b）低频 DPS[2]

O:⇔:O 压缩造成溶剂 H—O 键（<3 100 cm⁻¹）伸长、O:H 键（>220 cm⁻¹）收缩,键序缺失引起溶质 H—O 键（3 550 cm⁻¹）收缩。低频波段出现压致蓝移的 275 cm⁻¹ 谱峰和位于 125 cm⁻¹ 的极化特征峰

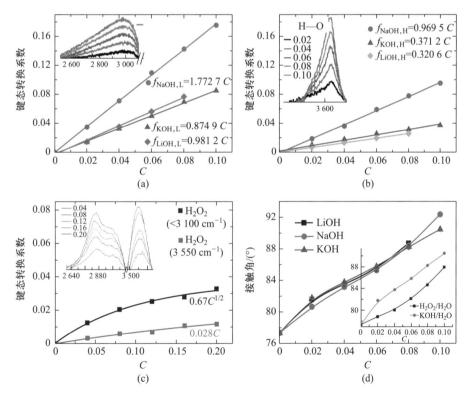

图 5.5 不同浓度（a,b）YOH 和（c）H_2O_2 溶液的键态转变系数以及（d）两者液滴在玻璃基底上的接触角变化[41]

YOH 和 H_2O_2 溶质键序缺失的程度不同,后者在转变溶质 H—O 键和表面应力的能力上较前者的 HO⁻ 弱

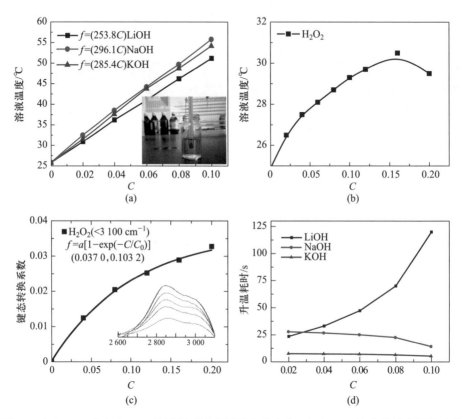

图 5.6 （a）YOH 和（b）H$_2$O$_2$ 溶液即时温度随浓度的变化、（c）H$_2$O$_2$ 溶液的键态转换系数以及（d）各溶液达到最高温度所需的时间[52]

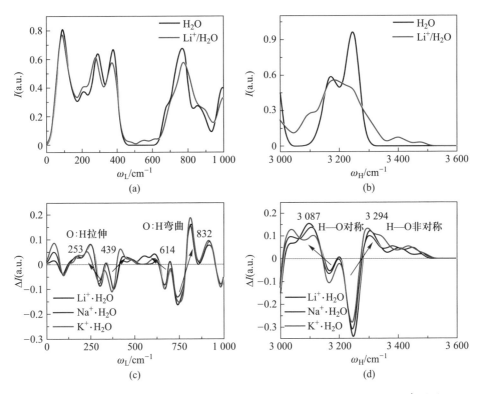

图 5.8 浓度 1/64 的 Y⁺ 离子水合 O：H—O 氢键的极化声子谱:(a) $\omega_L \leqslant 1\,000\,\mathrm{cm^{-1}}$、(b) $\omega_H \geqslant$ $3\,000\,\mathrm{cm^{-1}}$ 以及(c,d)(Li, Na, K)⁺/H₂O 溶液的 DPS 结果[5]

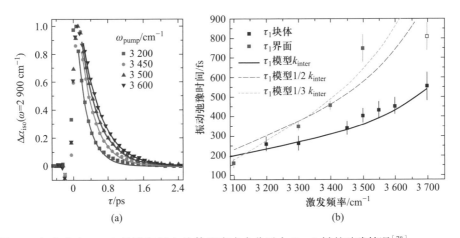

图 6.1 (a) 水中 H—O 悬键和(b) 块体和表皮水分子中 H—O 键的弛豫情况[78]

(a) 中数据来自归一化泵浦红外光谱,声子寿命迟滞的探测频率为 $\omega_{\mathrm{probe}} = 2\,900\,\mathrm{cm^{-1}}$,泵浦频率中心分别取于 $\omega_{\mathrm{pump}} = 3\,200,\,3\,450,\,3\,500,\,3\,600\,\mathrm{cm^{-1}}$;(b)中 H—O 振动的弛豫时间常数取决于其拉伸振动的激发频率,空心红色方块对应于 H—O 悬键的振动弛豫时间

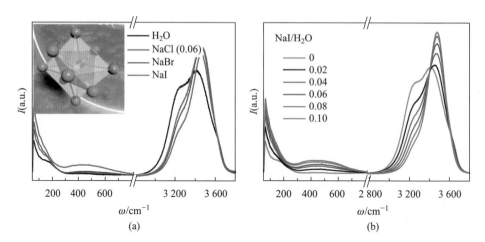

(a)　　　　　　　　　　　　(b)

图 6.3 （a）摩尔分数为 0.06 的 NaX/H₂O 溶液和（b）不同浓度 NaI/H₂O 溶液的全频拉曼光谱[42]

（a）中插图所示为离子以填隙形式占据水分子的四面体空位并极化近邻,形成超固态水合胞, ± · 4H₂O：6H₂O 水合胞及胞内极化 H₂O 分子对离子电场存在屏蔽作用

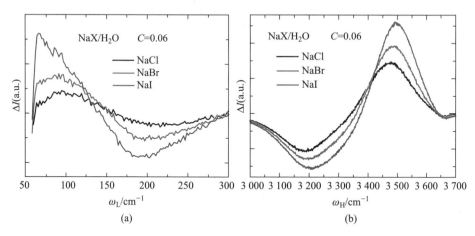

(a)　　　　　　　　　　　　(b)

图 6.4 摩尔分数为 0.06 的 NaX 溶液相对于去离子水的（a）低频段 $\Delta\omega_L$ 和（b）高频段 $\Delta\omega_H$ 的 DPS[42]

离子极化使 O：H—O 氢键从普通体相状态（200 cm⁻¹、3 200 cm⁻¹）转换至水合状态（75 cm⁻¹、3 500 cm⁻¹）,氢键的丰度（峰面积）、刚度（频移）和结构序度（半高宽）随之发生转变。键刚度和结构序度的转变随溶质类型变化,遵循 I>Br>Cl 序列

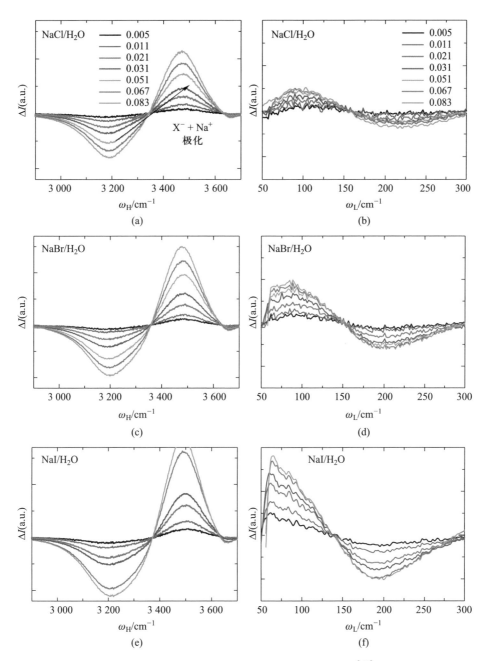

图 6.5 不同浓度(a,b) NaCl、(c,d) NaBr 和(e,f) NaI 溶液的 DPS[42]

Na+ 和 X- 极化与电场极性无关,都能刚化水合胞中的 H—O 键并软化 O∶H 非键。DPS 中 $\Delta\omega_x$ 谱峰随浓度微弱变化,表示阴离子间的排斥作用减弱了水合胞内的电场强度

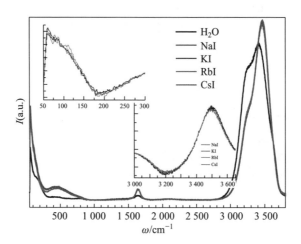

图 6.7　298 K 温度下摩尔分数为 0.036 的 YI/H₂O 溶液的全频拉曼光谱，O∶H—O 弛豫对碱金属阳离子种类呈现低敏感性[67]

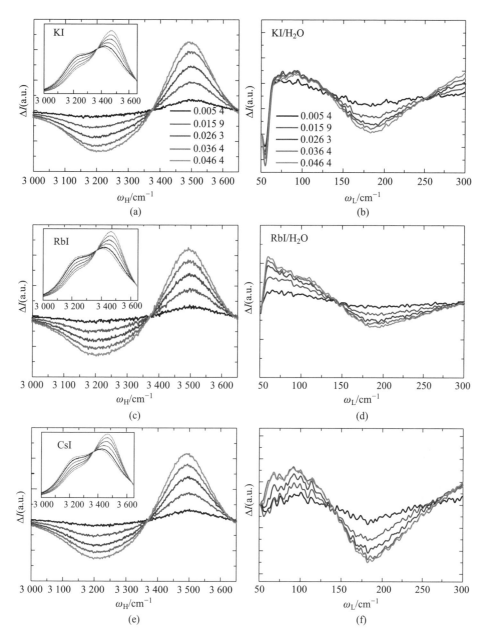

图 6.8 不同浓度（a,b）KI,（c,d）RbI 和（e,f）CsI 溶液中 ω_x 的 DPS[67]

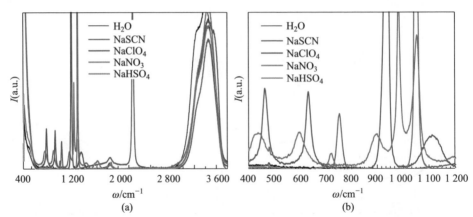

图 6.10　浓度为 0.016 的络合盐 NaΩ（Ω=ClO$_4$，NO$_3$，HSO$_4$，HSO$_3$）溶液的（a）全频和（b）络合离子拉曼光谱[69]

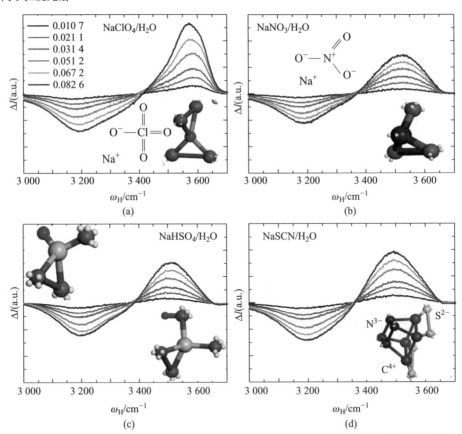

图 6.11　不同浓度（a）NaClO$_4$、（b）NaNO$_3$、（c）NaHSO$_4$ 和（d）NaSCN 络合盐溶液中 ω_H 的 DPS[69]

插图描述了考虑价态平衡和轨道杂化两种情况的络合负离子的结构和表面孤对电子分布

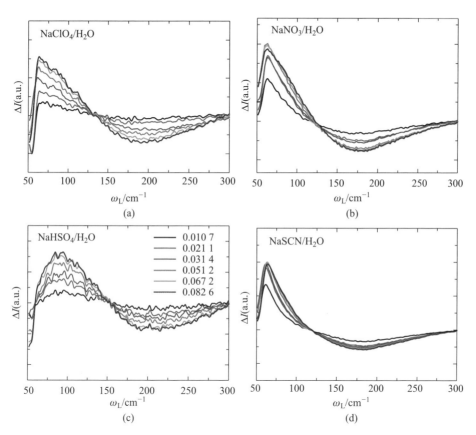

图 6.12 不同浓度（a）NaClO₄、（b）NaNO₃、（c）NaHSO₄ 和（d）NaSCN 络合盐溶液中 ω_L 的 DPS[69]

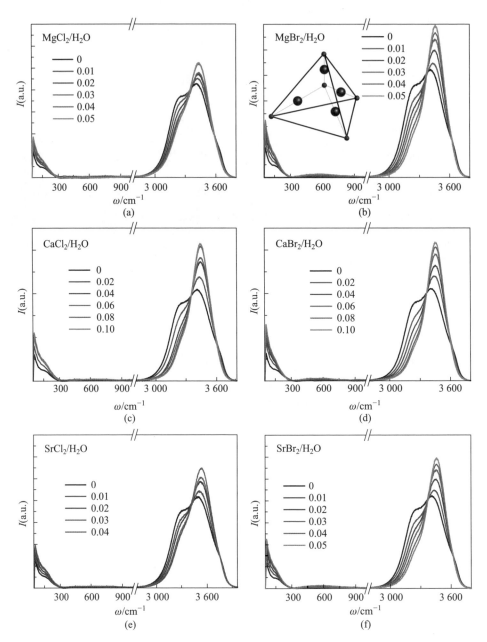

图 6.14 （a）MgCl₂、（b）MgBr₂、（c）CaCl₂、（d）CaBr₂、（e）SrCl₂ 和（f）SrBr₂ 溶液的全频拉曼光谱[104]

（b）中插图示意了 2H₂O 结构的 2ZX₂ 复合胞，二价离子占据中心和顶角位置而卤盐离子居于两个正离子中间

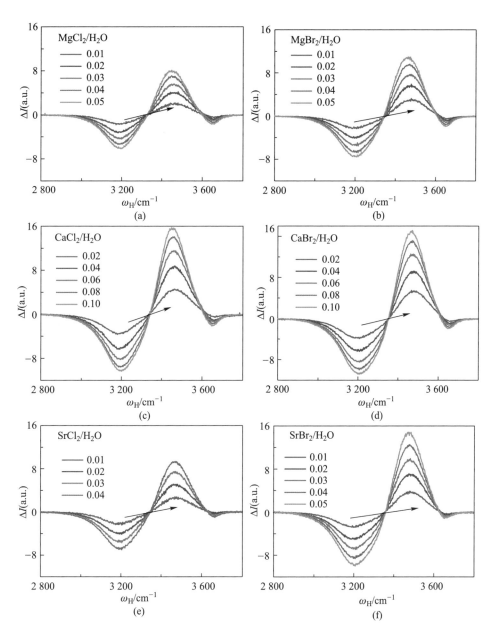

图 6.15 不同浓度（a）$MgCl_2$、（b）$MgBr_2$、（c）$CaCl_2$、（d）$CaBr_2$、（e）$SrCl_2$ 和（f）$SrBr_2$ 溶液中 H—O 声子的 DPS[104]

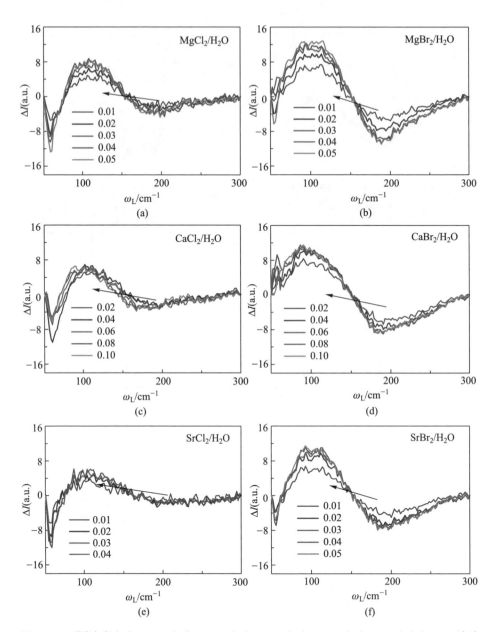

图 6.16 不同浓度（a）$MgCl_2$、（b）$MgBr_2$、（c）$CaCl_2$、（d）$CaBr_2$、（e）$SrCl_2$ 和（f）$SrBr_2$ 溶液 O：H 声子的 DPS[104]

二价盐水合将 O：H 非键从 200 cm^{-1} 块体水模式转变为约 100 cm^{-1} 的水合状态，而一价盐可使之红移至 75 cm^{-1}，这意味着 Z^{2+} 并未被完全屏蔽

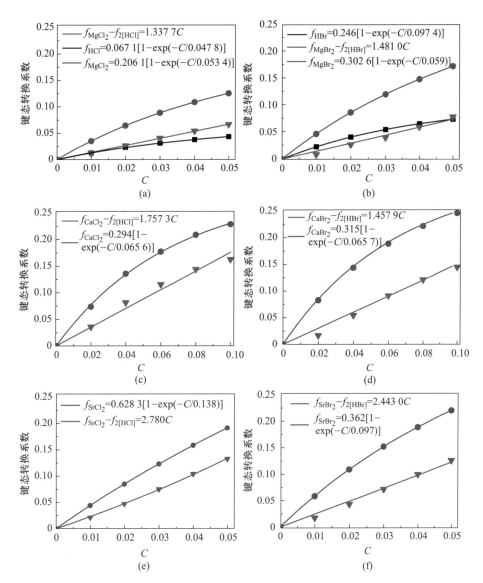

图 6.17 不同浓度（a）$MgCl_2$、（b）$MgBr_2$、（c）$CaCl_2$、（d）$CaBr_2$、（e）$SrCl_2$ 和（f）$SrBr_2$ 溶液中二价卤盐离子水合键态转换系数 $f_X(C)$[104]

$f_{2[HX]} = 2f_{2[HX]} = 2f_X$ 表示一对卤盐离子水合氢键键态转换系数

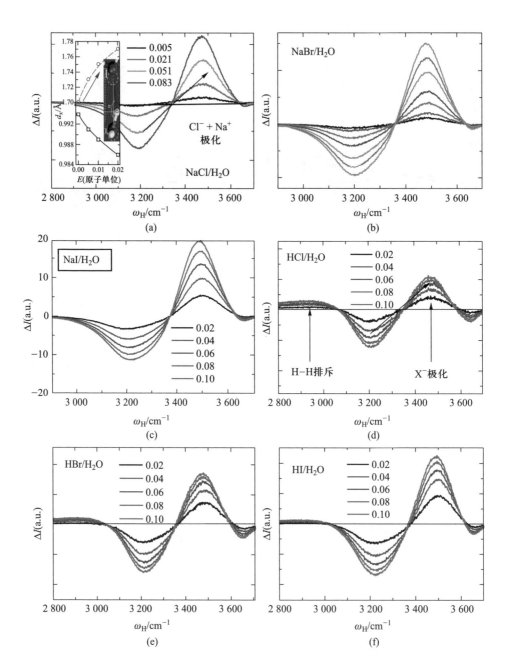

(a)

(b)

(c)

(d)

(e)

(f)

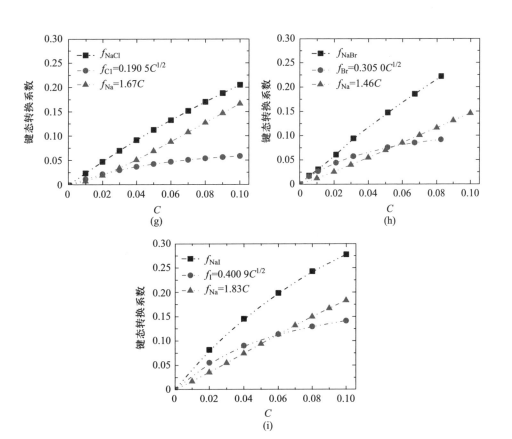

图7.1 （a～c）NaX（X=Cl,Br,I）和（d～f）HX（X=Cl,Br,I）溶液中H—O声子的DPS及（g～i）溶质与水解离子的氢键键态转换系数[13]

Na⁺极化导致的氢键键态转换系数呈线性即$f_{Na}(C) \propto C$，所以，单离子的有效水合分子数目$f_{Na}(C)/C$为常数，这表明Na⁺离子的水合呈现全屏蔽效应。阴离子的非线性$f_X(C) \propto C^{1/2}$表示阴离子间因非完全屏蔽而相互排斥

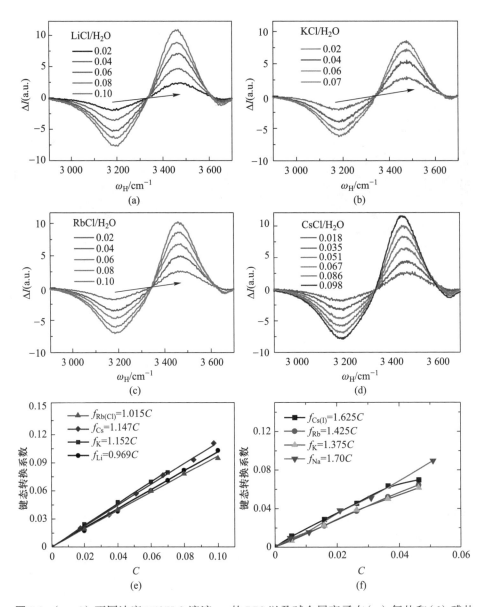

图 7.2 （a～d）不同浓度 YCl/H_2O 溶液 ω_H 的 DPS 以及碱金属离子在（e）氯盐和（f）碘盐中所显示的极化能力[13]

随着溶质浓度的增加，DPS 谱峰稍有红移和变窄，说明负离子间的排斥弱化了水合胞内的电场，提高了极化超固态的结构序度。（Cs,Rb）I 溶液在浓度为 0.05 时达到饱和

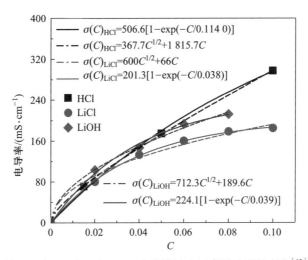

图 7.8 （H, Li）Cl 和 LiOH 水合溶液电导率随浓度的变化[65]

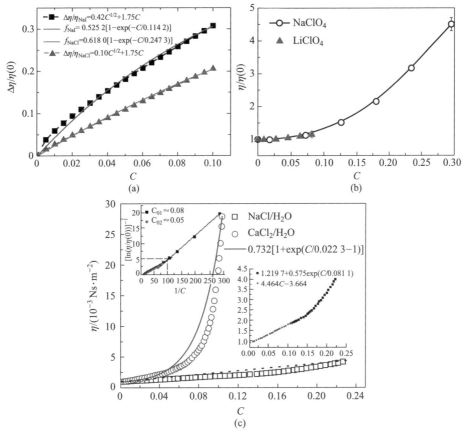

图 7.11 （a）一价 Na（I, Cl）、（b）络合（Na, Li）ClO$_4$[68] 和（c）二价 CaCl$_2$[67,69] 盐溶液的 Jones-Dole 相对黏滞系数与极化系数 f_{YX}（C）的相关性

二价和络合盐溶液的黏滞系数偏离了 Jones-Dole 表述，这是因为异性离子间存在吸引作用

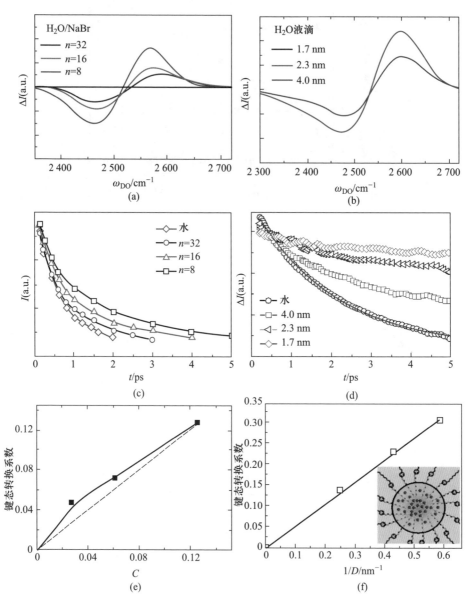

图7.12 NaBr溶液[43]和纳米液滴[84]的（a，b）高频声子DPS、（c，d）声子寿命和（e，f）键态转换系数[63]

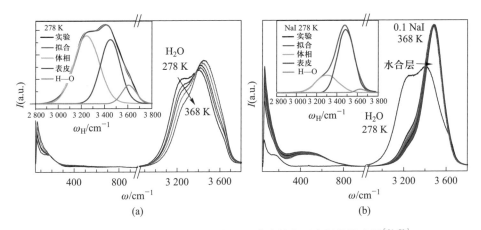

图 7.16 （a）去离子水和（b）浓度为 0.1 的 NaI 溶液的变温全频拉曼光谱[21,72]

（a）中插图示意高频谱峰可分解成体相、表皮（纯水）或水合层（盐溶液）与 H—O 悬键三个组分。盐溶液升温时，加热与盐离子极化协同促进 H—O 声子蓝移与键态转换

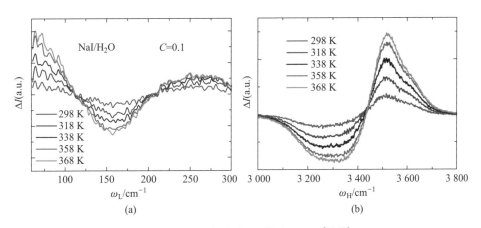

图 7.17 浓度为 0.1 的 NaI 溶液（a）ω_L 与（b）ω_H 的变温 DPS[21,72]

DPS 分析以 278 K 的溶液拉曼光谱作为参考。加热促使高频峰形非对称化

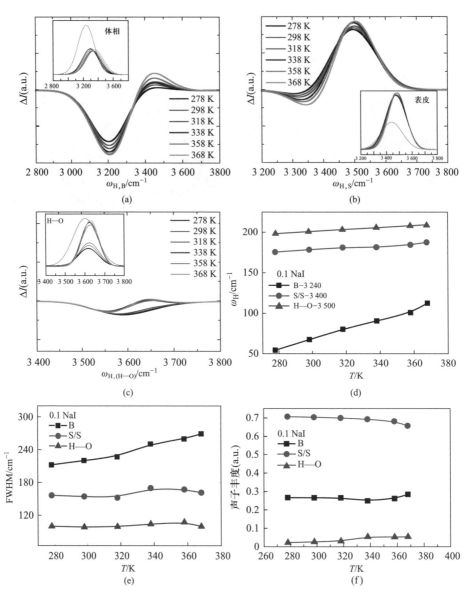

图 7.18 NaI 溶液 H—O 键声子（a～c）各组分的温致变化及相应的（d）声子刚度、（e）结构序度和（f）声子丰度[21,72]

（a～c）横坐标下标中，B、S 和 H—O 分别表示体相、表皮或水合层以及悬键组分

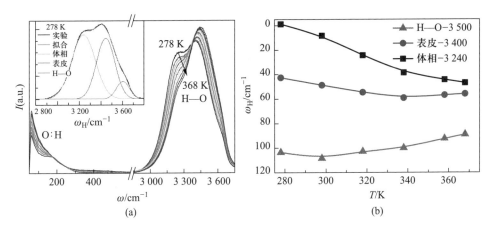

图 7.19 温度自 278 K 升至 368 K 时（a）去离子水的全频拉曼光谱和（b）各组分振频的相对偏移情况[21, 72]

加热使高低频声子发生反向频移。表皮 $\omega_H(T)$ 组分的热稳定性比体相的更好，H—O 悬键先后经历热缩和热胀过程，因其缺少 O—O 排斥作用的耦合调制

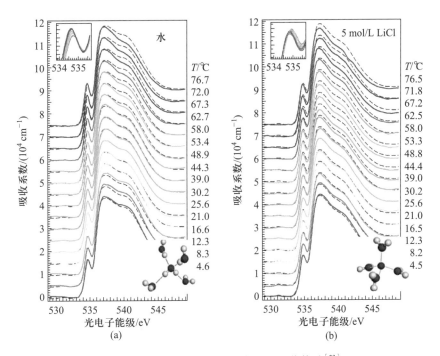

图 7.20（a）块体水和（b）5 mol/L LiCl 溶液的温致 XAS 吸收能移[23]

插图示意吸收谱峰的负能移和水合胞结构

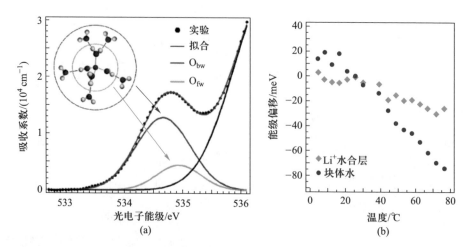

(a)

(b)

图 7.21 LiCl 溶液（a）离子水合单胞内各水合层的 K 边 XAS 吸收峰及其（b）温驱负向能移[23]

水合胞内的 K 边吸收能量较低且相对温度稳定

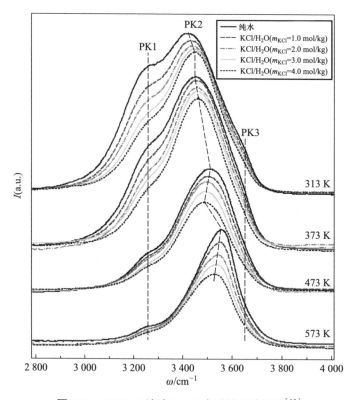

图 7.22 KCl/H$_2$O 溶液 H—O 声子的温致频移[95]

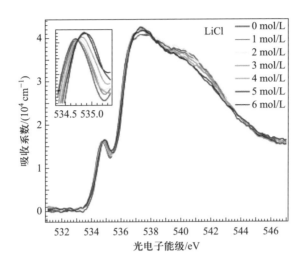

图 7.23　在 298 K 温度下，LiCl 溶液 O 的 XAS 吸收峰正向深移（插图为放大的吸收峰）[97]

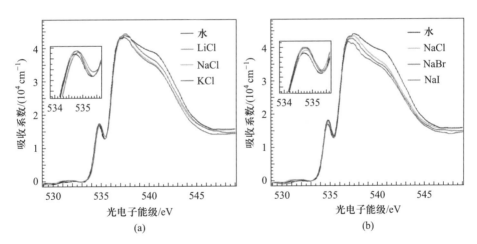

图 7.24　在 298 K 温度下，浓度为 3 mol/L 的（a）YCl 和（b）NaX 溶液 O 的 XAS 吸收峰正向深移（插图为放大的吸收峰）[23]

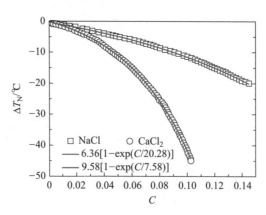

图 7.26 NaCl 和 CaCl$_2$ 水合离子极化导致溶液冰点降低[69]

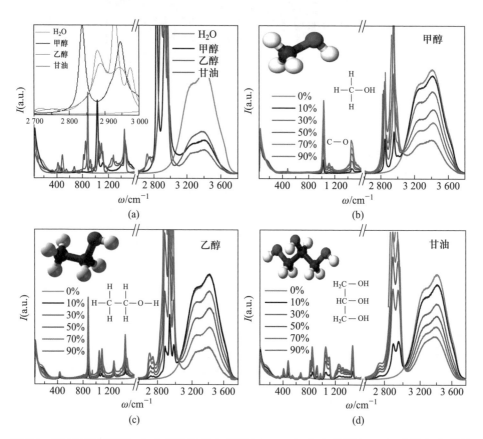

图 8.1 在 298 K 温度下,(a) 醇类和(b) 甲醇(CH$_3$OH)、(c) 乙醇(C$_2$H$_5$OH)及(d) 甘油 [C$_3$H$_5$(OH)$_3$]溶液的全频拉曼光谱[37]

(a) 中插图示意各溶液中的 CH$_3^+$ 特征峰[(2 900±100)cm^{-1}]。(b~d)中插图为各溶质分子的基本结构,白色、黑色和红色小球分别对应 H、C 和 O 原子,每个 O 原子含有两对孤对电子。全频谱中,800~1 400 cm^{-1} 频段对应 C—O 和 C—C 振动,波数 ≥3 000 cm^{-1} 的谱峰代表溶剂 H—O 的伸缩振动,波数 ≤300 cm^{-1} 的谱峰代表分子间 O:H 非键的伸缩振动。溶液浓度以体积分数计

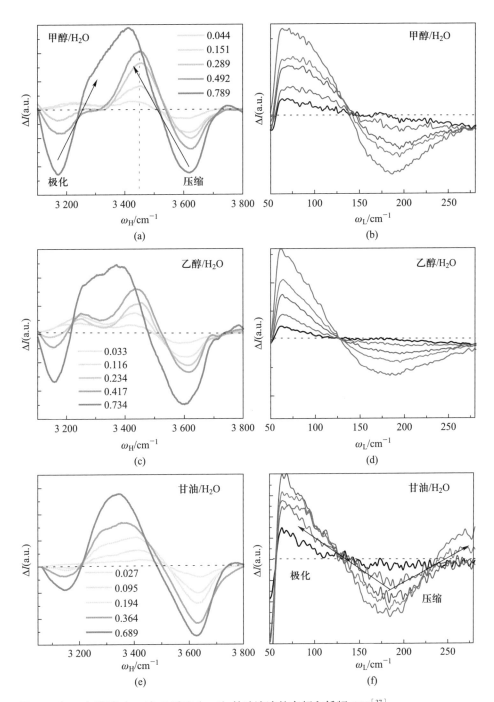

图 8.2 （a, b）甲醇、(c, d) 乙醇和（e, f）甘油溶液的高频和低频 DPS[37]

醇水合极化作用使 H—O 声子从 ≤ 3 200 cm⁻¹ 蓝移至 3 450 cm⁻¹、H↔H 排斥使界面极化 H—O 声子红移；
O : H 声子从 180 cm⁻¹ 劈裂成 70 cm⁻¹ 和 250 cm⁻¹（甘油尤为明显），显示超固态特征

表 8.2 中的几何结构

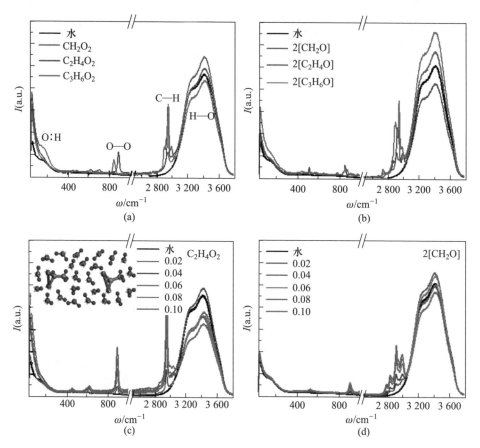

图 8.5 几种（a）有机酸和（b）醛与纯水以及不同浓度（c）乙酸和（d）甲醛溶液的全频拉曼光谱[69]

（c）中插图示意乙酸分子水合时诱使近邻水分子重排、极化而形成水合胞

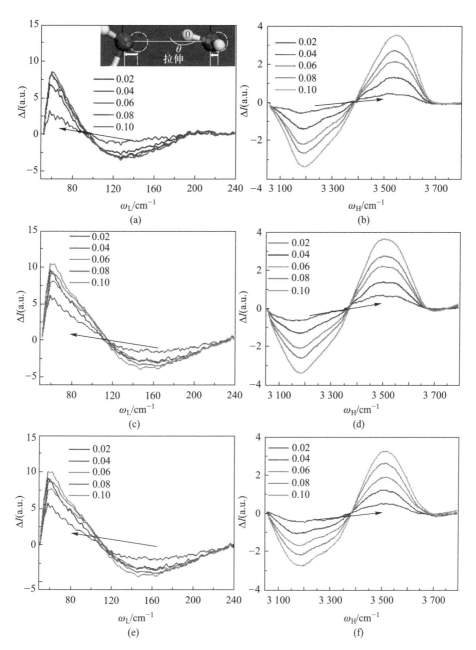

图 8.6 不同浓度(a,b)甲酸、(c,d)乙酸和(e,f)丙酸的低频与高频 DPS[69]
极化作用使 H—O 声子从 3 200 cm⁻¹ 蓝移至 3 500 cm⁻¹ 或以上,同时使 O∶H 从 160 cm⁻¹ 弱化至 75 cm⁻¹。
(a)中插图示意溶质偶极分子电场作用下 O∶H—O 氢键的协同弛豫[39]

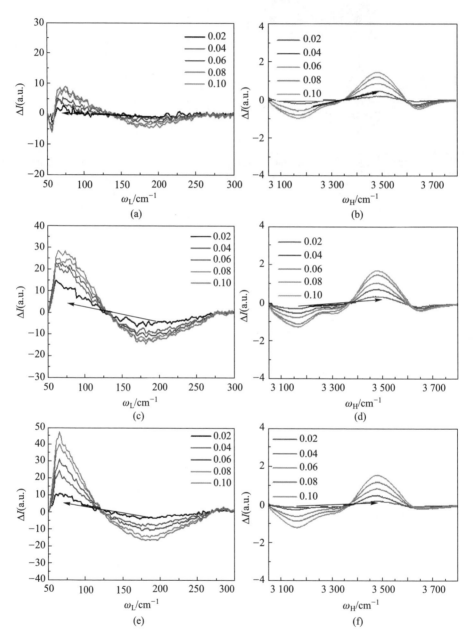

图 8.7 不同浓度(a,b)甲醛、(c,d)乙醛和(e,f)丙醛溶液的低频与高频 DPS[69]

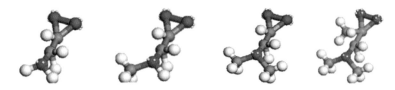

表 8.3 中的几何结构

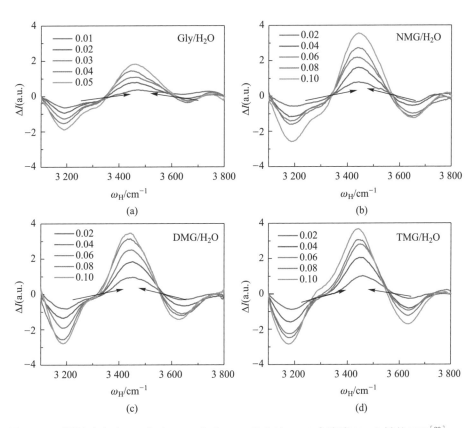

图 8.10 不同浓度（a）Gly、（b）NMG、（c）DMG 和（d）TMG 水溶液 H—O 键的 DPS[99] DPS 显示偶极子极化和界面 H↔H 压致 H—O 膨胀的特征和主峰位于 $3\,450\ cm^{-1}$ 的界面超固态特征

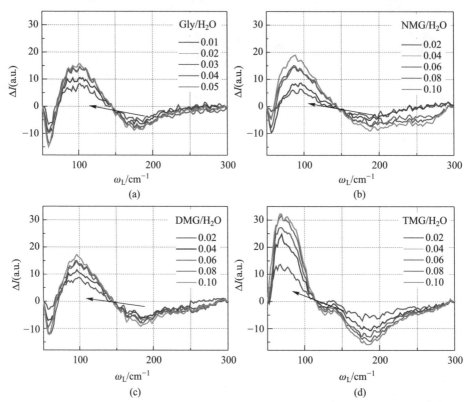

图 8.11 不同浓度（a）Gly、（b）NMG、（c）DMG 和（d）TMG 水溶液 O：H 键的 DPS[99]

四种有机溶质的极化程度依次为：TMG（75 cm^{-1}）>NMG（91 cm^{-1}）>DMG（95 cm^{-1}）>Gly（102 cm^{-1}）与 CH 链长正相关

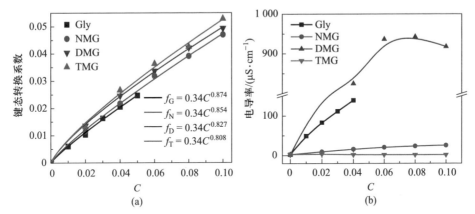

图 8.12 甘氨酸及其 N– 甲基化衍生物的（a）键态转换系数和（b）溶液电导率随浓度的变化趋势[99]

$f(C)$ 曲线越接近直线表示溶质分子的水合层尺寸越稳定、溶质间的相互作用越弱

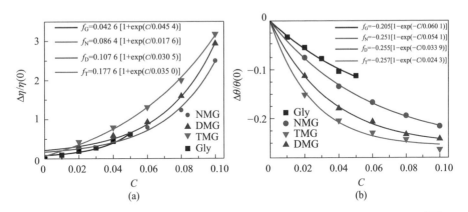

图 8.13 甘氨酸及其 N– 甲基化衍生物溶液的（a）相对黏度和（b）液滴相对接触角[99]

纯水的绝对黏度 $\eta(0)=0.84$ MPa·s，接触角 $\theta(0)=88.4°$。接触角测量时采用铜基板。图中相对黏度和相对接触角随浓度呈相反的指数关系

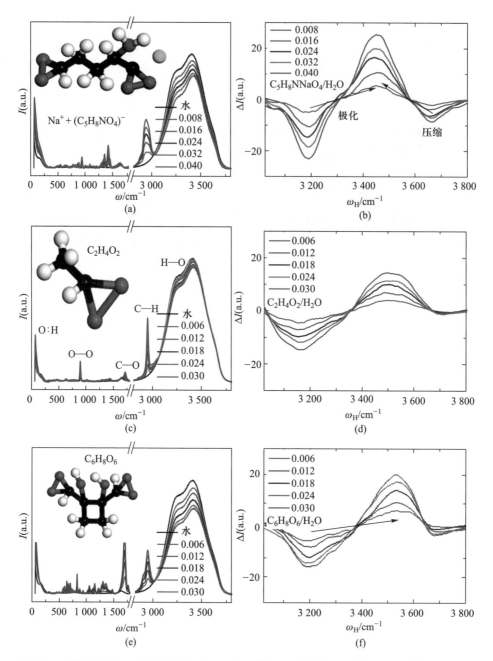

图 8.14 不同浓度（a, b）谷氨酸钠、（c, d）乙酸和（e, f）抗坏血酸溶液的全频拉曼光谱及其高频 DPS[134]

插图示意各溶质的分子结构，（c）图中标记了 50~3 000 cm⁻¹ 频段溶质分子内各键的振动峰值。水合使 H—O 高频声子自 3 200 cm⁻¹ 向 3 500 cm⁻¹ 蓝移

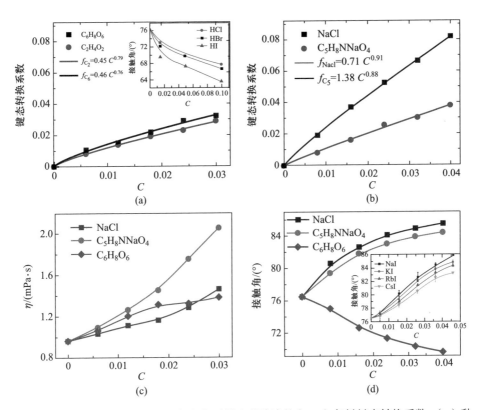

图 8.15 不同浓度乙酸、抗坏血酸、谷氨酸钠和盐溶液的（a, b）氢键键态转换系数、（c）黏滞系数和（d）液滴接触角（表面应力）[139]

（a）和（d）中插图分别表示 H（Cl, Br, I）酸和（Na, K, Rb, Cs）I 盐溶液的接触角[32, 42]

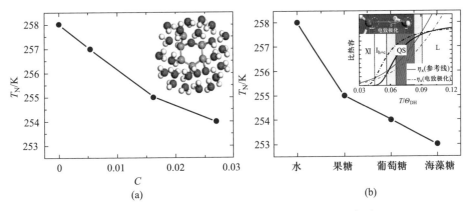

图 8.16 （a）海藻糖溶液冰点随浓度的变化，（b）不同种类糖溶液的冰点[162]

（a）中插图为葡萄糖分子形成的水合层，灰色、红色和白色小球分别代表 C、O、H 原子。（b）中插图为 O：H 非键和 H—O 共价键的比热容曲线，两者存在两个交点，分别临近 T_N 和 T_m，其间的区域为准固态相。糖溶液中，O：H 声子和 H—O 声子皆发生红移，使各自的德拜温度 Θ_{DL} 和 Θ_{DH} 降低，导致 T_N 和 T_m 同时减小，与纯水的情况不同[163]

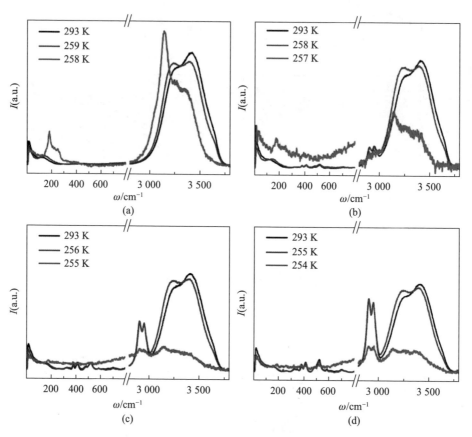

图 8.17　不同温度下（a）纯水与浓度分别为（b）0.005 4、（c）0.016 2 和（d）0.027 的海藻糖溶液的全频拉曼光谱[167]

谱线强度出现突变表示温度已达冰点，开始结冰。浓度为 0、0.005 4、0.016 2 和 0.027 的海藻糖溶液的 T_N 分别为 258 K、257 K、255 K 和 254 K

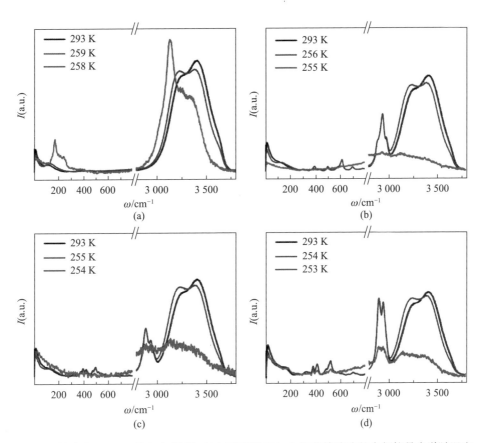

图 8.18　浓度为 0.032 4 的（a）果糖、（b）葡萄糖和（c）海藻糖溶液的全频拉曼光谱随温度的变化情况[167]

图中果糖、葡萄糖和海藻糖溶液的 T_N 分别为 255 K、254 K 和 253 K

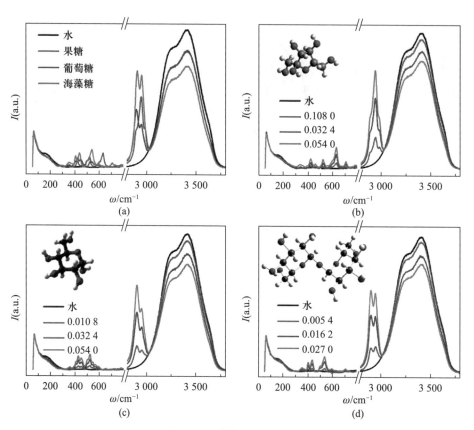

图 8.19 （a）纯水和浓度为 0.032 4 的果糖、葡萄糖和海藻糖以及不同浓度（b）果糖、（c）葡萄糖、（d）海藻糖溶液的全频拉曼光谱（插图为相应的糖分子结构）[162]

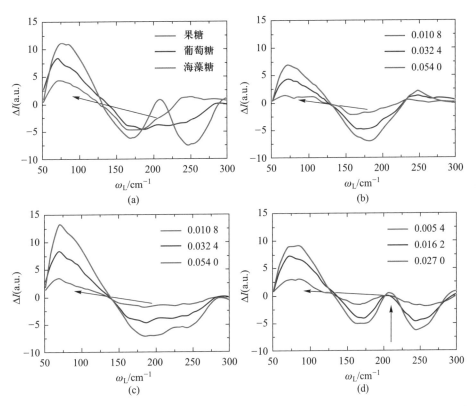

图 8.20 （a）纯水和浓度为 0.032 4 的果糖、葡萄糖和海藻糖以及不同浓度（b）果糖、（c）葡萄糖、（d）海藻糖溶液的低频 DPS[167]

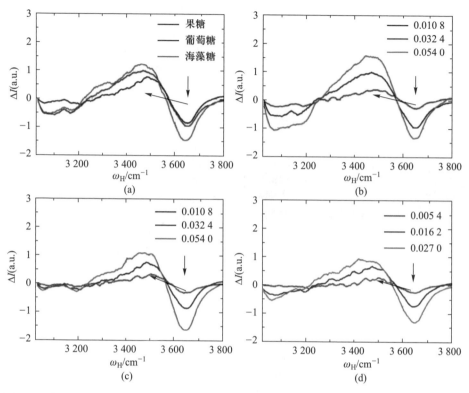

图 8.21 （a）纯水和浓度为 0.032 4 的果糖、葡萄糖和海藻糖以及不同浓度（b）果糖、（c）葡萄糖、（d）海藻糖溶液的高频 DPS[162]

糖水合的作用更多体现在水合层界面,对体相 O：H—O 氢键的影响较小

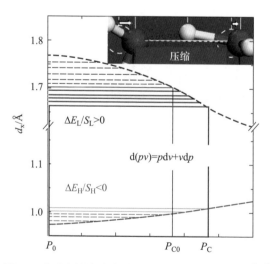

图 9.1 相变压强与氢键分段键长的协同演化关系[25]

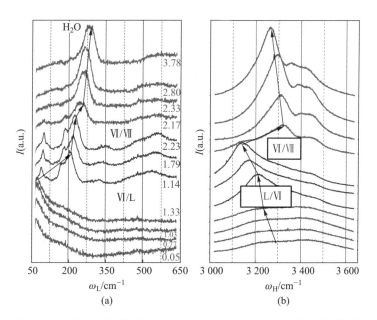

图 9.2 室温下,纯水受压时(a)O:H 和(b)H—O 声子的协同弛豫[25]

液—Ⅵ和Ⅵ—Ⅶ相变时,临界压力突降,只是降幅略小

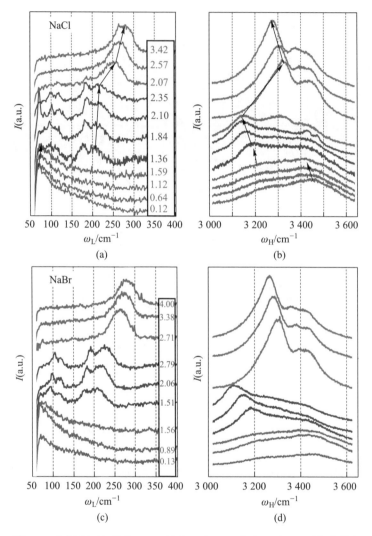

图 9.3 室温下, 浓度为 0.016 的 (a, b) NaCl 和 (c, d) NaBr 溶液的氢键受压声子谱[25]

相变时, 压力陡降, 声子谱峰也发生明显频移

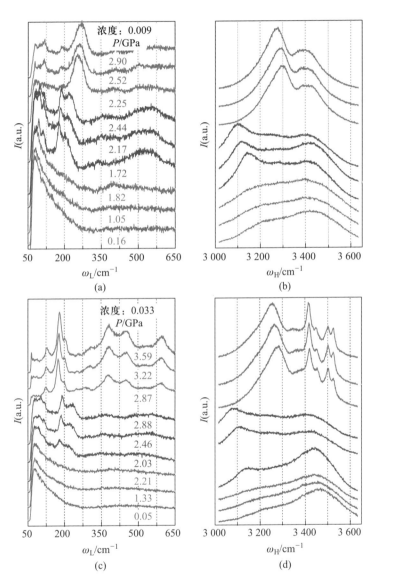

图 9.4 室温下,不同浓度 NaI 溶液(a,c)O:H 和(b,d)H—O 声子的受压频移及相变压强[31]

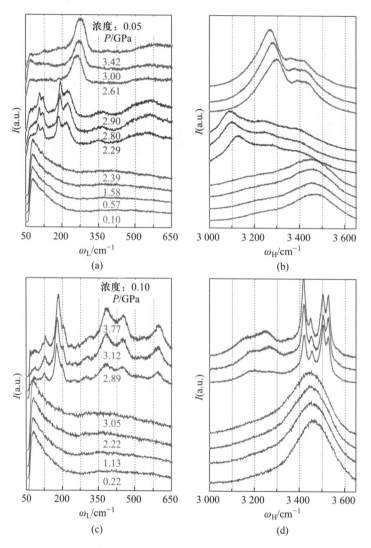

图9.5 室温下,浓度为(a) 0.05 和(b) 0.10 的 NaI 溶液受压时的声子频移及相变压强[31]

浓度为 0.05 的溶液先后经历了液—VI 和 VI—VII 相变,而浓度为 0.10 的 NaI 溶液,直接经历液—VII 相变,相变点处于液—VI—VII三相交点

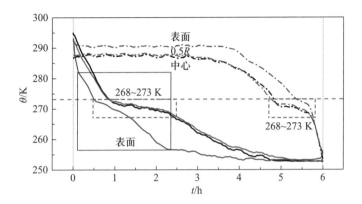

图 9.9 人造岩柱不同部位受限水的冻融循环曲线

岩柱表面、0.5R 和中心处受限水的冻融曲线表明,固态、准固态和液态水中的压力调制 O∶H—O 键弛豫,受限水分子的低配位效应同时也存在影响

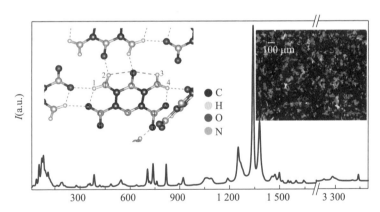

图 10.5 LLM–105(C$_4$H$_4$N$_6$O$_5$)的分子结构和全频拉曼光谱以及样品粉末形貌图[39]

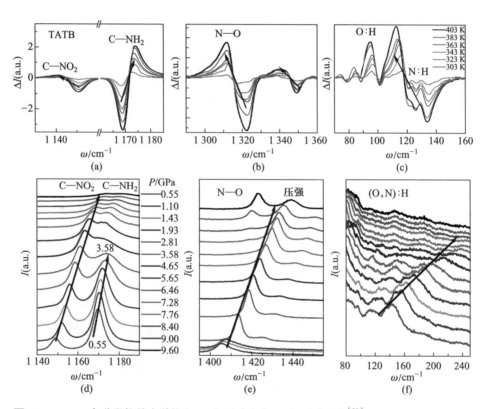

图 10.6 TATB 各分段拉曼光谱的（a～c）温致和（d～f）压致弛豫[38]

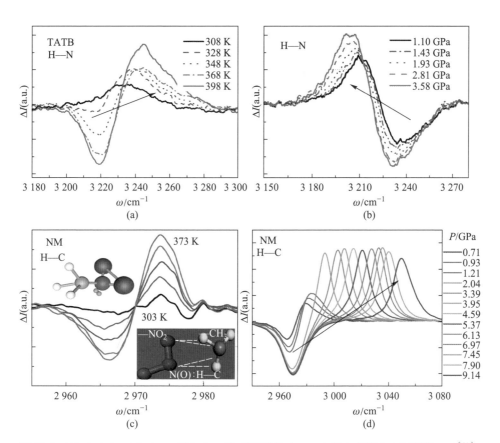

图 10.8 TATB 中（a，b）H—N 键和（c，d）硝基甲烷中 H—C 键在变温和变压时的 DPS[30] O：H—N 键中 H—N 段显示出与液态和固态水中 H—O 键相同的负热胀系数与负压缩系数，而 O：H—C 键中 H—C 段呈负热胀系数和正压缩系数

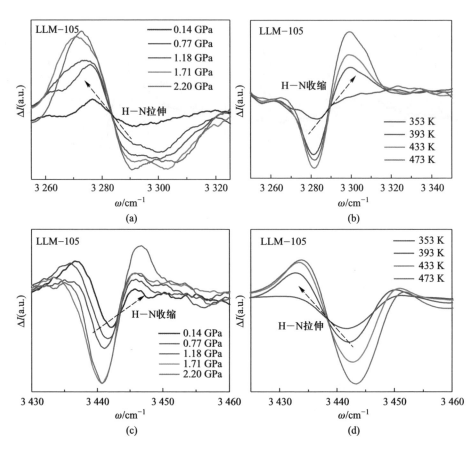

图 10.9 分子间 O：H—N 耦合氢键 H—N 共价分段振频呈现出（a）负压缩率、（b）负热膨胀率和 H—O 悬键高频以及常规（c）压致收缩与（d）热致膨胀的谱学特征

材料基因组工程丛书

> 已出书目

ISBN 978-7-04-047750-4

□ 化学键的弛豫
孙长庆　黄勇力　王艳　著

ISBN 978-7-04-051928-0

□ 氢键规则六十条
孙长庆　黄勇力　张希　著

ISBN 978-7-04-056221-7

□ 材料信息学——数据驱动的发现加速实验与应用
Krishna Rajan　等　著
尹海清　张瑞杰　何飞　姜雪　张聪　董冀媛　译

ISBN 978-7-04-061430-5

■ 水合反应动力学——电荷注入理论
孙长庆　黄勇力　王彪　著

即将出版

□ 固体变形与破坏多尺度分析导论
范镜泓　徐硕志　著